"十三五"国家重点出版物出版规划项目

材料科学研究与工程技术系列

弹塑性力学基础理论与解析应用（第3版）

Basic Theory and Analytical Application of Elastic-Plastic Mechanics

● 主编 张鹏 王传杰 朱强

哈尔滨工业大学出版社

内容简介

本书阐述了弹塑性力学的应力理论、几何理论、屈服准则、弹塑性应力应变关系、主应力解析法、滑移线场理论等,按基本理论概述、理论要点分析、理论解析应用和习题模式来编写,以提高分析问题、解决问题的能力为目的,在选题上尽量照顾到各种类型读者的需要,帮助其掌握弹塑性力学理论要领与解析应用。

本书可作为高等学校材料类、机械类和力学类等专业本科生及研究生的教材或参考书,也可供从事材料加工研究或生产的工程技术人员参考。

图书在版编目(CIP)数据

弹塑性力学基础理论与解析应用/张鹏,王传杰,朱强主编. —3 版. —哈尔滨:哈尔滨工业大学出版社,2020.8

ISBN 978 - 7 - 5603 - 9020 - 8

Ⅰ.①弹…　Ⅱ.①张…②王…③朱…　Ⅲ.①弹性力学-高等学校-教材②塑性力学-高等学校-教材　Ⅳ.①O34

中国版本图书馆 CIP 数据核字(2020)第 157020 号

材料科学与工程
图书工作室

策划编辑　许雅莹　杨　桦
责任编辑　许雅莹
封面设计　卞秉利
出版发行　哈尔滨工业大学出版社
社　　址　哈尔滨市南岗区复华四道街 10 号　邮编 150006
传　　真　0451－86414749
网　　址　http://hitpress.hit.edu.cn
印　　刷　黑龙江艺德印刷有限责任公司
开　　本　787mm×1092mm　1/16　印张 15　字数 356 千字
版　　次　2014 年 1 月第 1 版　2020 年 8 月第 3 版
　　　　　2020 年 8 月第 1 次印刷
书　　号　ISBN 978 - 7 - 5603 - 9020 - 8
定　　价　34.00 元

第 3 版前言

本书第 1 版自 2014 年出版以来,得到了广大读者的肯定,已数次重印,本版是编者结合本书几年来的使用情况进行的修订。

"弹塑性力学"是材料类、机械类和力学类等专业的基础理论课,为后续的材料加工工艺课程提供基础理论知识。本书注意理论联系实际,以提高学生运用基本理论知识分析和解决实际问题的能力。本书在编写时遵循循序渐进的原则,注重概念、突出要点、强化应用,内容处理力求清晰阐述弹塑性力学的基本概念和理论要点,并注重阐明弹塑性力学基础理论在塑性加工工艺中的解析应用。

全书共分 7 章,第 1 章绪论,简要介绍材料的弹性与塑性概念、塑性加工工艺分类、弹塑性力学理论的发展概况及本课程学习的内容和要求;第 2 章介绍应力理论及其解析应用;第 3 章论述几何理论及其解析应用;第 4 章论述屈服准则及其解析应用;第 5 章论述弹塑性应力应变关系及其解析应用;第 6 章论述主应力法及其解析应用;第 7 章论述滑移线场理论及其解析应用;附录列举金属塑性变形基本实验方法和中英文名词对照索引。为满足教学及自学者自测的需要,每章都根据理论要点附有相关的例题和习题,并给出参考答案。

本书可作为高等学校材料类、机械类和力学类等专业本科生及研究生的教材或参考书,也可供从事材料加工研究或生产的工程技术人员参考。

本书由张鹏、王传杰、朱强任主编,陈刚、崔令江、初冠南、栾冬、林艳丽参与编写各章,王海洋、王瀚、尚晓晴、林熙原、张坤、苏倩参与编写习题及附录。本书在编写过程中,参引了本领域著名专家学者的著作及研究资料,在此表示衷心感谢!

由于编者水平所限,再版时虽全力修订,但书中不妥之处仍在所难免,敬请读者指正。

编　者

2020 年 7 月

目　　录

第1章 绪　　论

1.1　弹性与塑性

1. 弹性

弹性是物体本身的一种特性,是发生弹性形变后可以恢复原来状态的一种性质。

2. 塑性

材料在外力作用下能稳定地改变自己的形状和尺寸而各质点间的联系不被破坏的性能称为塑性。

3. 弹性变形

弹性变形是一种可逆性变形,它是晶格中原子自平衡位置产生可逆位移的反映。

弹性变形的机理:在没有外加载荷作用时,固体材料(如金属)的原子间存在相互平衡的引力和斥力,原子在平衡位置附近产生振动,原子间的相对位置处于一种规则排列的稳定状态。受外力作用时,这种平衡被打破,为了建立新的平衡,原子间必须产生移动和调整,即产生位移,使引力、斥力和外力之间取得平衡。原子的位移总和在宏观上就表现为变形。外力去除后,原子依靠彼此之间的作用力又回到原来的平衡位置,位移消失,宏观上变形也就消失了。

4. 塑性变形

塑性变形是指材料在外力作用下产生形变而在外力去除后不能恢复的那部分变形。

塑性变形的机理:滑移和孪生是晶体材料晶粒塑性变形的两种基本方式。滑移是一部分晶粒沿原子排列最紧密的平面和方向滑动,很多原子平面的滑移形成滑移带,很多滑移带集合起来就成为可见的变形。孪生是晶粒一部分相对于一定的晶面沿一定方向相对移动,这个晶面称为孪晶面。原子移动的距离和孪晶面的距离成正比。两个孪晶面之间的原子排列方向改变,形成孪晶带。

5. 弹性变形与塑性变形的关系

固体材料在受力以后要产生变形,从变形开始到破坏一般要经历两个阶段,即弹性变形阶段和塑性变形阶段。弹性变形为可逆变形,其数值大小与外力成正比,其比例系数称为弹性模量,材料在弹性变形范围内,弹性模量为常数。弹性模量是衡量材料抵抗变形能力的一个指标,弹性模量越大,材料越不易变形,弹性模量是结构设计的重要参数。塑性变形为不可逆变形。

固体材料的上述弹性与塑性性质可用简单拉伸试验来说明。图 1.1 是低碳钢拉伸时的应力—伸长量曲线。

整个拉伸过程中的变形可分为 4 个阶段:弹性阶段、屈服阶段、强化阶段和局部塑性变形阶段。

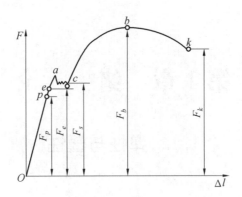

图 1.1 低碳钢拉伸时的应力—伸长量曲线

(1)Oe 阶段:弹性阶段。此阶段试样变形为弹性变形,外力卸除后试样可以完全恢复原貌。拉伸开始后,试样的伸长随力的增加而增大,在 p 点以下拉伸力 F 和伸长量 Δl 呈直线关系。 当拉伸力超过 F_p 后,$F-\Delta l$ 呈非线性关系,直至最大弹性力 F_e。p 点的应力称为比例极限,e 点的应力则称为弹性极限。

(2)ec 阶段:屈服阶段。当外力超过最大弹性力 F_e 之后,试样便产生不可恢复的永久变形,即出现塑性变形。当外力增加一定值之后,应力—伸长曲线出现锯齿状的峰和谷,在这种外力不增加或者减少的条件下试样仍然伸长的现象称为屈服现象。这个阶段的外力称为屈服力,首次下降前的屈服力称为上屈服,即 a 点外力,屈服阶段最小的外力称为下屈服力。屈服阶段过后,金属材料发生明显塑性变形。c 点应力称为屈服强度或屈服点,对于无明显屈服的塑性材料,规定以产生 0.2% 残余变形的应力值为其屈服极限,又称为名义屈服极限或 $\sigma_{0.2}$。

(3)cb 阶段:强化阶段。屈服阶段过后,外力与变形不成比例增加。应力—伸长曲线中 b 点即为材料在拉伸时的最大力,b 点的应力称为抗拉强度或者强度极限。

(4)bk 阶段:局部塑性变形阶段。外力超过最大值 F_b 之后,材料某一部分横截面发生收缩,即"缩颈"现象。试样抵抗变形能力下降,外力随之下降而变形继续增加。至 k 处,试样断裂,k 点的应力称为断裂强度。

但对于工程使用的金属而言,大部分没有明显的屈服现象。部分低塑性材料甚至没有缩颈现象,最大的力即为断裂时的外力。

1.2 材料加工工艺分类

金属塑性加工是使金属在外力(通常是压力)的作用下,产生塑性变形,获得所需形状、尺寸和组织、性能制品的一种基本的金属加工技术,以前称为压力加工。

金属塑性加工的种类有很多,根据加工时工件的受力和变形方式,基本的塑性加工方法有锻造、轧制、挤压、拉拔、拉深、弯曲等几类,见表 1.1。其中锻造、轧制和挤压是依靠压力作用使金属发生塑性变形;拉拔和拉深是依靠拉力作用使金属发生塑性变形;弯曲是依靠弯矩作用使金属发生弯曲变形。锻造、挤压和一部分轧制多在热态下进行加工;拉拔、冲压和一部分轧制,以及弯曲和剪切通常是在室温下进行的。

表 1.1 金属塑性加工分类

基本加工变形方式						
基本受力方式	压力					
分类与名称	锻造			轧制		
	自由锻造		模锻	纵轧	横轧	斜轧
	镦粗	拔长				
图例	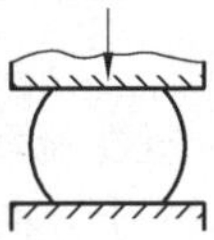	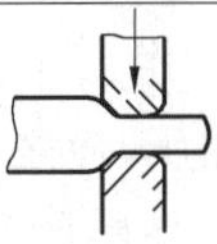	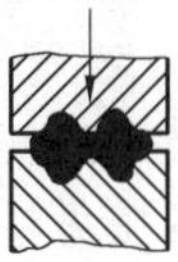	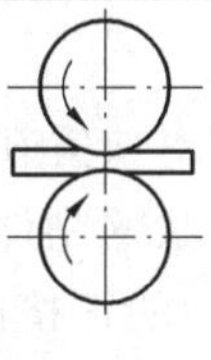	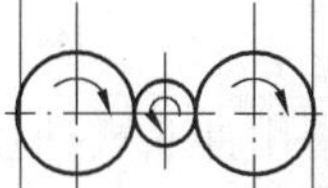	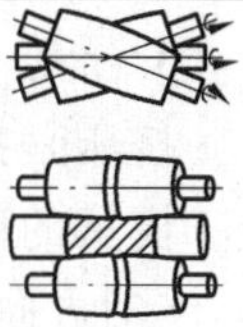

基本受力方式	压力		拉力			弯矩	剪力
分类与名称	挤压		拉拔	冲压(拉深)	拉深	弯曲	剪切
	正挤压	反挤压					
图例	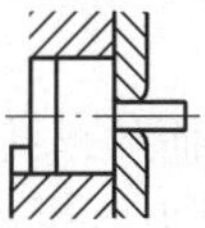	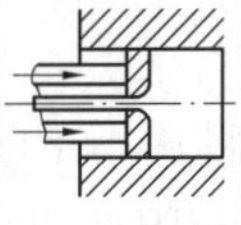	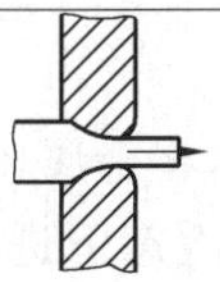	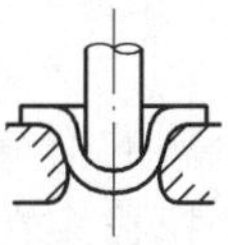		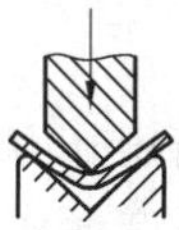	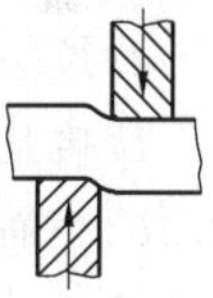

组合加工变形方式					
组合方式	锻造—纵轧	锻造—横轧	锻造(扩孔)—横轧	轧制—弯曲	冲压(拉深)—轧制
名称	辊锻	楔横轧	辗压	辊弯	旋压
图例	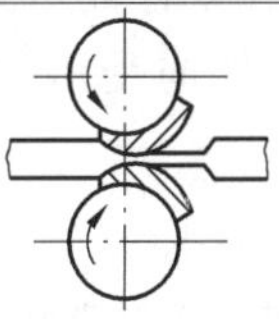	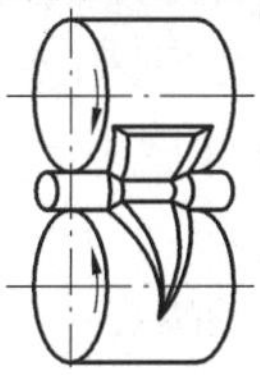	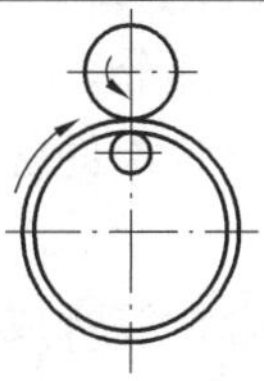	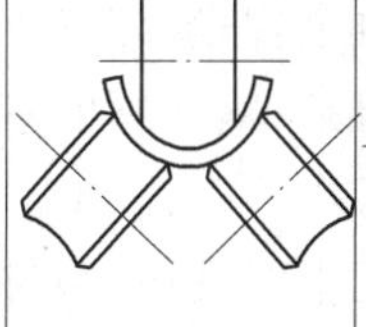	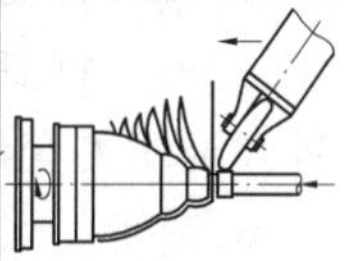

1. 锻造

锻造是指在加压设备及工(模)具的作用下,使坯料产生局部或全部的塑性变形,以获得具有一定机械性能、一定形状和尺寸锻件的加工方法。锻造分为自由锻和模锻,模锻又分为开式模锻和闭式模锻。其特点是:改善金属的内部组织,提高金属的力学性能;具有较高的生产率;适应范围广;锻件的质量小至不足 1 kg,大至数百吨;既可进行单件、小批量生产,又可进行大批量生产;采用精密模锻可使锻件尺寸、形状接近成品零件,因而可以大大地节省金属材料和减少切削加工工时。但是不能锻造形状复杂的锻件。

2. 轧制

轧制是指将金属坯料通过一对旋转轧辊的间隙(各种形状),因受轧辊的压缩使材料截面减小,长度增加的压力加工方法。轧制方式按轧件运动分为纵轧、横轧、斜轧。纵轧过程就是金属在两个旋转方向相反的轧辊之间通过,并在其间产生塑性变形的过程。横轧:轧件变形后运动方向与轧辊轴线方向一致。斜轧:轧件做螺旋运动,轧件与轧辊轴线之间不是特殊角。轧制操作简单、产品质量好、加工成本低。其特点是:用热轧钢卷为原料,经酸洗去除氧化皮后进行冷连轧,其成品为轧硬卷,由于连续冷变形引起的冷作硬化使轧硬卷的强度、硬度上升,韧塑指标下降,因此冲压性能将恶化,只能用于简单变形的零件。

3. 挤压

挤压是指用冲头或凸模对放置在凹模中的坯料加压,使之产生塑性流动,从而获得相应于模具的型孔或凹凸模形状的制件的锻压方法。按坯料的塑性流动方向,挤压又可分为:流动方向与加压方向相同的正挤压,流动方向与加压方向相反的反挤压。

热挤压件的尺寸精度和表面光洁度优于热模锻件,但配合部位一般仍需要经过精整或切削加工。冷挤压件精度高、表面光洁,可以直接用作零件而不需经切削加工或其他精整。冷挤压操作简单,适用于大批量生产的较小制件(钢挤压件直径一般不大于100 mm)。

4. 拉拔

拉拔是指用外力作用于被拉金属的前端,将金属坯料从小于断面的模孔中拉出,使其断面减小而长度增加的方法。由于拉拔多在冷态下进行,因此也称为冷拔或冷拉。拉拔制品的尺寸精度高,表面光洁度极高,金属的强度高(因冷加工硬化强烈),适用于连续高速生产断面小的长制品。但是拉拔的道次变形量与两次退火间的总变形量有限,坯料的长度受限制。

5. 拉深

拉深又称为拉延,是利用模具将平面毛坯变成为开口的空心零件的冲压工艺方法。拉深变形的特点是:凸缘部分(法兰部分)为主要变形区;变形区切向受压缩短,径向受拉伸长(压缩类变形);壁部厚度不均;拉深件各部分硬度不同。

6. 弯曲

弯曲是指把平板毛坯、型材、管材等弯成一定曲率、一定角度、一定形状零件的冲压工序。

材料弯曲时,其变形区内各部分的应力状态有所不同。横断面间切向应变为零,长度不变的金属层称为中性层。中性层以外的金属受拉应力作用,产生伸长变形。中性层以内的金属受压应力作用,产生压缩变形。由于中性层两侧金属的应力和应变方向相反,当载荷卸去后,中性层两侧金属的弹性变形回复方向相反,引起不同程度的弹复。虽然弯曲变形仅限于材料的局部区域,但弹复作用却会影响弯曲件的精度。

7. 剪切

剪切是指坯料在剪切力的作用下产生剪切,使板材冲裁,以及板料和型材切断的一种常用加工方法。剪切操作简单、效率高,但是剪切面质量较差。

为了扩大加工产品的种类,提高生产率,相继出现了一些新型的塑性加工方法,如轧制与铸造相结合的连铸连轧法以及锻造与轧制相结合的辊锻法等。

1.3 弹塑性力学理论的发展概况

1. 早期研究

(1)1678 年,胡克(R. Hooke)提出了弹性体的变形和所受外力成正比的定律。

(2)19 世纪 20 年代,法国的纳维(C. I. M. H. Navier)、柯西(A. I. Cauchy)和圣维南(A. J. C. B. de Saint Venant)等人建立了弹性理论。

(3)1773 年,库仑(Coulomb)提出了土质破坏条件,其后推广为 Mohr—Coulomb 准则。

(4)1857 年,朗肯(Rankine)研究了半无限体的极限平衡,提出了滑移面概念。

(5)1864 年,屈雷斯加(H. Tresca)提出了最大剪应力屈服条件。

(6)1871 年,列维(M. Levy)将塑性应力应变关系推广到三维情况。

(7)1903 年,考特尔(Kötter)建立了滑移线方法。

(8)1913 年,米赛斯(R. von Mises)提出了形变能屈服条件,普朗特(L. Prandtl)和罗伊斯(A. Reuss)提出了塑性力学中的增量理论。

(9)1929 年,弗雷尼斯(Fellenius)提出了极限平衡法。

(10)1943 年,太沙基(Terzaghi)发展了 Fellenius 的极限平衡法。

(11)1952 ~ 1955 年,德鲁克(Drucker)和普拉格(Prager)发展了极限分析方法。

(12)1965 年,索科洛夫斯基(Sokolovskii)发展了滑移线方法。

2. 形成独立学科

(1)岩土塑性力学最终形成于 20 世纪 50 年代末期。

(2)1957 年,德鲁克(Drucker)指出要修改 Mohr—Coulomb 准则,以反映平均应力或体应变所导致的体积屈服。

(3)1958 年,剑桥大学的罗斯科(Roscoe)等人提出了土的临界状态概念,于 1963 年提出了剑桥黏土的弹塑性本构模型,开创了土体实用计算模型。

(4)从 1970 年前后至今,岩土本构模型的研究十分活跃,建立的岩土本构模型也很多。

(5)1982 年,辛克维奇(O. C. Zienkiewicz)提出了广义塑性力学的概念,指出岩土塑性力学是传统塑性力学的推广。

3. 弹塑性力学的发展趋势

(1)由早期的精确解法占主导地位到如今的数值近似解法占主导地位。

(2)由线性问题向非线性问题不断扩展,并且研究开裂过程、多组分材料、多场耦合问题。

(3)由研究型的软件逐渐发展成商品化软件,如 ANSYS、ADINA 等。

(4)以后的发展趋势是功能更加完善,使用更加方便,与其他软件进行集成。

1.4　本书的学习目的

弹塑性力学是固体力学的分支学科,是研究可变形体受到外载荷、边界强制位移、温度变化及边界约束变动等外力作用或热应力作用时在变形体内所产生的相应的应力场和应变场。这将为结构承载能力、受热变形塑性加工时外载荷(力、力矩)计算、结构总体变形计算、塑性加工件的尺寸与形状变化预测奠定基础。

在现有的教材中有《理论力学》《结构力学》《材料力学》《弹性力学》《塑性力学》等,它们之间研究对象、考虑问题的出发点是不一样的,见表1.2。

表 1.2　有关力学课程的研究对象与解决问题的范围

学科	研究对象	解决的问题范围
理论力学	刚体	力的平衡、力运动学、动力学
结构力学	弹性杆件系统	杆件系统的应力与位移
材料力学	弹性杆件	杆状件拉、压、弯、扭简化解
弹性力学	弹性体	复杂形状构件应力、位移分析及杆件内力的精确解
塑性力学	塑性体	超弹性设计、塑性加工

本书在学习过程中要建立准确的物理概念,掌握弹塑性变形力学分析方法,提高分析和解决塑性加工实际问题的能力,学习目的的主要如下:

(1) 在"理论力学""结构力学""材料力学"和"弹性力学"等课程的基础上,进一步系统地学习塑性力学的基本概念和研究方法,为后续专业课程的学习打下坚实的力学基础。

(2) 学习掌握塑性加工时工件及模具的塑性力学的解析方法,以便合理地选择加工设备以及准确校核工模具的强度。

(3) 能对受热应力作用的结构进行应力应变分析,并进行强度和变形分析及预测,以便更好地优化加工工艺。

(4) 了解并掌握塑性加工中的应力应变分析、应力应变关系方程等塑性变形力学知识,掌握相应变形力的计算。

(5) 学会应用弹塑性力学的基本理论和方法思考、分析和解决工程实际问题。

(6) 为进一步学习和研究材料塑性变形微观机理、塑性变形过程中金属组织性能变化的规律以及确定塑性加工的温度、速度等热力学条件奠定基础。

第 2 章　应力理论及其解析应用

2.1　基本理论概述

2.1.1　有关应力的基本概念

1. 外力

施加于物体上的力,是塑性加工的外因,可以分为表面力与体积力两类。表面力是作用于物体表面上的力,如摩擦力、正压力等;体积力是作用于物体每一质点上的力,如重力、磁力、惯性力等。在一般的塑性加工过程中,体积力的作用远远小于表面力。

2. 内力

物体抵抗外界作用而产生于内部各部分之间相互平衡的力。外界作用可以是外力,也可以是物理作用和化学作用。内力的产生主要有两个因素:一是平衡外力;二是物体中各区域因变形而产生的相互作用。

3. 应力

应力是变形体中单位面积上的内力,用 σ 表示,当物体中某一微元面积 ΔA 趋近于零时,作用在该面积上的内力 ΔP 与 ΔA 比值的极限,即

$$\sigma = \lim_{\Delta A \to 0}(\Delta P/\Delta A) \tag{2.1}$$

应力可以分解成两个分量,垂直于面(或平行于面法线方向)的分量,称为正应力,用 σ 表示;平行于面(或垂直于面法线方向)的一个或者两个正交分量,称为剪应力,用 τ 表示。

应力分量的下角标规定:每个应力分量的符号带有两个下角标,第一个角标表示该应力分量所在的面,用其外法线方向表示,第二个角标表示该应力分量的坐标轴方向;正应力分量的两个角标相同,一般只需一个角标表示,如图 2.1 所示。

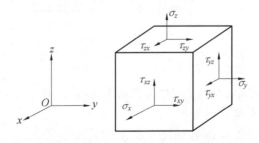

图 2.1　平行于坐标面上应力示意图

应力分量的正负号规定:正应力分量以拉为正、压为负。剪应力分量正负号规定分为两种情况:当其所在的面的外法线与坐标轴的正方向一致时,则以沿坐标轴正方向的剪应

力为正,反之为负;当所在面的外法线与坐标轴的负方向一致时,则以沿坐标轴负方向的剪应力为正,反之为负。

2.1.2　点的应力状态

1. 单向应力状态

单向均匀拉伸应力状态如图 2.2 所示,垂直于轴线的平面上的应力可以表示为

$$\sigma_1 = \frac{P}{A_0} \tag{2.2}$$

式中,P 为轴向力;A_0 为垂直于轴线的横截面面积。

当所截平面的法线与轴线成 α 角时,相应的轴应力为

$$\sigma_1 = \frac{P}{A_0} \cos \alpha \tag{2.3}$$

随夹角 α 的增大,截面越来越倾斜,应力也越来越小。

2. 平面应力状态

假设 $\sigma_z = 0$,即在垂直于 xy 平面的方向上没有应力存在,物体中各点所受的应力都位于同一平面内。在 x 方向上作用应力 σ_1,在 y 方向上作用应力 σ_2,如图 2.3 所示。

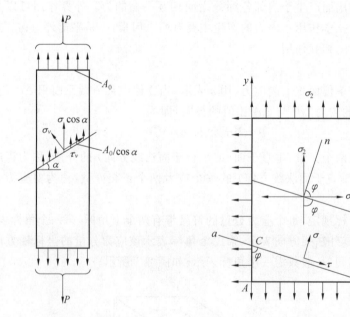

图 2.2　单向均匀拉伸应力状态　　　图 2.3　边界无剪应力的平面应力状态

设截面 BC 的面积为 A,则截面 AC 的面积为 $A\cos\varphi$,截面 AB 的面积为 $A\sin\varphi$,则沿 BC 面法线方向的力的平衡方程为

$$\sigma A = (\sigma_1 A \cos\varphi)\cos\varphi + (\sigma_2 A \sin\varphi)\sin\varphi$$

平行于 BC 面方向的力的平衡方程为

$$\tau A = (\sigma_1 A \cos\varphi)\sin\varphi - (\sigma_2 A \sin\varphi)\cos\varphi$$

整理后,得

$$\sigma = \sigma_1 \cos^2 \varphi + \sigma_2 \sin^2 \varphi \atop \tau = (\sigma_1 - \sigma_2) \sin \varphi \cos \varphi \Bigg\} \tag{2.4}$$

消去 φ 后,则得

$$\left[\sigma - \frac{1}{2} (\sigma_1 + \sigma_2) \right]^2 + \tau^2 = \frac{1}{4} (\sigma_1 - \sigma_2)^2 \tag{2.5}$$

在边界 $x=0$ 和 $y=0$ 上,除了受正应力 σ_x、σ_y 的作用外,还有剪应力的作用,如图 2.4 所示。

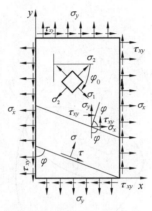

图 2.4   边界有剪应力的平面应力状态

投影于沿斜面法向上的力的平衡方程为

$$\sigma A = (\sigma_x A \cos \varphi) \cos \varphi + (\sigma_y A \sin \varphi) \sin \varphi + (\tau_{xy} A \cos \varphi) \sin \varphi + (\tau_{xy} A \sin \varphi) \cos \varphi$$

投影于沿斜面切线方向的力的平衡方程为

$$\tau A = (\sigma_x A \cos \varphi) \sin \varphi - (\sigma_y A \sin \varphi) \cos \varphi + (\tau_{xy} A \sin \varphi) \sin \varphi - (\tau_{xy} A \cos \varphi) \cos \varphi$$

整理后,得

$$\sigma = \sigma_x \cos^2 \varphi + \sigma_y \sin^2 \varphi + 2\tau_{xy} \sin \varphi \cos \varphi \atop \tau = (\sigma_x - \sigma_y) \sin \varphi \cos \varphi - \tau_{xy} (\cos^2 \varphi - \sin^2 \varphi) \Bigg\} \tag{2.6}$$

消去 φ 后,则得

$$\left[\sigma - \frac{1}{2} (\sigma_x + \sigma_y) \right]^2 + \tau^2 = \left[\frac{1}{2} (\sigma_x - \sigma_y) \right]^2 + \tau_{xy}^2 \tag{2.7}$$

在平面应力状态中有纯剪切应力状态,它的特点是在主剪应力平面上的正应力为零,如图 2.5 所示。

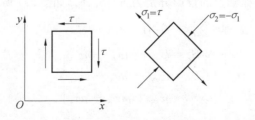

图 2.5   纯剪切应力状态

纯剪应力 τ 就是最大剪应力,主轴与任意坐标轴成45°,主应力的特点是 $\sigma_1 = -\sigma_2$。

3. 三维应力状态

物体受外力系 F_1、F_2、F_3、… 的作用而处于平衡状态,若要知道物体在 Q 点的应力,可以过 Q 点作一法线为 N 的平面 B,将物体切成两部分并将上半部分移除,则 B 面上的内力就成了外力,并与作用在下半部分的外力相平衡,如图 2.6 所示。在 B 面上围绕 Q 点取一无限小的面积 ΔA,设该面上的内力的合力为 ΔF,则定义 S 为 B 面上 Q 点的全应力,即

$$S = \lim_{\Delta A \to 0} \frac{\Delta F}{\Delta A} = \frac{\mathrm{d}F}{\mathrm{d}A} \tag{2.8}$$

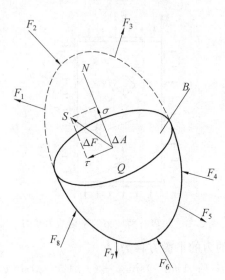

图 2.6　内力与应力图

全应力可以分解为两个分量:垂直于作用面的正应力 σ 和平行于作用面的剪应力 τ,其表达式为

$$S^2 = \sigma^2 + \tau^2 \tag{2.9}$$

设过 Q 点 3 个坐标面上的应力为已知,斜面与 3 个坐标轴的截距为 $\mathrm{d}x$、$\mathrm{d}y$、$\mathrm{d}z$,微四面体近似表示 Q 点,斜面外法线 N 的方向余弦分别为

$$\left.\begin{array}{l} \cos\,(N,x) = l \\ \cos\,(N,y) = m \\ \cos\,(N,z) = n \end{array}\right\} \tag{2.10}$$

全应力 S 在 3 个坐标轴上的投影分别为 S_x、S_y、S_z,如图 2.7 所示,列微四面体的力平衡方程,即 $\sum x = 0$,$\sum y = 0$,$\sum z = 0$,有

$$\left.\begin{array}{l} S_x = l\sigma_x + m\tau_{yx} + n\tau_{zx} \\ S_y = l\tau_{xy} + m\sigma_y + n\tau_{zy} \\ S_z = l\tau_{xz} + m\tau_{yz} + n\sigma_z \end{array}\right\} \tag{2.11}$$

全应力 S 为

$$S^2 = S_x^2 + S_y^2 + S_z^3 \tag{2.12}$$

正应力 σ 为

$$\sigma = S_x l + S_y m + S_z n \tag{2.13}$$

剪应力 τ 为

$$\tau = \sqrt{S^2 - \sigma^2} \tag{2.14}$$

如果作用在物体表面上的外部载荷用 F_x、F_y、F_z 表示,则式(2.11)中的 S_x、S_y、S_z 都换成 F_x、F_y、F_z,即可作为力的边界条件。

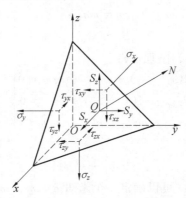

图 2.7　微四面体受力示意图

2.1.3　主应力与应力张量

1. 应力张量

一点的应力状态可用互相垂直的 3 个坐标面上的 9 个应力分量来描述。当坐标系绕原点旋转一定角度后,各个应力分量按照一定规律变化,即满足张量所要求的关系。所以一点的应力可写成状态张量形式,称为应力张量,即

$$\boldsymbol{\sigma}_{ij} = \begin{bmatrix} \sigma_x & \tau_{yx} & \tau_{zx} \\ \tau_{xy} & \sigma_y & \tau_{zy} \\ \tau_{xz} & \tau_{yz} & \sigma_z \end{bmatrix} \tag{2.15}$$

应力张量是二阶对称张量。

2. 主应力

变形体内任一微元体总可以找到 3 个互相垂直的平面,在这些平面上剪应力等于零,则此方向称为主方向,与该方向相垂直的平面称为主平面,在该面上的正应力便称为主应力,3 个主应力用 σ_1、σ_2、σ_3 来表示,习惯上它们是按代数值大小顺序排列,即 $\sigma_1 > \sigma_2 > \sigma_3$。

若 3 个坐标轴的方向为主方向,分别用 1、2、3 表示,则由式(2.11)可得

$$\left. \begin{aligned} S_1 &= l\sigma_1 \\ S_2 &= m\sigma_2 \\ S_3 &= n\sigma_3 \end{aligned} \right\} \tag{2.16}$$

同时,可得出任意斜面上的正应力和剪应力为

$$\left. \begin{aligned} \sigma &= \sigma_1 l^2 + \sigma_2 m^2 + \sigma_3 n^2 \\ \tau &= \sqrt{\sigma_1^2 l^2 + \sigma_2^2 m^2 + \sigma_3^2 n^2 - (\sigma_1 l^2 + \sigma_2 m^2 + \sigma_3 n^2)^2} \end{aligned} \right\} \tag{2.17}$$

3. 应力张量不变量

每一应力张量都存在 3 个与坐标系的选择无关的量,称为应力张量不变量,I_1、I_2、I_3 分别称为第一、第二和第三应力张量不变量。

设主应力 σ_p 与主平面上的全应力 S 为同一应力,因此有

$$\left.\begin{array}{l} S_x = l\sigma_p \\ S_y = m\sigma_p \\ S_z = n\sigma_p \end{array}\right\} \tag{2.18}$$

将式(2.18)代入式(2.11),整理可得

$$\left.\begin{array}{l} l(\sigma_x - \sigma_p) + m\tau_{yx} + n\tau_{zx} = 0 \\ l\tau_{xy} + m(\sigma_y - \sigma_p) + n\tau_{zy} = 0 \\ l\tau_{xz} + m\tau_{yz} + n(\sigma_z - \sigma_p) = 0 \end{array}\right\} \tag{2.19}$$

由几何关系可知

$$l^2 + m^2 + n^2 = 1 \tag{2.20}$$

根据式(2.19)与式(2.20)可以确定 4 个未知量 l、m、n、σ_p。

式(2.20)中 l、m、n 不能同时为零。式(2.19)为包含 3 个未知量 l、m、n 的线性齐次方程,若有非零解,则方程组系数行列式应等于零,即

$$\begin{vmatrix} \sigma_x - \sigma_p & \tau_{yx} & \tau_{zx} \\ \tau_{xy} & \sigma_y - \sigma_p & \tau_{zy} \\ \tau_{xz} & \tau_{yz} & \sigma_z - \sigma_p \end{vmatrix} = 0 \tag{2.21}$$

展开行列式后,可得

$$\sigma_p^3 - I_1\sigma_p^2 + I_2\sigma_p - I_3 = 0 \tag{2.22}$$

式中

$$\left.\begin{array}{l} I_1 = \sigma_x + \sigma_y + \sigma_z \\ I_2 = \sigma_x\sigma_y + \sigma_y\sigma_z + \sigma_z\sigma_x - \tau_{xy}^2 - \tau_{yz}^2 - \tau_{zx}^2 \\ I_3 = \sigma_x\sigma_y\sigma_z + 2\tau_{xy}\tau_{yz}\tau_{zx} - \sigma_x\tau_{yz}^2 - \sigma_y\tau_{zx}^2 - \sigma_z\tau_{xy}^2 \end{array}\right\} \tag{2.23}$$

在主应力空间中,应力张量不变量可表示为

$$\left.\begin{array}{l} I_1 = \sigma_1 + \sigma_2 + \sigma_3 \\ I_2 = \sigma_1\sigma_2 + \sigma_2\sigma_3 + \sigma_3\sigma_1 \\ I_3 = \sigma_1\sigma_2\sigma_3 \end{array}\right\} \tag{2.24}$$

应力张量不变量的解释如下:

(1)主应力大小与方向,在物体形状和引起内力变化因素确定后,便是完全确定的,它不随坐标系的改变而变化。

(2)当坐标变换时,虽然每个应力分量都将随之改变,但这 3 个量是不变的,所以称为不变量。

4. 应力张量的分解

塑性变形时体积变化为零,只有形状变化。按照应力的叠加原理,表示受力物体内一点的应力状态的应力张量可以分解为与体积变化有关的量和与形状变化有关的量,前者

称为应力球张量,后者称为应力偏张量。

现设 σ_m 为 3 个正应力分量的平均值,称为平均应力,即

$$\sigma_m = \frac{1}{3}(\sigma_x + \sigma_y + \sigma_z) = \frac{1}{3}(\sigma_1 + \sigma_2 + \sigma_3) \qquad (2.25)$$

由式(2.24)可知,σ_m 是不变量,与所取的坐标无关,即对于一个确定的应力状态,它为单值。

应力张量可分解为

$$\begin{bmatrix} \sigma_x & \tau_{xy} & \tau_{xz} \\ \tau_{yx} & \sigma_y & \tau_{yz} \\ \tau_{zx} & \tau_{zy} & \sigma_z \end{bmatrix} = \begin{bmatrix} \sigma_m & 0 & 0 \\ 0 & \sigma_m & 0 \\ 0 & 0 & \sigma_m \end{bmatrix} + \begin{bmatrix} \sigma_x - \sigma_m & \tau_{xy} & \tau_{xz} \\ \tau_{yx} & \sigma_y - \sigma_m & \tau_{yz} \\ \tau_{zx} & \tau_{zy} & \sigma_z - \sigma_m \end{bmatrix} \qquad (2.26)$$

$$\quad \text{(应力张量)} \qquad \text{(应力球张量)} \qquad \text{(应力偏张量)}$$

简记为

$$\boldsymbol{\sigma}_{ij} = \boldsymbol{\sigma}'_{ij} + \boldsymbol{\delta}_{ij}\sigma_m \qquad (2.27)$$

式中,$\boldsymbol{\delta}_{ij}$ 为柯氏符号,也称单位张量,当 $i = j$ 时,$\boldsymbol{\delta}_{ij} = 1$;当 $i \neq j$ 时,$\boldsymbol{\delta}_{ij} = 0$。即

$$\boldsymbol{\delta}_{ij} = \begin{bmatrix} 1 & 0 & 0 \\ 0 & 1 & 0 \\ 0 & 0 & 1 \end{bmatrix} \qquad (2.28)$$

应力球张量所决定的是各向等压(或等拉)应力状态,这种应力状态不引起物体形状的变化,只决定物体体积的弹性变化。应力偏张量决定物体的形状变化。例如,铅在室温下的 σ_s 约为 20 MPa,铅块在密闭油缸中加上 2 000 MPa 的高压油,卸压后,铅试样并不呈现显著的塑性变形。

5. 应力偏张量不变量

应力偏张量与应力张量一样,也有 3 个不变量 J_1、J_2 及 J_3,如下

$$\left. \begin{array}{l} J_1 = \sigma'_x + \sigma'_y + \sigma'_z \\ J_2 = \sigma'_x\sigma'_y + \sigma'_y\sigma'_z + \sigma'_z\sigma'_x - \tau_{xy}^2 - \tau_{yz}^2 - \tau_{zx}^2 \\ J_3 = \sigma'_x\sigma'_y\sigma'_z + 2\tau_{xy}\tau_{yz}\tau_{zx} - \sigma'_x\tau_{yz}^2 - \sigma'_y\tau_{zx}^2 - \sigma'_z\tau_{xy}^2 \end{array} \right\} \qquad (2.29)$$

在主应力空间中,应力偏张量不变量可表示为

$$\left. \begin{array}{l} J_1 = \sigma'_1 + \sigma'_2 + \sigma'_3 \\ J_2 = \sigma'_1\sigma'_2 + \sigma'_2\sigma'_3 + \sigma'_3\sigma'_1 = -\dfrac{1}{2}\left[(\sigma'_1)^2 + (\sigma'_2)^2 + (\sigma'_3)^2\right] = (I_1^2 + 3I_2)/3 \\ J_3 = \sigma'_1\sigma'_2\sigma'_3 = \dfrac{1}{27}\left[(2\sigma'_1 - \sigma'_2 - \sigma'_3)(2\sigma'_2 - \sigma'_3 - \sigma'_1)(2\sigma'_3 - \sigma'_1 - \sigma'_2)\right] = \\ \qquad (2I_1^3 - 9I_1I_2 + 27I_3)/27 \end{array} \right\}$$

$$(2.30)$$

式中,J_1、J_2、J_3 分别是应力偏张量第一、第二、第三不变量。

2.1.4 主剪应力与最大剪应力

主剪应力:过一点不同方位平面上的剪应力是变化的,当斜面上的剪应力为极大值时,该剪应力称为主剪应力。

主剪应力平面：主剪应力所在的作用面。

最大剪应力：主剪应力的最大值。

由式（2.17）求解 $\dfrac{\partial \tau_n}{\partial l}=0,\dfrac{\partial \tau_n}{\partial m}=0,\dfrac{\partial \tau_n}{\partial n}=0$，结合式（2.20），可得以下 6 组解，见表 2.1。

表 2.1　τ_n 的方向余弦

项目	组					
	1	2	3	4	5	6
l	± 1	0	0	0	$\pm\sqrt{\dfrac{1}{2}}$	$\pm\sqrt{\dfrac{1}{2}}$
m	0	± 1	0	$\pm\sqrt{\dfrac{1}{2}}$	0	$\pm\sqrt{\dfrac{1}{2}}$
n	0	0	± 1	$\pm\sqrt{\dfrac{1}{2}}$	$\pm\sqrt{\dfrac{1}{2}}$	0
σ_n	σ_1	σ_1	σ_1	$\dfrac{1}{2}(\sigma_2+\sigma_3)$	$\dfrac{1}{2}(\sigma_1+\sigma_3)$	$\dfrac{1}{2}(\sigma_1+\sigma_2)$
τ_n	0	0	0	$\pm\dfrac{1}{2}(\sigma_2-\sigma_3)$	$\pm\dfrac{1}{2}(\sigma_1-\sigma_3)$	$\pm\dfrac{1}{2}(\sigma_1-\sigma_2)$

第 1、2、3 组为主平面，τ_n 为零；第 4、5、6 组为主剪应力平面，τ_n 为主剪应力，其方向总是与主平面成 45°。对应 3 个主应力，有

$$\left.\begin{aligned}\tau_{23}&=\pm\frac{\sigma_2-\sigma_3}{2}\\[2mm]\tau_{31}&=\pm\frac{\sigma_3-\sigma_1}{2}\\[2mm]\tau_{12}&=\pm\frac{\sigma_1-\sigma_2}{2}\end{aligned}\right\}\tag{2.31}$$

τ_{23}、τ_{31}、τ_{12} 满足条件

$$\tau_{23}+\tau_{31}+\tau_{12}=0\tag{2.32}$$

当 $\sigma_1>\sigma_2>\sigma_3$ 时，有最大剪应力值 $\tau_{\max}=\dfrac{1}{2}\mid\sigma_1-\sigma_3\mid$。

2.1.5　应力平衡微分方程

1. 直角坐标系下的平衡微分方程

在物体内任意一点 P 取一微小平行六面体，它的 6 个面垂直于坐标轴，棱边的长度为 $PA=\mathrm{d}x$、$PB=\mathrm{d}y$、$PC=\mathrm{d}z$，如图 2.8 所示。应力分量是位置坐标的函数，六面体是微小的，所以它在各面上所受的应力可以认为是均匀分布的，作用在它的体积的中心。体力在 x、y、z 方向的分量分别用 K_x、K_y、K_z 表示。

以 x 轴为投影轴，列出力的平衡方程 $\sum F_x=0$，得

$$\left(\sigma_x+\frac{\partial\sigma_x}{\partial x}\mathrm{d}x\right)\mathrm{d}y\mathrm{d}z-\sigma_x\mathrm{d}y\mathrm{d}z+\left(\tau_{yx}+\frac{\partial\tau_{yx}}{\partial y}\mathrm{d}y\right)\mathrm{d}z\mathrm{d}x-$$

$$\tau_{yx}\,\mathrm{d}z\mathrm{d}x + \left(\tau_{zx}+\frac{\partial\tau_{zx}}{\partial z}\mathrm{d}z\right)\mathrm{d}x\mathrm{d}y - \tau_{zx}\,\mathrm{d}x\mathrm{d}y + K_x\,\mathrm{d}x\mathrm{d}y\mathrm{d}z = 0$$

再以 y 轴、z 轴为投影轴，列出力的平衡方程 $\sum F_y = 0$、$\sum F_z = 0$，可以得出其他的两个方程。将这 3 个方程约简以后，除以 $\mathrm{d}x\mathrm{d}y\mathrm{d}z$，得到空间问题的平衡微分方程，即纳维叶方程，方程式为

$$\left.\begin{array}{l}\dfrac{\partial\sigma_x}{\partial x}+\dfrac{\partial\tau_{yx}}{\partial y}+\dfrac{\partial\tau_{zx}}{\partial z}+K_x=0 \\[2mm] \dfrac{\partial\sigma_y}{\partial y}+\dfrac{\partial\tau_{zy}}{\partial z}+\dfrac{\partial\tau_{xy}}{\partial x}+K_y=0 \\[2mm] \dfrac{\partial\sigma_z}{\partial z}+\dfrac{\partial\tau_{xz}}{\partial x}+\dfrac{\partial\tau_{yz}}{\partial y}+K_z=0\end{array}\right\} \tag{2.33}$$

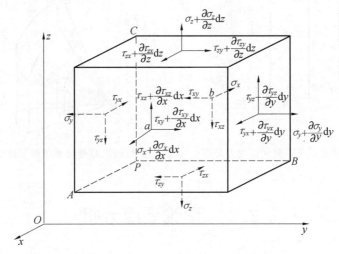

图 2.8　平行六面体微元受力分析

2. 柱坐标系下的平衡微分方程

对于柱坐标系，如图 2.9 所示，力平衡条件 $\sum F_r = 0$、$\sum F_\theta = 0$、$\sum F_z = 0$，得

$$\left.\begin{array}{l}\dfrac{\partial\sigma_r}{\partial r}+\dfrac{1}{r}\dfrac{\partial\tau_{\theta r}}{\partial\theta}+\dfrac{\partial\tau_{zr}}{\partial z}+\dfrac{1}{r}(\sigma_r-\sigma_\theta)+K_r=0 \\[2mm] \dfrac{\partial\tau_{r\theta}}{\partial r}+\dfrac{1}{r}\dfrac{\partial\sigma_\theta}{\partial\theta}+\dfrac{\partial\tau_{z\theta}}{\partial z}+\dfrac{2}{r}\tau_{r\theta}+K_\theta=0 \\[2mm] \dfrac{\partial\tau_{rz}}{\partial r}+\dfrac{1}{r}\dfrac{\partial\tau_{z\theta}}{\partial\theta}+\dfrac{\partial\sigma_z}{\partial z}+\dfrac{\tau_{rz}}{r}+K_z=0\end{array}\right\} \tag{2.34}$$

式中，K_r、K_θ、K_z 分别为径向、环向及轴向的体力分量。

3. 球坐标系下的平衡微分方程

对于球坐标系，如图 2.10 所示，力平衡条件 $\sum F_r = 0$、$\sum F_\theta = 0$、$\sum F_\varphi = 0$，得

$$\frac{\partial \sigma_r}{\partial r} + \frac{1}{r}\frac{\partial \tau_{\theta r}}{\partial \theta} + \frac{1}{r\sin\theta}\frac{\partial \tau_{\varphi r}}{\partial \varphi} + \frac{1}{r}\left[2\sigma_r - (\sigma_\theta + \sigma_\varphi) + \tau_{r\theta}\cot\theta\right] + K_r = 0$$

$$\frac{\partial \tau_{r\theta}}{\partial r} + \frac{1}{r}\frac{\partial \sigma_\theta}{\partial \theta} + \frac{1}{r\sin\theta}\frac{\partial \tau_{z\theta}}{\partial \varphi} + \frac{1}{r}\left[(\sigma_\theta - \sigma_\varphi)\cot\theta + 3\tau_{r\theta}\right] + K_\theta = 0 \qquad (2.35)$$

$$\frac{\partial \tau_{r\theta}}{\partial r} + \frac{1}{r}\frac{\partial \tau_{\theta\varphi}}{\partial \theta} + \frac{1}{r\sin\theta}\frac{\partial \sigma_\varphi}{\partial \varphi} + \frac{1}{r}(3\tau_{r\varphi} + 2\tau_{\theta\varphi}\cot\theta) + K_\varphi = 0$$

式中,K_r、K_θ、K_φ 分别为径向、环向及轴向的体力分量。

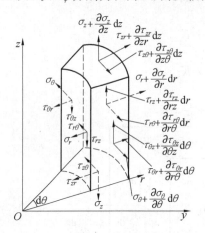 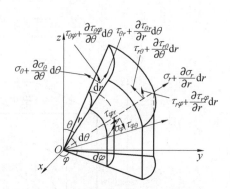

图 2.9　柱坐标系下微元体受力分析　　　图 2.10　球坐标系下微元体受力分析

2.2　理论要点分析

2.2.1　应力状态的独立分量构成

一般的空间应力状态有 9 个应力分量,分别为 σ_x、σ_y、σ_z、τ_{xy}、τ_{yx}、τ_{yz}、τ_{zy}、τ_{zx}、τ_{xz}。

设点 C 是四面体的重心,由点 C 至四面体各垂直及水平的距离分别为 $\frac{1}{3}\mathrm{d}x$、$\frac{1}{3}\mathrm{d}y$、$\frac{1}{3}\mathrm{d}z$,即点 C 在这些面上的投影与这些面的重心是重合的。如果通过点 C 画一条与 z 轴平行的轴 z',这时作用在四面体各面的 12 个分力除两个应力 τ_{yx} 及 τ_{xy} 外,或与 z' 轴平行,或通过 z' 轴。因此对 z' 轴的力矩方程为

$$\tau_{xy}\frac{1}{2}\mathrm{d}y\mathrm{d}z\frac{\mathrm{d}x}{3} - \tau_{yx}\frac{1}{2}\mathrm{d}x\mathrm{d}z\frac{\mathrm{d}y}{3} = 0$$

由此可得

$$\tau_{xy} = \tau_{yx}$$

同理可得

$$\tau_{zy} = \tau_{yz}$$

$$\tau_{xz} = \tau_{zx}$$

此即剪应力互等定理,因而独立的应力分量是 6 个,即 σ_x、σ_y、σ_z、τ_{xy}、τ_{yz}、τ_{zx}。

2.2.2 主应力状态图及应力张量的几何表示

1. 主应力状态图

表示一点的应力状态,可以用单元体的 3 个互相垂直的主平面上的 3 个主应力分量来表示。为了定性地说明变形体某点处的应力状态,通常采用主应力状态图表示。主应力状态图是在变形体内某点处用截面法截取单元体,在其 3 个互相垂直的面上用箭头定性地表示有无主应力存在,即受力状况(拉应力箭头指外,压应力箭头指内)的示意图。

主应力状态图共有 9 种,如图 2.11 所示,其中单向应力状态有两种(图 2.11(a)),即单向拉应力、单向压应力;平面应力状态有 3 种(图 2.11(b)),即两向拉应力、两向压应力、一向拉应力一向压应力;三向应力状态有 4 种(图 2.11(c)),即三向拉应力、三向压应力、一向拉应力和两向压应力、一向压应力和两向拉应力。

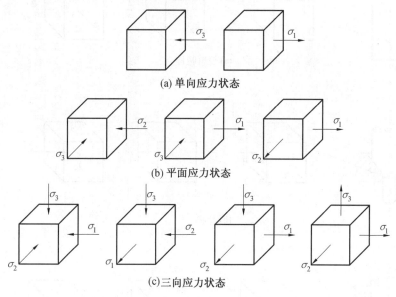

图 2.11　主应力状态图

2. 应力张量的几何表示

以下是 3 种加工方式的应力张量分解,如图 2.12 所示,可以看出应力状态虽然不同,但它们的应力偏张量却相同,所产生的变形都是轴向伸长、横向收缩,同属于伸长类变形。因此,根据应力偏量,可以判断变形类型。

(1) 图 2.12(a) 所示为简单拉伸变形区中典型部位应力状态。

$$
\begin{bmatrix} 6 & 0 & 0 \\ 0 & 0 & 0 \\ 0 & 0 & 0 \end{bmatrix} = \begin{bmatrix} 2 & 0 & 0 \\ 0 & 2 & 0 \\ 0 & 0 & 2 \end{bmatrix} + \begin{bmatrix} 4 & 0 & 0 \\ 0 & -2 & 0 \\ 0 & 0 & -2 \end{bmatrix}
$$

（应力张量）　（应力球张量）　　（应力偏张量）

(2) 图 2.12(b) 所示为拉拔变形区中典型部位应力状态。

$$\begin{bmatrix} 3 & 0 & 0 \\ 0 & -3 & 0 \\ 0 & 0 & -3 \end{bmatrix} = \begin{bmatrix} -1 & 0 & 0 \\ 0 & -1 & 0 \\ 0 & 0 & -1 \end{bmatrix} + \begin{bmatrix} 4 & 0 & 0 \\ 0 & -2 & 0 \\ 0 & 0 & -2 \end{bmatrix}$$

（应力张量）　　　　（应力球张量）　　　　（应力偏张量）

（3）图 2.12(c) 所示为挤压变形区中典型部位应力状态。

$$\begin{bmatrix} -2 & 0 & 0 \\ 0 & -8 & 0 \\ 0 & 0 & -8 \end{bmatrix} = \begin{bmatrix} -6 & 0 & 0 \\ 0 & -6 & 0 \\ 0 & 0 & -6 \end{bmatrix} + \begin{bmatrix} 4 & 0 & 0 \\ 0 & -2 & 0 \\ 0 & 0 & -2 \end{bmatrix}$$

（应力张量）　　　　（应力球张量）　　　　（应力偏张量）

(a) 简单拉伸

(b) 拉拔

(c) 挤压

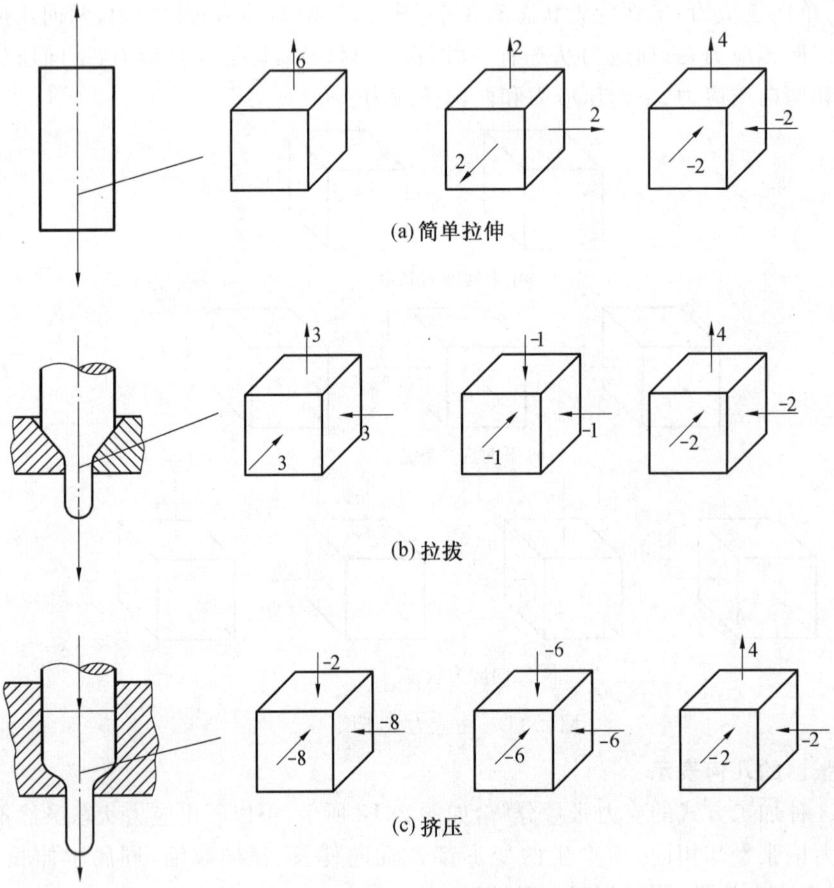

图 2.12　应力状态分析

2.2.3　平面问题与轴对称问题的应力状态

实际塑性加工过程一般都是三维问题,求解是很困难的,在处理实际问题时,通常将复杂的三维问题简化为平面问题(其应力状态分为平面应力状态和平面变形时的应力状态)或轴对称问题。因此,研究平面和轴对称问题的应力状态有重要的实际意义。

1. 平面应力状态

平面应力状态特点为：

① 变形体内各质点在与某一方向（如 z 向）垂直的平面上没有应力作用，即 $\sigma_z = \tau_{zx} = \tau_{yz} = 0$，$z$ 轴为主方向，只有 σ_x、σ_y、τ_{xy} 3 个应力分量；

② σ_x、σ_y、τ_{xy} 沿 z 轴方向均匀分布，即应力分量与 z 轴无关，对 z 的偏导数为零。

在工程实际中，薄壁管扭转、薄壁容器承受内压、板料成形中的一些工序等，由于厚度方向的应力相对很小而可以忽略，一般均做平面应力状态处理。

平面应力状态的应力张量为

$$\boldsymbol{\sigma}_{ij} = \begin{bmatrix} \sigma_x & \tau_{xy} & 0 \\ \tau_{yx} & \sigma_y & 0 \\ 0 & 0 & 0 \end{bmatrix} \text{ 或 } \boldsymbol{\sigma}_{ij} = \begin{bmatrix} \sigma_1 & 0 & 0 \\ 0 & \sigma_2 & 0 \\ 0 & 0 & 0 \end{bmatrix} \tag{2.36}$$

在直角坐标系中，平面应力状态下的应力平衡微分方程为

$$\left. \begin{array}{l} \dfrac{\partial \sigma_x}{\partial x} + \dfrac{\partial \tau_{yx}}{\partial y} + K_x = 0 \\[3mm] \dfrac{\partial \sigma_y}{\partial y} + \dfrac{\partial \tau_{xy}}{\partial x} + K_y = 0 \end{array} \right\} \tag{2.37}$$

平面应力状态下任意斜面上的应力，主应力和主剪应力可分别由三向应力状态的公式导出，某斜面的 3 个方向余弦为

$$\left. \begin{array}{l} l = \cos \varphi \\ m = \cos (90° - \varphi) = \sin \varphi \\ n = 0 \end{array} \right\} \tag{2.38}$$

应力分量为

$$\left. \begin{array}{l} S_x = \sigma_x l + \tau_{yx} m = \sigma_x \cos \varphi + \tau_{yx} \sin \varphi \\ S_y = \sigma_y m + \tau_{xy} l = \sigma_y \sin \varphi + \tau_{xy} \cos \varphi \end{array} \right\} \tag{2.39}$$

正应力为

$$\begin{aligned} \sigma &= \sigma_x l^2 + \sigma_y m^2 + 2\tau_{xy} lm = \\ &\quad \frac{1}{2}(\sigma_x + \sigma_y) + \frac{1}{2}(\sigma_x - \sigma_y)\cos 2\varphi + \tau_{xy} \sin 2\varphi \end{aligned} \tag{2.40}$$

剪应力为

$$\begin{aligned} \tau &= S_x m - S_y l = \\ &\quad \frac{1}{2}(\sigma_x - \sigma_y)\sin 2\varphi - \tau_{xy} \cos 2\varphi \end{aligned} \tag{2.41}$$

应力张量的 3 个不变量为

$$\left. \begin{array}{l} I_1 = \sigma_x + \sigma_y \\ I_2 = \sigma_x \sigma_y \\ I_3 = 0 \end{array} \right\} \tag{2.42}$$

应力状态的特征方程为

$$\sigma^2 - (\sigma_x + \sigma_y)\sigma + \sigma_x \sigma_y - \tau_{xy}^2 = 0 \tag{2.43}$$

主应力为

$$\left.\begin{array}{c}\sigma_1 \\ \sigma_2\end{array}\right\} = \frac{1}{2}(\sigma_x + \sigma_y) \pm \sqrt{\left(\frac{\sigma_x - \sigma_y}{2}\right)^2 + \tau_{xy}^2} \tag{2.44}$$

主剪应力为

$$\left.\begin{array}{c}\tau_{12} = \pm \dfrac{\sigma_1 - \sigma_2}{2} = \pm \sqrt{\left(\dfrac{\sigma_x - \sigma_y}{2}\right)^2 + \tau_{xy}^2} \\[3mm] \tau_{23} = \pm \dfrac{\sigma_2}{2} \\[3mm] \tau_{31} = \pm \dfrac{\sigma_1}{2}\end{array}\right\} \tag{2.45}$$

需要特别说明,平面应力状态中,虽然 z 轴没有应力,但是有应变。纯剪切应力状态时,没有应力的方向上没有应变。

2. 平面变形时的应力状态

变形物体在某一方向上不产生变形时的应力状态称为平面应变状态下的应力状态,发生变形的平面称为塑性流平面。

平面变形时的应力状态特点:

① 不产生变形的方向(设为 z 方向)为主方向,与该方向垂直的平面上没有剪应力;

② 在不变形的方向上有阻止变形的正应力,其值为:对于弹性变形,$\sigma_z = \mu(\sigma_x + \sigma_y)$,式中 μ 为泊松比;对于塑性变形,$\sigma_z = \frac{1}{2}(\sigma_x + \sigma_y) = \sigma_m$;

③ 所有的应力分量沿 z 轴均匀分布,且与 z 轴无关,对 z 的偏导数为零。

平面应变状态下的应力张量可写为

$$\boldsymbol{\sigma}_{ij} = \begin{bmatrix} \sigma_x & \tau_{xy} & 0 \\ \tau_{yx} & \sigma_y & 0 \\ 0 & 0 & \sigma_z \end{bmatrix} = \begin{bmatrix} \dfrac{\sigma_x - \sigma_y}{2} & \tau_{xy} & 0 \\ \tau_{yx} & -\dfrac{\sigma_x - \sigma_y}{2} & 0 \\ 0 & 0 & 0 \end{bmatrix} + \begin{bmatrix} \sigma_m & 0 & 0 \\ 0 & \sigma_m & 0 \\ 0 & 0 & \sigma_m \end{bmatrix} \tag{2.46}$$

在主应力坐标系下为

$$\boldsymbol{\sigma}_{ij} = \begin{bmatrix} \sigma_1 & 0 & 0 \\ 0 & \sigma_2 & 0 \\ 0 & 0 & \dfrac{\sigma_1 + \sigma_2}{2} \end{bmatrix} \begin{bmatrix} \dfrac{\sigma_1 - \sigma_2}{2} & 0 & 0 \\ 0 & -\dfrac{\sigma_1 - \sigma_2}{2} & 0 \\ 0 & 0 & 0 \end{bmatrix} + \begin{bmatrix} \sigma_m & 0 & 0 \\ 0 & \sigma_m & 0 \\ 0 & 0 & \sigma_m \end{bmatrix} \tag{2.47}$$

式中,$\sigma_m = \frac{1}{2}(\sigma_x + \sigma_y) = \frac{1}{2}(\sigma_1 + \sigma_2)$。

由于式(2.47)中的应力偏量 $\sigma'_1 = \frac{(\sigma_1 - \sigma_2)}{2} = -\sigma'_2$,$\sigma'_3 = 0$,即为纯剪应力状态,所以,平面变形时的应力状态就是纯剪应力状态叠加一个应力球张量。

平面变形时的主剪应力和最大剪应力为

$$\left.\begin{array}{l} \tau_{12} = \pm \dfrac{\sigma_1 - \sigma_2}{2} = \tau_{\max} \\[3mm] \tau_{23} = \tau_{31} = \pm \dfrac{\sigma_1 - \sigma_2}{4} \end{array}\right\} \qquad (2.48)$$

由式(2.48)可知,平面变形时最大剪应力所在的平面与变形平面上的两个主平面交成45°角,这是建立平面应变滑移线理论的重要依据。

3. 轴对称应力状态

当旋转体承受的外力对称于旋转轴分布时,则物体内质点所在的应力状态称为轴对称应力状态。由于变形体是旋转体,所以采用柱坐标系更为方便,如图 2.13 所示。

轴对称应力状态的特点:

① 由于子午面(指通过旋转体轴线的平面,即 θ 面)在变形过程中始终不会扭曲,所以在 θ 面上没有剪应力,即 $\tau_{\theta\rho} = \tau_{\theta z} = 0$,只有 σ_ρ、σ_θ、σ_z、$\tau_{\rho z}$ 等应力分量,而且 σ_θ 是主应力;

② 各应力分量与 θ 坐标无关,对 θ 的偏导数等于零。

轴对称应力状态的应力张量为

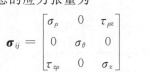

$$\boldsymbol{\sigma}_{ij} = \begin{bmatrix} \sigma_\rho & 0 & \tau_{\rho z} \\ 0 & \sigma_\theta & 0 \\ \tau_{z\rho} & 0 & \sigma_z \end{bmatrix} \qquad (2.49)$$

轴对称应力状态的应力平衡微分方程式为

图 2.13 轴对称应力状态

$$\left.\begin{array}{l} \dfrac{\partial \sigma_\rho}{\partial \rho} + \dfrac{\partial \tau_{z\rho}}{\partial z} + \dfrac{\sigma_\rho - \sigma_\theta}{\rho} = 0 \\[3mm] \dfrac{\partial \tau_{\rho z}}{\partial \rho} + \dfrac{\partial \sigma_z}{\partial z} + \dfrac{\tau_{\rho z}}{\rho} = 0 \end{array}\right\} \qquad (2.50)$$

在有些轴对称问题中,例如圆柱体的平砧镦粗、圆柱体坯料的均匀挤压和拉拔等,其径向和周长的正应力分量相等,即 $\sigma_\rho = \sigma_\theta$。此时,只有 3 个独立的应力分量。

2.2.4 应力莫尔圆

应力莫尔圆:以图形描述了一点的应力状态。在以正应力 σ 和剪应力 τ 为轴的 $\sigma-\tau$ 坐标系中,应力莫尔圆给出了微单元体上任一斜截面上的正应力与剪应力变化的全貌。

应力莫尔圆中剪应力的正负按照材料力学中的规定确定:即顺时针作用于所研究的微单元体上的剪应力为正,反之为负。

1. 平面应力状态莫尔圆

平面应力状态的应力分量为 σ_x、σ_y、τ_{xy},如果已知这 3 个应力分量,就可以利用应力莫尔圆求任意斜面上的应力、主应力和主剪应力。

在 $\sigma-\tau$ 坐标内标出点 $P_1(\sigma_x, \tau_{xy})$ 和点 $P_2(\sigma_y, \tau_{yx})$,连接 P_1、P_2 两点,以 $P_1 P_2$ 线与 σ 轴的交点 C 为圆心,以 $P_1 C$ 为半径作圆,即得应力莫尔圆,如图 2.14 所示。圆心坐标为 $\left(\dfrac{\sigma_1 + \sigma_2}{2}, 0\right)$,圆与 σ 轴的两个交点点 A 和点 B 便是主应力 σ_1 和 σ_2。由图 2.14 中的几何关系很方便地求出主应力和主剪应力为

$$\left.\begin{array}{c}\sigma_1\\\sigma_2\end{array}\right\}=\frac{1}{2}(\sigma_x+\sigma_y)\pm\sqrt{\left(\frac{\sigma_x-\sigma_y}{2}\right)^2+\tau_{xy}^2}$$

$$\tau_{12}=\pm\frac{1}{2}(\sigma_1-\sigma_2)=\pm\sqrt{\left(\frac{\sigma_x-\sigma_y}{2}\right)^2+\tau_{xy}^2},\tau_{23}=\pm\frac{\sigma_2}{2},\tau_{31}=\pm\frac{\sigma_1}{2}$$

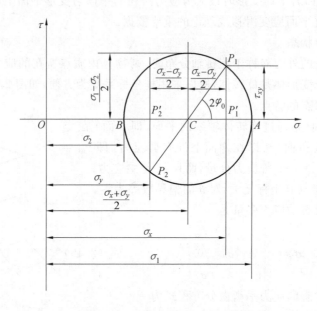

图 2.14　平面应力状态莫尔圆

实际物体中平面的夹角在应力莫尔圆中所对应的平面间圆心角被放大了一倍。平面应力状态下的主剪应力不是最大剪应力,最大剪应力应该是由 σ_1 和 $\sigma_3(\sigma_3=0)$ 组成的应力莫尔圆半径 $\tau_{\max}=\tau_{13}=\pm\dfrac{\sigma_1}{2}$,只有在 σ_1 和 σ_2 的大小相等、方向相反的情况下,如图2.15所示,τ_{12} 才是最大剪应力,这时主剪应力平面上的正应力等于零,主剪应力在数值上等于主应力,这种应力状态就是纯剪应力状态,是平面应力状态的特例。

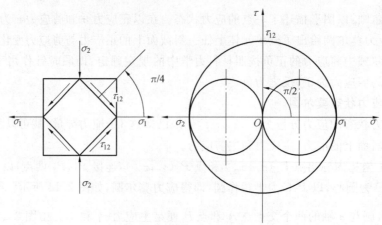

图 2.15　纯剪应力状态莫尔圆

2. 三向应力莫尔圆

设变形体中某点的 3 个主应力为 σ_1、σ_2、σ_3，且 $\sigma_1 > \sigma_2 > \sigma_3$，则在 $\sigma - \tau$ 的坐标系中可作 3 个圆，这就是三向应力莫尔圆，如图 2.16 所示。3 个圆的圆心都在 σ 轴上，圆心到原点的距离分别为 $\dfrac{\sigma_1 + \sigma_2}{2}$、$\dfrac{\sigma_1 + \sigma_3}{2}$、$\dfrac{\sigma_2 + \sigma_3}{2}$。3 个圆的半径恰好是主剪应力值，即 $\dfrac{\sigma_1 - \sigma_2}{2}$、$\dfrac{\sigma_1 - \sigma_3}{2}$、$\dfrac{\sigma_2 - \sigma_3}{2}$。

每个圆分别表示某方向余弦为零的斜截面上的正应力和剪应力的变化规律。例如，在以 σ_1 和 σ_2 构成的圆中，圆周上的点均代表与 σ_3 平行的斜截面（这些斜截面的法线与 σ_3 垂直及 $n = 0$）上的 σ 和 τ 值。因此，3 个圆所围绕的面积内的点，便表示 l、m、n 都不为零的斜截面上的正应力值和剪应力值。故应力莫尔圆形象地表示出点的应力状态。

顺便指出，应力球张量在 $\sigma - \tau$ 坐标系中只是一个点 O'，距坐标原点的距离为 σ_m。而应力偏张量莫尔圆与原莫尔圆的大小是相同的，只需将 τ 轴移动 σ_m 距离到 τ' 的位置，而 τ' 轴必然处在大圆之内，如图 2.17 所示。

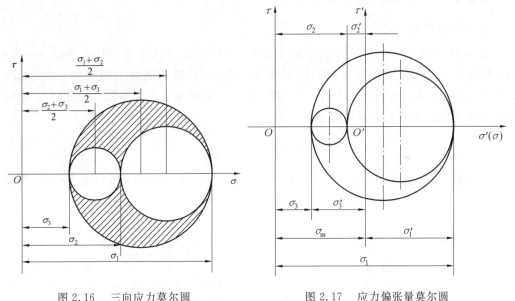

图 2.16　三向应力莫尔圆　　　　　图 2.17　应力偏张量莫尔圆

3. 平面变形时的应力莫尔圆

平面变形时的 3 个主应力 σ_1、σ_2 和 $\sigma_3 = \dfrac{\sigma_1 + \sigma_2}{2} = \sigma_m$，其应力莫尔圆如图 2.18 所示，与图 2.15 比较可知，其应力莫尔圆就是纯剪应力莫尔圆的圆心向右移动 σ_3 的距离，所以，平面变形时的应力张量是纯剪应力张量与应力球张量的叠加。

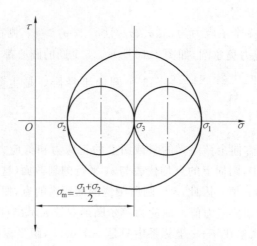

图 2.18　平面变形时的应力莫尔圆

2.2.5　八面体应力与等效应力

1. 八面体应力

等倾面：以 x、y、z 为主轴的正方体，如图 2.19(a) 所示，如果在正方体上取 $\overline{11'}=\overline{22'}=\overline{33'}$，则截面 $1'2'3'$ 与 3 个坐标轴的倾角相等，这个面便是八面体上的一个平面，如图 2.19(b) 所示即为正八面体。平面 $1'2'3'$ 的法线方向也就是立方体对角线的方向，此法线与坐标轴之间的夹角的方向余弦为

$$l=m=n=\pm\frac{1}{\sqrt{3}}$$

八面体平面：在过一点的应力单元体中，与三应力主轴等倾的平面有 4 对，即 4 组平行平面，构成正八面体。

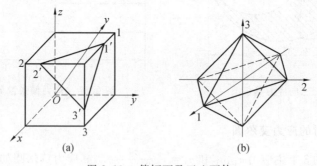

图 2.19　等倾面及正八面体

在主应力空间中由正应力和剪应力构成了 3 种特殊应力面，如图 2.20 所示，它们分别是：

①3 组主平面，应力空间中构成平行六面体；

②6 组主剪应力平面，应力空间中构成十二面体；

③4 组八面体面，构成正八面体。

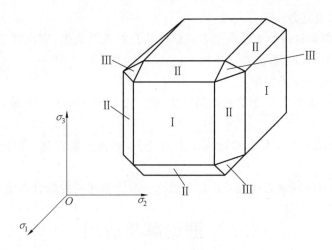

图 2.20 应力空间特殊面

八面体正应力:作用在正八面体平面上的正应力,用 σ_8 表示,其数值等于平均应力,即

$$\sigma_8 = \sigma_1 l^2 + \sigma_2 m^2 + \sigma_3 n^2 = \frac{1}{3}(\sigma_1 + \sigma_2 + \sigma_3) \tag{2.51}$$

用应力第一不变量表示为

$$\sigma_8 = \frac{1}{3} I_1 \tag{2.52}$$

八面体剪应力:作用在正八面体平面上的剪应力,用 τ_8 表示,即

$$\tau_8 = \sqrt{l^2 \sigma_1^2 + m^2 \sigma_2^2 + n^2 \sigma_3^1 - (\sigma_1 l^2 + \sigma_2 m^2 + \sigma_3 n^2)^2} =$$
$$\frac{1}{3}\sqrt{(\sigma_1 - \sigma_2)^2 + (\sigma_2 - \sigma_3)^2 + (\sigma_3 - \sigma_1)^2} \tag{2.53}$$

可以用应力第一不变量和应力第二不变量来表示,因为

$$(\sigma_1 - \sigma_2)^2 + (\sigma_2 - \sigma_3)^2 + (\sigma_3 - \sigma_1)^2 = 2(\sigma_1^2 + \sigma_2^2 + \sigma_3^2 - \sigma_1 \sigma_2 - \sigma_2 \sigma_3 - \sigma_3 \sigma_1) =$$
$$2(\sigma_1^2 + \sigma_2^2 + \sigma_3^2 + 2\sigma_1 \sigma_2 + 2\sigma_2 \sigma_3 + 2\sigma_3 \sigma_1) -$$
$$6(\sigma_1 \sigma_2 + \sigma_2 \sigma_3 + \sigma_3 \sigma_1) =$$
$$2I_1^2 - 6I_2$$

因此

$$\tau_8 = \frac{1}{3}\sqrt{2I_1^2 - 6I_2} \tag{2.54}$$

正八面体剪应力也可以用主剪应力表示,即

$$\tau_8 = \frac{2}{3}\sqrt{\tau_{23}^2 + \tau_{31}^2 + \tau_{12}^2} \tag{2.55}$$

2. 等效应力

等效应力又称应力强度,代表复杂应力折合成单向应力状态的当量应力,表示为

$$\sigma_i = \frac{1}{\sqrt{2}}\sqrt{(\sigma_1 - \sigma_2)^2 + (\sigma_2 - \sigma_3)^2 + (\sigma_3 - \sigma_1)^2} = \frac{3}{\sqrt{2}}\tau_8 \tag{2.56}$$

式中，σ_1、σ_2、σ_3 为主应力。

等效应力是衡量材料处于弹性状态或塑性状态的重要依据，它反映了各主应力的综合作用。等效应力有以下特点：

① 等效应力是一个不变量；

② 等效应力在数值上等于单向均匀拉伸（或压缩）时的拉伸应力（或压缩应力）σ_1，即 $\sigma_i = \sigma_1$；

③ 等效应力并不代表某一实际表面上的应力，因而不能在某一特定平面上表示出来；

④ 等效应力可以理解为代表一点应力状态中应力偏张量的综合作用。

2.3　理论解析应用

2.3.1　正应力、剪应力、全应力的求解

【例 2.1】　已知受力物体中某点的应力分量为 $\begin{cases} \sigma_x = a, \tau_{xy} = a \\ \sigma_y = 2a, \tau_{yz} = 0 \\ \sigma_z = 3a, \tau_{zx} = 2a \end{cases}$，试求作用在过此点的平面 $2x + 3y + 4z = 1$ 上的沿坐标轴方向的应力分量，以及该平面上的正应力、全应力和剪应力。

解　平面 $2x + 3y + 4z = 1$ 的法线方向余弦为

$$l = \frac{2}{\sqrt{2^2 + 3^2 + 4^2}} = \frac{2}{\sqrt{29}}$$

$$m = \frac{3}{\sqrt{2^2 + 3^2 + 4^2}} = \frac{3}{\sqrt{29}}$$

$$n = \frac{4}{\sqrt{2^2 + 3^2 + 4^2}} = \frac{4}{\sqrt{29}}$$

由式(2.11)，得斜面上全应力的各分量为

$$S_x = l\sigma_x + m\tau_{yx} + n\tau_{zx} = a \times \frac{2}{\sqrt{29}} + a \times \frac{3}{\sqrt{29}} + 2a \times \frac{4}{\sqrt{29}} = \frac{13}{\sqrt{29}}a$$

$$S_y = l\tau_{xy} + m\sigma_y + n\tau_{zy} = a \times \frac{2}{\sqrt{29}} + 2a \times \frac{3}{\sqrt{29}} + 0 \times \frac{4}{\sqrt{29}} = \frac{8}{\sqrt{29}}a$$

$$S_z = l\tau_{xz} + m\tau_{yz} + n\sigma_z = 2a \times \frac{2}{\sqrt{29}} + 0 \times \frac{3}{\sqrt{29}} + 3a \times \frac{4}{\sqrt{29}} = \frac{16}{\sqrt{29}}a$$

所以

正应力：$\sigma = S_x l + S_y m + S_z n = \frac{13}{\sqrt{29}}a \times \frac{2}{\sqrt{29}} + \frac{8}{\sqrt{29}}a \times \frac{3}{\sqrt{29}} + \frac{16}{\sqrt{29}}a \times \frac{4}{\sqrt{29}} = \frac{114}{29}a$

全应力：$S = \sqrt{S_x^2 + S_y^2 + S_z^2} = \sqrt{\frac{489}{29}}a$

剪应力：$\tau=\sqrt{S^2-\sigma^2}=1.187a$

【例2.2】 已知受力物体中某点的应力状态 $\sigma_x=100a,\tau_{xy}=50a,\sigma_y=-80a,\tau_{yz}=-20a,\sigma_z=30a,\tau_{zx}=0$。试求过此点法线方向为 $\boldsymbol{v}=\boldsymbol{i}+3\boldsymbol{j}+\sqrt{90}\boldsymbol{k}$ 的截面上沿 x、y、z 轴方向的应力分量以及正应力和剪应力。

解 该点法线方向余弦分别为

$$l=\frac{1}{\sqrt{1^2+3^2+90}}=0.1$$

$$m=\frac{3}{\sqrt{1^2+2^2+90}}=0.3$$

$$n=\frac{\sqrt{90}}{\sqrt{1^2+2^2+90}}=\sqrt{0.9}$$

由式(2.11)，得斜面上全应力的各分量为

$$S_x=l\sigma_x+m\tau_{yx}+n\tau_{zx}=25.0a$$

$$S_y=l\tau_{xy}+m\sigma_y+n\tau_{zy}=-37.97a$$

$$S_z=l\tau_{xz}+m\tau_{yz}+n\sigma_z=22.46a$$

所以

正应力：$\sigma=S_x l+S_y m+S_z n=12.42a$

全应力：$S=\sqrt{S_x^2+S_y^2+S_z^2}=50.71a$

剪应力：$\tau=\sqrt{S^2-\sigma^2}=49.17a$

2.3.2 应力不变量、主应力、最大剪应力的求解

【例2.3】 设某点的应力状态 $\boldsymbol{\sigma}_{ij}=\begin{bmatrix}50 & -20 & 0\\ -20 & 80 & 60\\ 0 & 60 & -70\end{bmatrix}$，试求其主应力 σ_1、σ_2 及 σ_3 与主方向（单位：MPa）。

解 由式(2.23)，求得各应力不变量为

$$I_1=\sigma_x+\sigma_y+\sigma_z=60$$

$$I_2=\sigma_x\sigma_y+\sigma_y\sigma_z+\sigma_z\sigma_x-\tau_{xy}^2-\tau_{xz}^2-\tau_{zx}^2=-9\,100$$

$$I_3=\sigma_x\sigma_y\sigma_z+2\tau_{xy}\tau_{yz}\tau_{zx}-\sigma_x\tau_{yz}^2-\sigma_y\tau_{xz}^2-\sigma_z\tau_{xy}^2=-432\,000$$

将 I_1、I_2、I_3 代入式(2.22)，得

$$\sigma^3-60\sigma^2-9\,100\sigma+432\,000=0$$

由高等代数中三次方程的根求解公式可得

$$R=\frac{2}{3}\sqrt{I_1^2-3I_2}=117$$

$$\cos\varphi=\frac{2I_1^3-9I_1I_2+27I_3}{2\sqrt{(I_1^2-3I_2)^3}}=-0.581\,6$$

即 $\varphi=125.562°$，则有

$$\sigma'/\mathrm{MPa} = \frac{I_1}{3} + R\cos\frac{\varphi}{3} = 107.1$$

$$\sigma''/\mathrm{MPa} = \frac{I_1}{3} + R\cos\frac{\varphi + 2\pi}{3} = -91.2$$

$$\sigma'''/\mathrm{MPa} = \frac{I_1}{3} + R\cos\frac{\varphi + 4\pi}{3} = 44.0$$

所以主应力为

$$\sigma_1/\mathrm{MPa} = 107.1, \quad \sigma_2/\mathrm{MPa} = 44.0, \quad \sigma_3/\mathrm{MPa} = -91.2$$

$$\begin{cases} l(\sigma_x - \sigma) + m\tau_{yx} + n\tau_{zx} = 0 \\ l\tau_{xy} + m(\sigma_y - \sigma) + n\tau_{zy} = 0 \\ l\tau_{xz} + m\tau_{yz} + n(\sigma_z - \sigma) = 0 \end{cases}$$

将 σ_1 代入以上方程组前两式得

$$\begin{cases} -57.1 l_1 - 20 m_1 = 0 \\ -20 l_1 - 27.1 m_1 + 60 n_1 = 0 \end{cases}$$

将以上两式除以 l_1 得

$$\begin{cases} -57.1 - 20\dfrac{m_1}{l_1} = 0 \\ -20 - 27.1\dfrac{m_1}{l_1} + 60\dfrac{n_1}{l_1} = 0 \end{cases}$$

所以得

$$\frac{m_1}{l_1} = -2.855, \quad \frac{n_1}{l_1} = -0.956$$

再利用

$$l_1^2 + m_1^2 + n_1^2 = 1$$

得

$$l_1 = \frac{1}{\sqrt{1 + (\dfrac{m_1}{l_1}) + (\dfrac{n_1}{l_1})}} = 0.315$$

所以

$$m_1 = -2.855 l_1 = -0.899$$

$$n_1 = -0.956 l_1 = -0.301$$

即 σ_1 的方向余弦为 $(0.315, -0.899, -0.301)$

同理可得

σ_2 的方向余弦为 $(0.948, 0.284, 0.145)$

σ_3 的方向余弦为 $(0.0475, 0.335, -0.941)$

【例 2.4】 已知受力物体某点的应力分量为 $\sigma_x = \sigma_y = \sigma_z = 2$，$\tau_{xy} = 1$，其余为零，试求主应力及主方向余弦（单位：MPa）。

解 由例 2.3 同理可得

主应力为

$$\sigma_1 = 3\ \mathrm{MPa}, \quad \sigma_2 = 2\ \mathrm{MPa}, \quad \sigma_3 = 1\ \mathrm{MPa}$$

主方向余弦为：

$$\sigma_1 \text{ 的方向余弦为}(\frac{\sqrt{2}}{2},\frac{\sqrt{2}}{2},0)$$

$$\sigma_2 \text{ 的方向余弦为}(0,0,1)$$

$$\sigma_3 \text{ 的方向余弦为}(-\frac{\sqrt{2}}{2},\frac{\sqrt{2}}{2},0)$$

2.3.3 应力状态的判别

【例 2.5】 证明以下两个应力张量属于同一个应力状态。

$$\boldsymbol{\sigma}_{ij1} = \begin{bmatrix} c & 0 & 0 \\ 0 & d & 0 \\ 0 & 0 & 0 \end{bmatrix}, \quad \boldsymbol{\sigma}_{ij2} = \begin{bmatrix} \dfrac{c+d}{2} & \dfrac{c-d}{2} & 0 \\ \dfrac{c-d}{2} & \dfrac{c+d}{2} & 0 \\ 0 & 0 & 0 \end{bmatrix}$$

解 设 $\boldsymbol{\sigma}_{ij2}$ 的主应力为 σ，应满足如下方程

$$\begin{vmatrix} \dfrac{c+d}{2}-\sigma & \dfrac{c-d}{2} & 0 \\ \dfrac{c-d}{2} & \dfrac{c+d}{2}-\sigma & 0 \\ 0 & 0 & -\sigma \end{vmatrix} = 0$$

化简得

$$\sigma = \frac{c+d}{2} \pm \frac{c-d}{2}$$

即

$$\sigma_1 = c, \quad \sigma_2 = d$$

所以应力张量为

$$\boldsymbol{\sigma}_{ij2} = \begin{bmatrix} c & 0 & 0 \\ 0 & d & 0 \\ 0 & 0 & 0 \end{bmatrix}$$

即

$$\boldsymbol{\sigma}_{ij1} = \boldsymbol{\sigma}_{ij2}$$

因此两个应力张量属于同一个应力状态。

2.3.4 应力莫尔圆的绘制

【例 2.6】 已知某点的应量 $\sigma_x = 30 \text{ MPa}$，$\sigma_y = -50 \text{ MPa}$，$\tau_{xy} = -30 \text{ MPa}$，其余为零。试利用应力莫尔圆得出该点的主应力、主剪应力、最大剪应力。

解 在 (σ,τ) 平面内，描出 $P_1(30,-30)$、$P_2(-50,30)$，连接 P_1P_2 交 σ 轴于一点 C，以 P_1C 为半径作应力莫尔圆，如图 2.21 所示，此圆与 σ 轴的交点即是主应力。

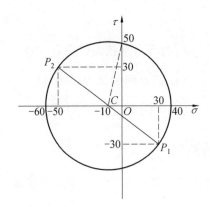

图 2.21　应力莫尔圆

由式(2.7),得

$$\sigma_1/\mathrm{MPa} = \frac{\sigma_x + \sigma_y}{2} \pm \sqrt{\left(\frac{\sigma_x - \sigma_y}{2}\right)^2 + \tau_{xy}^2} = -10 \pm \sqrt{40^2 + 30^2} = -10 \pm 50$$

所以主应力为

$$\sigma_1 = 40 \text{ MPa}, \quad \sigma_2 = -60 \text{ MPa}$$

主剪应力为

$$\tau_{12} = \pm \frac{1}{2}(\sigma_1 - \sigma_2) = \pm 50 \text{ MPa}$$

$$\tau_{23} = \pm \frac{\sigma_2}{2} = \pm 30 \text{ MPa}$$

$$\tau_{31} = \pm \frac{\sigma_1}{2} = \pm 20 \text{ MPa}$$

最大剪应力为

$$\tau_{\max}/\mathrm{MPa} = \frac{1}{2}(\sigma_1 - \sigma_2) = 50$$

【例 2.7】　已知应力 $\sigma_x = 40$ MPa,$\sigma_y = 10$ MPa,$\tau_{xy} = 10$ MPa,其余为零,作应力莫尔圆,并在图中注明 σ_1 和 σ_2。

解　　在 (σ, τ) 平面内, 描出 $P_1(40, 10)$、$P_2(10, -10)$,连接 $P_1 P_2$ 交 σ 轴于一点 C,以 $P_1 C$ 为半径作应力莫尔圆,如图 2.22 所示。

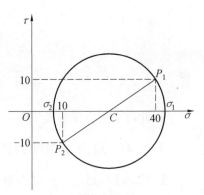

图 2.22　应力莫尔圆

由式(2.7),得

$$\sigma_1/\mathrm{MPa} = \frac{\sigma_x + \sigma_y}{2} + \sqrt{\left(\frac{\sigma_x - \sigma_y}{2}\right)^2 + \tau_{xy}^2} = 25 + \sqrt{15^2 + 10^2} = 43$$

$$\sigma_2/\mathrm{MPa} = \frac{\sigma_x + \sigma_y}{2} - \sqrt{\left(\frac{\sigma_x - \sigma_y}{2}\right)^2 + \tau_{xy}^2} = 25 - 18 = 7$$

习　　题

2.1　已知受力物体中某点的应力张量为 $\boldsymbol{\sigma}_{ij} = \begin{bmatrix} 2a & 0 & 3a \\ 0 & 4a & -3a \\ 3a & -3a & 0 \end{bmatrix}$,

试将它分解为应力球张量和应力偏张量,并求出应力偏量第二不变量。

2.2　已知受力物体中某点的主应力分别为

(1)$\sigma_1 = 50, \sigma_2 = -50, \sigma_3 = 75$;

(2)$\sigma_1 = 50, \sigma_2 = 50, \sigma_3 = -100$。

试求正八面体上的总应力、正应力和剪应力。

2.3　已知应力分量为

$$\sigma_x = -Qxy^3 + Ax^3 + By^2$$

$$\sigma_y = -\frac{3}{2}Bxy^2 + \frac{3}{5}Cx^3$$

$$\tau_{xy} = -By^4 + Cx^2y$$

试利用平衡方程求系数 A、B 和 C(体力为零)。

2.4　如图 2.23 所示,杆件的体力为 f,且为常数,长度为 h,其应力分量为

$$\sigma_x = 0, \quad \sigma_y = Ay + B, \quad \tau_{xy} = 0$$

求系数 A 和 B。

2.5　已知某点的应力张量 $\boldsymbol{\sigma}_{ij} = \begin{bmatrix} 10 & 0 & 0 \\ 0 & 10 & 0 \\ 0 & 0 & -2 \end{bmatrix}$(单位：

MPa),试求：

(1)应力球张量及应力偏张量;

(2)应力张量第三不变量;

(3)等效应力;

(4)画出与应力张量、应力球张量、应力偏张量对应的应力状态图。

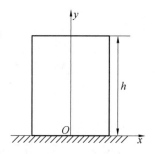

图 2.23　杆件

第3章　几何理论及其解析应用

3.1　基本理论概述

3.1.1　弹塑性变形的基本概念

1. 变形

物体变形时,内部各质点发生运动,位移是指质点在不同时刻所走的距离,变形是指两质点间距的变化,这种变化分为绝对变形和相对变形。研究变形通常是由小变形介入,小变形是指数量级为 $10^{-3} \sim 10^{-2}$ 的弹塑性变形。大变形可以划分成若干小变形后叠加计算。

均匀变形:变形体在外力作用下产生的塑性变形沿高向、宽向及纵向均匀分布的现象。在实际加工过程中,均匀变形是不存在的。

不均匀变形:变形体在外力作用下产生的塑性变形沿高向、宽向及纵向分布不均的现象。在实际加工过程中,不均匀变形是绝对的。

需指出,当单元体切取得很小时,可以认为它的变形是均匀的。

2. 正应变

正应变表示变形体内线元长度的相对变化率。现设一单元体 $PABC$ 仅仅在 xOy 坐标平面内发生了很小的正变形,如图 3.1(a) 所示(这里暂不考虑刚体位移),变成了 $PA_1B_1C_1$。单元体内各线元的长度都发生了变化,例如其中线元 PB 由原长 r 变成了 $r_1 = r + \delta r$,于是把单元长度的变化

$$\varepsilon = \frac{r_1 - r}{r} = \frac{\delta r}{r} \tag{3.1}$$

称为线元 PB 的正应变。线元伸长时 ε 为正,压缩时 ε 为负。其他线元也可同样定义,例如,平行于 x 轴和 y 轴的线元 PA 和 PC,正应变分别为

$$\varepsilon_x = \frac{\delta r_x}{r_x}, \quad \varepsilon_y = \frac{\delta r_y}{r_y}$$

3. 剪应变

剪应变表示变形体内相交两线元夹角在变形前后的变化。设单元体在 xOy 坐标平面内发生剪变形,如图 3.1(b) 所示,线元 PA 和 PC 所夹的直角 $\angle CPA$ 缩减了 γ 角,变成了 $\angle C_1PA$,相当于 C 点在垂直于 PC 的方向偏移了 δr_τ,一般把

$$\frac{\delta r_\tau}{r_y} = \tan \gamma \approx \gamma \tag{3.2}$$

称为相对剪应变。$\angle CPA$ 缩小时 r 取正号,图 3.1(b) 中的 r 是在 xOy 坐标平面内发生的,故可写成 γ_{xy}。由于是小变形,故可认为 PC 转至 PC_1 时长度不变。图 3.1(b) 所示的

相对剪应变 γ_{xy} 可看成 PA 和 PC 同时向内偏转相同的角度 ε_{xy} 及 ε_{yx} 而成,如图 3.1(c) 所示,有

$$\varepsilon_{xy} = \varepsilon_{yx} = \frac{1}{2}\gamma_{xy} \tag{3.3}$$

将 ε_{xy}、ε_{yx} 定义为剪应变。

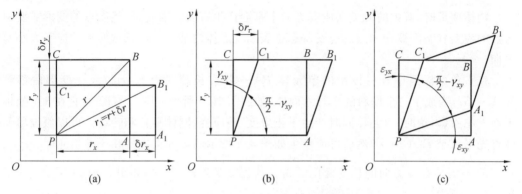

图 3.1　单元体在 xOy 平面内纯变形

剪应变下标的含义:第一个下标表示线元的方向,第二个下标表示线元偏转的方向,如 ε_{xy} 表示 x 方向的线元向 y 方向偏转的角度。

在实际变形时,线元 PA 和 PC 的偏转角度不一定相同。现设它们的实际偏转角度分别为 α_{xy}、α_{yx},如图 3.2(a) 所示,偏转的结果仍然使 $\angle CPA$ 缩减了 r_{xy} 角,于是有

$$\left.\begin{array}{l} r_{xy} = \alpha_{yx} + \alpha_{xy} \\[2mm] \varepsilon_{xy} = \varepsilon_{yx} = \dfrac{1}{2}(\alpha_{yx} + \alpha_{xy}) \end{array}\right\} \tag{3.4}$$

这时,在 α_{xy}、α_{yx} 中已包含了刚体转动。

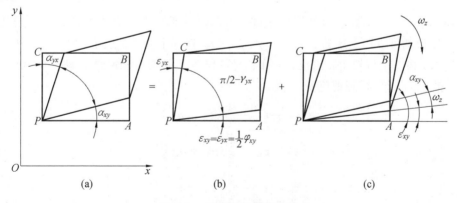

图 3.2　切应变与刚体转动

可以设想单元体的线元 PA 和 PC 先同时偏转了 ε_{xy} 及 ε_{yx},如图 3.2(b) 所示,然后整个单元体绕 z 轴转动了一个角度 ω_z,如图 3.2(c) 所示。由几何关系有

$$\left.\begin{aligned} \alpha_{xy} &= \varepsilon_{xy} - \omega_z \\ \alpha_{yx} &= \varepsilon_{yx} + \omega_z \\ \omega_z &= (\alpha_{yx} - \alpha_{xy})/2 \end{aligned}\right\} \tag{3.5}$$

3.1.2　点的应变状态

物体变形时,其内的质点在所有方向上都会产生应变。因此,描述质点的变形需要引入点的应变状态的概念。点的应变状态是表示变形体内某一点任意截面上的应变大小及方向。

在直角坐标系中取一极小的单元体 $PA\cdots G$,边长分别为 r_x、r_y、r_z,小变形后移至 $P_1A_1\cdots G_1$,变成了一个偏斜的平行六面体,如图 3.3(a) 所示。图 3.3(b) 为它在 3 个坐标平面上的投影,这时,单元体同时产生了正应变、剪应变、刚体平移和转动。可以假设单元体首先平移至 $P_1A'\cdots G'$,然后可能产生如图 3.4 所示的 3 种正应变和 3 种切应变。

① 单元体在 x 方向的长度变化了 δr_x,其正应变为 $\varepsilon_x = \dfrac{\delta r_x}{r_x}$,如图 3.4(a) 所示。

② 单元体在 y 方向的长度变化了 δr_y,其正应变为 $\varepsilon_y = \dfrac{\delta r_y}{r_y}$,如图 3.4(b) 所示。

③ 单元体在 z 方向的长度变化了 δr_z,其正应变为 $\varepsilon_z = \dfrac{\delta r_z}{r_z}$,如图 3.4(c) 所示。

④ 单元体在 $P_1C'G'D'$ 面(也即 x 面)在 xOy 平面中偏转了 α_{yx} 角,$P_1A'E'D'$ 面(y 面)偏转了 α_{xy},形成了 $\gamma_{xy} = \alpha_{yx} + \alpha_{xy}$,如图 3.4(d) 所示。

⑤ y 面和 z 面在 yOz 平面分别偏转了 α_{zy} 角和 α_{yz} 角,形成了 $\gamma_{yz} = \alpha_{yz} + \alpha_{zy}$,如图 3.4(e) 所示。

⑥ z 面和 x 面在 zOx 平面分别偏转了 α_{xz} 角和 α_{zx} 角,形成了 $\gamma_{zx} = \alpha_{zx} + \alpha_{xz}$,如图 3.4(f) 所示。

将以上 6 个变形叠加起来就可得到图 3.3(a) 中偏斜的六面体 $P_1A_1\cdots G_1$。于是该单元体的变形就可以用上述的 ε_x、ε_y、ε_z、γ_{xy}、γ_{yz}、γ_{zx} 这 6 个应变来表示。

3 个 γ 由 6 个偏转角 α 组成,它们中实际包含了剪应变和刚体转动。将式(3.3)～(3.5)推广至三维,得到剪应变 ε_{ij} 为

$$\left.\begin{aligned} \varepsilon_{xy} &= \varepsilon_{yx} = \frac{1}{2}(\alpha_{yx} + \alpha_{xy}) \\ \varepsilon_{yz} &= \varepsilon_{zy} = \frac{1}{2}(\alpha_{yz} + \alpha_{zy}) \\ \varepsilon_{zx} &= \varepsilon_{xz} = \frac{1}{2}(\alpha_{zx} + \alpha_{xz}) \end{aligned}\right\} \tag{3.6}$$

刚体转动为

$$\left.\begin{aligned} \omega_x &= (\alpha_{zy} - \alpha_{yz})/2 \\ \omega_y &= (\alpha_{xz} - \alpha_{zx})/2 \\ \omega_z &= (\alpha_{xy} - \alpha_{yx})/2 \end{aligned}\right\} \tag{3.7}$$

ε_x、α_{xy} 等 9 个分量可构成一个张量,称为相对位移张量 $\boldsymbol{r}_{ij}$,即

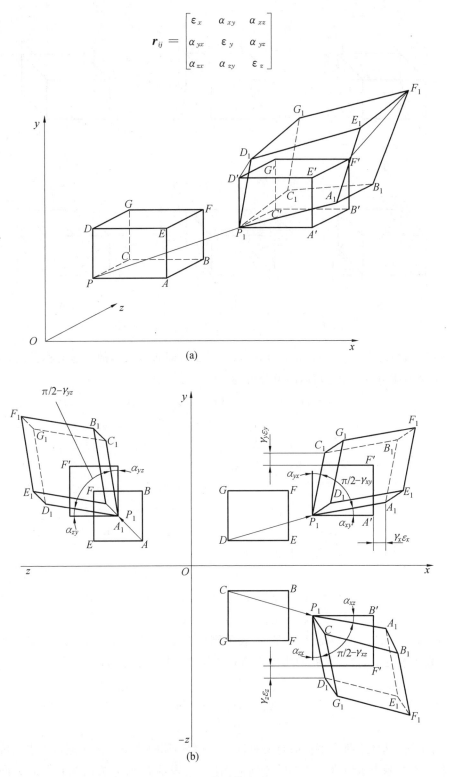

$$\boldsymbol{r}_{ij} = \begin{bmatrix} \varepsilon_x & \alpha_{xy} & \alpha_{xz} \\ \alpha_{yx} & \varepsilon_y & \alpha_{yz} \\ \alpha_{zx} & \alpha_{zy} & \varepsilon_z \end{bmatrix}$$

图 3.3　单元体变形

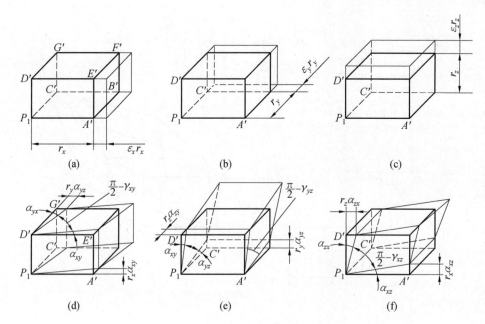

图 3.4　单元体变形的分解

在一般情况下 $\alpha_{xy} \neq \alpha_{yx}$，$\alpha_{yz} \neq \alpha_{zy}$，$\alpha_{zx} \neq \alpha_{xz}$，即 $r_{ij} \neq r_{ji}$，故是非对称张量。将 r_{ij} 叠加上一个零张量 $(r_{ji} - r_{ji})/2$，即可分解为

$$r_{ij} = r_{ij} + (r_{ji} - r_{ji})/2 = (r_{ij} + r_{ji})/2 + (r_{ij} - r_{ji})/2 =$$

$$\begin{bmatrix} \varepsilon_x & (\alpha_{xy} + \alpha_{yx})/2 & (\alpha_{xz} + \alpha_{zx})/2 \\ (\alpha_{yx} + \alpha_{xy})/2 & \varepsilon_y & (\alpha_{yz} + \alpha_{zy})/2 \\ (\alpha_{zx} + \alpha_{xz})/2 & (\alpha_{zy} + \alpha_{yz})/2 & \varepsilon_z \end{bmatrix} +$$

$$\begin{bmatrix} 0 & (\alpha_{xy} - \alpha_{yx})/2 & (\alpha_{xz} - \alpha_{zx})/2 \\ (\alpha_{yz} - \alpha_{zy})/2 & 0 & (\alpha_{yz} - \alpha_{zy})/2 \\ (\alpha_{zx} - \alpha_{xz})/2 & (\alpha_{zy} - \alpha_{yz})/2 & 0 \end{bmatrix}$$

将式(3.6)、式(3.7) 代入上式，可得

$$r_{ij} = \begin{bmatrix} \varepsilon_x & \varepsilon_{xy} & \varepsilon_{xz} \\ \varepsilon_{yx} & \varepsilon_y & \varepsilon_{yz} \\ \varepsilon_{zx} & \varepsilon_{zy} & \varepsilon_z \end{bmatrix} + \begin{bmatrix} 0 & -\omega_z & \omega_y \\ \omega_z & 0 & -\omega_x \\ -\omega_y & \omega_x & 0 \end{bmatrix} \tag{3.8}$$

式(3.8) 的后一项为反对称张量，表示刚体转动，称为刚体转动张量；前一项为对称张量，表示纯变形，这就是我们所讨论的应变张量，用 ε_{ij} 表示，即

$$\varepsilon_{ij} = \begin{bmatrix} \varepsilon_x & \varepsilon_{xy} & \varepsilon_{xz} \\ \varepsilon_{yx} & \varepsilon_y & \varepsilon_{yz} \\ \varepsilon_{zx} & \varepsilon_{zy} & \varepsilon_z \end{bmatrix}$$

为了便于记忆，两个下标的意义可以这样理解：第一个下标表示通过 P 点的线元的方向，第二个下标表示该线元变形的方向。例如，ε_x 表示 P 点 x 方向线元在 x 方向的线应变，ε_{xy} 表示 x 方向线元在 y 方向的偏转角等。

3.1.3　位移分量与小变形几何方程

物体变形后,体内的点都产生了位移,引起了质点的应变。应变属于相对变形,是由位移引起的。因此,位移场与应变场之间一定存在某种关系。

1. 位移分量

变形体内一点变形前后的直线距离称为位移。在坐标系中,一点的位移矢量在 3 个坐标轴上的投影称为该点的位移分量,一般用 u、v、w 来表示。

变形体内不同点的位移分量也是不同的。根据连续性基本假设,位移分量应是坐标的连续函数,而且一般都有连续的二阶偏导数,该函数可表示为

$$\left. \begin{array}{l} u = u(x, y, z) \\ v = v(x, y, z) \\ w = w(x, y, z) \end{array} \right\} \tag{3.9}$$

式(3.9) 表示变形体内的位移函数,即位移场。

一般情况下,位移场是待求的,而且求解比较复杂,但在某些比较简单而且理想的场合,可以通过几何关系直接求得位移场。例如,图 3.5 表示一个矩形柱体在无摩擦的光滑平板间进行塑性压缩,这时该柱体在压缩后仍是矩形柱体,且可假设体积不变,如设压缩量 δL 很小,则柱体内的位移场为

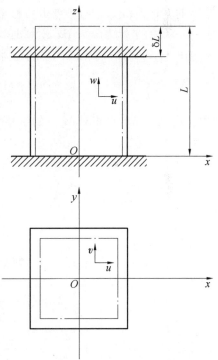

$$\left. \begin{array}{l} u = \dfrac{\delta L}{2L} x \\[2mm] v = \dfrac{\delta L}{2L} y \\[2mm] w = -\dfrac{\delta L}{L} z \end{array} \right\}$$

又如,图 3.6 表示一矩形截面坯料在无摩擦的平面挤压模内挤压,坯料的厚度在通过斜面变形区后变薄,但宽度不变,如设在所有垂直 x 轴的截面上,位移分量 u 为均布,而且变形区内所有点的位移矢量都指向 z 轴,即图 3.6 中的原点 O。现在冲头向左推进了一个很小的距离 δL,这时变形区的位移分量为

图 3.5　矩形柱体在光滑平板间镦粗时的位移

$$\left. \begin{array}{l} u = -\dfrac{H\delta L}{\tan\alpha} \dfrac{1}{x} \\[2mm] v = -\dfrac{H\delta L}{\tan\alpha} \dfrac{y}{x^2} \\[2mm] w = 0 \end{array} \right\}$$

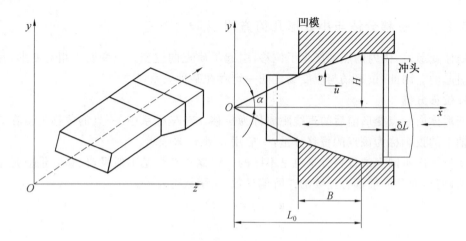

图 3.6 无摩擦平面挤压时的位移

现在来研究变形体内无限接近的两点的位移分量之间的关系。设受力物体内任一点 M 的坐标为 (x,y,z)，小变形后移至 M_1，其位移分量为 $u_i(x,y,z)$。与 M 点无限接近的一点 M' 的坐标为 $(x+\mathrm{d}x,y+\mathrm{d}y,z+\mathrm{d}z)$，小变形后移至 M'_1，其位移分量为 $u'_i(x+\mathrm{d}x,y+\mathrm{d}y,z+\mathrm{d}z)$，如图 3.7 所示。将函数 u'_i 按泰勒级数展开并略去高阶微量，可得

$$u'_i = u_i + \frac{\partial u_i}{\partial x_j}\mathrm{d}x_j = u_i + \delta u_i \tag{3.10}$$

式中，u'_i 称为 M' 点相对 M 点的位移增量，$u'_i = \frac{\partial u_i}{\partial x_j}\mathrm{d}x_j$。

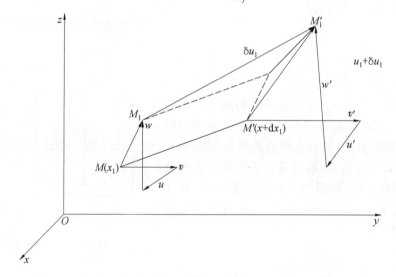

图 3.7 变形体无限接近两点的位移分量及位移增量

式(3.10)说明，若已知变形物体内一点 M 的位移分量，则与其相邻近一点 M' 的位移分量可以用 M 点的位移分量及其增量来表示，其中的位移增量 δu_i 可写成

$$\left.\begin{aligned}
\delta u &= \frac{\partial u}{\partial x}\mathrm{d}x + \frac{\partial u}{\partial y}\mathrm{d}y + \frac{\partial u}{\partial z}\mathrm{d}z \\
\delta v &= \frac{\partial v}{\partial x}\mathrm{d}x + \frac{\partial v}{\partial y}\mathrm{d}y + \frac{\partial v}{\partial z}\mathrm{d}z \\
\delta w &= \frac{\partial w}{\partial x}\mathrm{d}x + \frac{\partial w}{\partial y}\mathrm{d}y + \frac{\partial w}{\partial z}\mathrm{d}z
\end{aligned}\right\} \tag{3.11}$$

若无限接近两点的连线 MM' 平行于某坐标轴,如 $MM' \parallel x$ 轴,则式(3.11)中 $\mathrm{d}x \neq 0$, $\mathrm{d}y = \mathrm{d}z = 0$,此时,式(3.11)变为

$$\left.\begin{aligned}
\delta u &= \frac{\partial u}{\partial x}\mathrm{d}x \\
\delta v &= \frac{\partial v}{\partial x}\mathrm{d}x \\
\delta w &= \frac{\partial w}{\partial x}\mathrm{d}x
\end{aligned}\right\} \tag{3.12}$$

2. 直角坐标系下的小变形几何方程

由变形物体中取出一个微小的平行六面体,将六面体的各面投影到直角坐标系的各个坐标面上,如图 3.8 所示,根据这些投影的变形规律来研究整个平行六面体的变形。

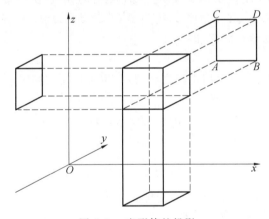

图 3.8　变形体的投影

首先,研究平行六面体在 xOz 面上的投影 $ABCD$,如图 3.9 所示,整个矩形 $ABCD$ 移到 $A'B'C'D'$ 的位置,A 点的位移是 u 和 w,它们是坐标的函数,因此有

$$u = f_1(x, y, z), \qquad w = f_3(x, y, z) \tag{3.13}$$

B 点沿 x 轴位移与 A 点位移不同,由泰勒级数展开并略去高阶微量后,表达式为

$$u_1 = f_1(x + \mathrm{d}x, y, z) = u + \frac{\partial u}{\partial x}\mathrm{d}x \tag{3.14}$$

如果边长 $AB = \mathrm{d}x$,则在 x 轴上投影的全伸长量为

$$u_1 - u = \frac{\partial u}{\partial x}\mathrm{d}x \tag{3.15}$$

如果用 ε_x 表示沿 x 轴的相对伸长,则有

$$\varepsilon_x = \frac{u_1 - u}{\mathrm{d}x} = \frac{\partial u}{\partial x}$$

用同样方法可以得到平行于 y 轴和 z 轴边长的相对伸长量为

$$\varepsilon_y = \frac{\partial v}{\partial y}, \quad \varepsilon_z = \frac{\partial w}{\partial z} \tag{3.16}$$

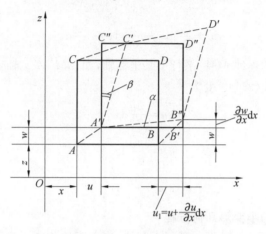

图 3.9 应变和位移关系示意图

下面研究六面体的各直角由于剪应变而发生的角变形。变形前,直角 BAC 或 $B''A'C''$,变形时,棱边 $A'B''$ 转动角度 α,棱边 $A'C''$ 转动角度 β,在 xOz 平面内,角应变用 γ_{zx} 表示,其值为角 α 和角 β 之和,即

$$\gamma_{zx} = \alpha + \beta$$

由于变形是微小的,角可以用正切之和表示,也可以用位移表示。

若 A 点在 z 轴方向的位移为

$$w = f_3(x, y, z)$$

则 B 点在 z 轴方向的位移为

$$w_1 = f(x + \mathrm{d}x, y, z) = w + \frac{\partial w}{\partial x}\mathrm{d}x$$

A 点过渡到 B 点时,位移由于 x 的变化而变化。

B 点与 A 点沿 z 轴方向位移之差为

$$B''B' = w_1 - w = \frac{\partial w}{\partial x}\mathrm{d}x$$

由直角三角形 $A'B''B'$ 可得

$$\alpha \approx \tan \alpha = \frac{B''B'}{A'B''} = \frac{\frac{\partial w}{\partial x}\mathrm{d}x}{\mathrm{d}x + \frac{\partial u}{\partial x}\mathrm{d}x} = \frac{\frac{\partial w}{\partial x}}{1 + \frac{\partial u}{\partial x}}$$

在分母中,$\frac{\partial u}{\partial x}$ 与 1 相比是个微量,故可略去,因而得

$$\alpha = \frac{\partial w}{\partial x}$$

用相同的方法可得

$$\beta = \frac{\partial u}{\partial z}$$

在 xOz 平面内相对剪应变为

$$\gamma_{zx} = \frac{\partial u}{\partial z} + \frac{\partial w}{\partial x}$$

用同样的方法可以得到 xOz 和 yOz 平面内相对剪应变为

$$\gamma_{xy} = \frac{\partial u}{\partial y} + \frac{\partial v}{\partial x}, \quad \gamma_{yz} = \frac{\partial v}{\partial z} + \frac{\partial w}{\partial y} \tag{3.17}$$

以上分析便得到三维直角坐标系下用位移表示应变的几何关系（又称柯西几何关系），即

$$\left.\begin{aligned} \varepsilon_x &= \frac{\partial u}{\partial x}, \quad \gamma_{xy} = \frac{\partial u}{\partial y} + \frac{\partial v}{\partial x} \\ \varepsilon_y &= \frac{\partial v}{\partial y}, \quad \gamma_{yz} = \frac{\partial w}{\partial y} + \frac{\partial v}{\partial z} \\ \varepsilon_z &= \frac{\partial w}{\partial z}, \quad \gamma_{zx} = \frac{\partial w}{\partial x} + \frac{\partial u}{\partial z} \end{aligned}\right\} \tag{3.18}$$

对于正应变，正值相当于单元 $\mathrm{d}x$ 的伸长；负值相当于单元 $\mathrm{d}x$ 的缩短。

对于剪应变，六面体夹角的减小对应于正的剪应变，夹角的增大对应于负的剪应变。

3. 柱坐标系下的小变形几何方程

三维柱坐标系下的柯西几何关系为

$$\left.\begin{aligned} \varepsilon_r &= \frac{\partial u}{\partial r}, & \gamma_{r\theta} &= \frac{\partial v}{\partial r} + \frac{1}{r}\frac{\partial u}{\partial \theta} - \frac{v}{r} \\ \varepsilon_\theta &= \frac{1}{r}\frac{\partial v}{\partial \theta} + \frac{u}{r}, & \gamma_{\theta z} &= \frac{1}{r}\frac{\partial w}{\partial \theta} + \frac{\partial v}{\partial z} \\ \varepsilon_z &= \frac{\partial w}{\partial z}, & \gamma_{zr} &= \frac{\partial w}{\partial r} + \frac{\partial u}{\partial z} \end{aligned}\right\} \tag{3.19}$$

式中，u、v、w 分别表示一点位移在径向和环向以及高度方向的分量；ε_r、ε_θ、ε_z 分别表示在 r 方向、θ 方向、z 方向的正应变；$\gamma_{r\theta}$、$\gamma_{\theta z}$、γ_{zr} 表示剪应变。

二维平面极坐标系下的柯西几何关系为

$$\varepsilon_r = \frac{\partial u}{\partial r}, \quad \varepsilon_\theta = \frac{1}{r}\frac{\partial v}{\partial \theta} + \frac{u}{r}, \quad \gamma_{r\theta} = \frac{1}{r}\frac{\partial u}{\partial \theta} + \frac{\partial v}{\partial r} - \frac{v}{r} \tag{3.20}$$

直角坐标系与平面极坐标系下的位移与应变之间的关系相比较，主要差别在于平面极坐标中 ε_θ 和 $\gamma_{r\theta}$ 中各多出一项，其几何意义如下。

假定平面物体的半径为 r，圆周上微圆弧段发生了相同的位移 u，如图 3.10 所示，则变形后该微单元弧段长度为 $(r+u)\mathrm{d}\theta$，而原始长度为 $r\mathrm{d}\theta$，相对伸长量为

$$\varepsilon_\theta = \frac{(r+u)\mathrm{d}\theta - r\mathrm{d}\theta}{r\mathrm{d}\theta} = \frac{u}{r} \tag{3.21}$$

由式（3.21）可知式（3.20）中，$\frac{u}{r}$ 表示由于发生径向位移所引起的环向应变分量。另外，如果平面变形体某一微元线段 AB 发生了下列形式的位移，即在变形后线段上各点沿其环向方向移动了相同的距离 v，如图 3.11 所示，这样变形前与半径重合的直线段 AB，变形后移动到 CD 位置，不再与 C 点的半径方向 CE 相重合，而彼此的夹角为 $\frac{v}{r}$，于是微元线

段 AB 变形后的 CD 与 C 点圆周切线（θ 坐标线正方向）夹角为 $\dfrac{\pi}{2}+\dfrac{v}{r}$，夹角比 $\dfrac{\pi}{2}$ 增大了 $\dfrac{v}{r}$，根据剪应变的定义，即发生了剪应变 $\gamma_{r\theta}=-\dfrac{v}{r}$，这就说明了所多出项的几何意义。

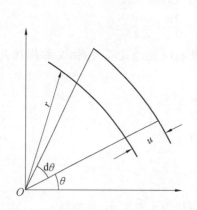
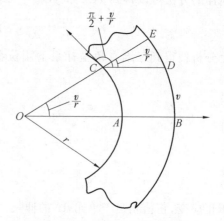

图 3.10　具有相同径向位移的微元弧　　　图 3.11　具有环向位移的圆弧

3.1.4　变形协调性与应变连续方程

1. 变形协调性

变形协调性：满足连续体假设，物体变形后必须仍保持其整体性和连续性。

数学观点：要求位移函数 u、v、w 在其定义域内为单值连续函数。

变形不协调可能导致变形后出现"撕裂"（图 3.12(b)）、"套叠"（图 3.12(c)）等现象。出现"撕裂"现象后位移函数就出现了间断；出现"套叠"现象后位移函数就不是单值，破坏了物体整体性和连续性。

为保持物体的整体性，各应变分量之间必须要有一定的关系，给出应变分量需要求出位移。

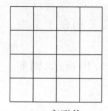
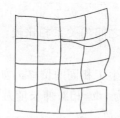
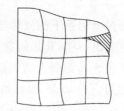
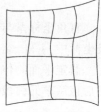

(a) 变形前　　　(b) 变形后出现"撕裂"现象　　(c) 变形后出现"套叠"现象　　(d) 允许变形状态

图 3.12　变形示意图

2. 应变连续方程

由小变形几何方程可知，6 个应变分量取决于 3 个位移分量，所以 6 个应变分量不能是任意的，其间必存在一定的关系，这种关系就称为应变连续方程或应变协调方程。应变连续方程有两组共 6 式，简略推导如下：

（1）一组为每个坐标平面应变分量之间满足的关系。

如在 xOy 坐标平面内，将几何方程中的 ε_x 对 y 求两次偏导，ε_y 对 x 求两次偏导，得

$$\frac{\partial^2 \varepsilon_x}{\partial y^2} = \frac{\partial^2}{\partial x \partial y}\left(\frac{\partial u}{\partial y}\right), \quad \frac{\partial^2 \varepsilon_y}{\partial x^2} = \frac{\partial^2}{\partial x \partial y}\left(\frac{\partial v}{\partial x}\right) \tag{3.22}$$

两式相加，得

$$\frac{\partial^2 \varepsilon_x}{\partial y^2} + \frac{\partial^2 \varepsilon_y}{\partial x^2} = \frac{\partial^2}{\partial x \partial y}\left(\frac{\partial u}{\partial y} + \frac{\partial v}{\partial x}\right) = \frac{\partial^2 \gamma_{xy}}{\partial x \partial y}$$

用同样的方法还可求出其他两式，得

$$\left. \begin{aligned} \frac{\partial^2 \varepsilon_x}{\partial y^2} + \frac{\partial^2 \varepsilon_y}{\partial x^2} &= \frac{\partial^2 \gamma_{xy}}{\partial x \partial y} \\ \frac{\partial^2 \varepsilon_y}{\partial z^2} + \frac{\partial^2 \varepsilon_z}{\partial y^2} &= \frac{\partial^2 \gamma_{yz}}{\partial y \partial z} \\ \frac{\partial^2 \varepsilon_z}{\partial x^2} + \frac{\partial^2 \varepsilon_x}{\partial z^2} &= \frac{\partial^2 \gamma_{zx}}{\partial z \partial x} \end{aligned} \right\} \tag{3.23a}$$

式（3.23(a)）表明：在一个坐标平面内，两个线应变分量一经确定，则切应变分量也就被确定。

（2）另一组为不同坐标平面内应变分量之间应满足的关系。

将式（3.18）中的 ε_x 对 y、z，ε_y 对 z、x，ε_z 对 x、y 分别求偏导，并将切应变分量 γ_{xy}、γ_{yz}、γ_{zx} 分别对 z、x、y 求偏导，得

$$\frac{\partial^2 \varepsilon_x}{\partial y \partial z} = \frac{\partial^3 u}{\partial x \partial y \partial z} \tag{3.23b}$$

$$\frac{\partial^2 \varepsilon_y}{\partial z \partial x} = \frac{\partial^3 v}{\partial x \partial y \partial z} \tag{3.23c}$$

$$\frac{\partial^2 \varepsilon_z}{\partial x \partial y} = \frac{\partial^3 w}{\partial x \partial y \partial z} \tag{3.23d}$$

$$\frac{\partial \gamma_{yz}}{\partial x} = \frac{\partial^2 v}{\partial z \partial x} + \frac{\partial^2 w}{\partial x \partial y} \tag{3.23e}$$

$$\frac{\partial \gamma_{zx}}{\partial y} = \frac{\partial^2 w}{\partial x \partial y} + \frac{\partial^2 u}{\partial z \partial y} \tag{3.23f}$$

$$\frac{\partial \gamma_{xy}}{\partial z} = \frac{\partial^2 u}{\partial y \partial z} + \frac{\partial^2 v}{\partial x \partial z} \tag{3.23g}$$

将式（3.23e）和式（3.23f）相加减去式（3.23g），得

$$\frac{\partial \gamma_{yz}}{\partial x} + \frac{\partial \gamma_{zx}}{\partial y} - \frac{\partial \gamma_{xy}}{\partial z} = 2\frac{\partial^2 w}{\partial x \partial y}$$

再将上式对 z 求偏导，得

$$\left. \begin{aligned} 2\frac{\partial^2 \varepsilon_x}{\partial y \partial z} &= \frac{\partial}{\partial x}\left(-\frac{\partial \gamma_{yz}}{\partial x} + \frac{\partial \gamma_{xz}}{\partial y} + \frac{\partial \gamma_{xy}}{\partial z}\right) \\ 2\frac{\partial^2 \varepsilon_y}{\partial z \partial x} &= \frac{\partial}{\partial y}\left(\frac{\partial \gamma_{yz}}{\partial x} - \frac{\partial \gamma_{xz}}{\partial y} + \frac{\partial \gamma_{xy}}{\partial z}\right) \\ 2\frac{\partial^2 \varepsilon_z}{\partial x \partial y} &= \frac{\partial}{\partial z}\left(\frac{\partial \gamma_{yz}}{\partial x} + \frac{\partial \gamma_{xz}}{\partial y} - \frac{\partial \gamma_{xy}}{\partial z}\right) \end{aligned} \right\} \tag{3.23i}$$

式(3.23i)表明,在三维空间内 3 个切应变分量一经确定,则线应变分量也就被确定了。

应变协调方程的物理意义:应变分量满足变形协调就保证了物体在变形后不会出现"撕裂""套叠"等现象,保证了位移解的单值和连续性。

应变分量只确定物体中各点间的相对位置,刚体位移不包含在应变分量中,无应变状态下可以产生任一种刚体移动,如能正确地求出物体各点的位移函数 u、v、w。根据应变位移方程求出各应变分量,则应变协调方程即可自然满足。因为应变协调方程本身是从应变位移方程推导出来的。从物理意义来看,如果位移函数是连续的,变形自然也就可以协调。因而,在以后用位移法解题时,应变协调方程可以自然满足,而用应力法解题时,则需同时考虑应变协调方程。

3.1.5　主应变

1. 主应变

存在 3 个互相垂直的平面,在这些平面上没有剪应变,只有线应变,这样的平面称为主平面。这些平面的法线方向称为主方向,对应于主方向的正应变则称为主应变,用 ε_1、ε_2、ε_3 表示。对于同性材料,可认为小应变主方向与应力主方向重合。

若取应变主轴为坐标轴,则应变张量为

$$\boldsymbol{\varepsilon}_{ij} = \begin{bmatrix} \varepsilon_1 & 0 & 0 \\ 0 & \varepsilon_2 & 0 \\ 0 & 0 & \varepsilon_3 \end{bmatrix} \tag{3.24}$$

2. 应变张量不变量

若已知一点的应变张量,求过该点的 3 个主应变,存在一个应变状态的特征方程为

$$\varepsilon^3 - I'_1 \varepsilon^2 + I'_2 \varepsilon - I'_3 = 0 \tag{3.25}$$

对于一个确定的应变状态,3 个主应变具有单值性,故上述特征方程式(3.25)中的 I'_1、I'_2、I'_3 也具有单值性,它们就是应变第一、第二、第三不变量,相应表达式为

$$\left. \begin{aligned} I'_1 &= \varepsilon_x + \varepsilon_y + \varepsilon_z \\ I'_2 &= \varepsilon_x \varepsilon_y + \varepsilon_y \varepsilon_z + \varepsilon_z \varepsilon_x - (\varepsilon_{xy}^2 + \varepsilon_{yz}^2 + \varepsilon_{zx}^2) \\ I'_3 &= \varepsilon_x \varepsilon_y \varepsilon_z + 2\varepsilon_{xy} \varepsilon_{yz} \varepsilon_{zx} - (\varepsilon_x \varepsilon_{yz}^2 + \varepsilon_y \varepsilon_{zx}^2 + \varepsilon_z \varepsilon_{xy}^2) \end{aligned} \right\} \tag{3.26a}$$

以主应变表示的不变量为

$$\left. \begin{aligned} I'_1 &= \varepsilon_1 + \varepsilon_2 + \varepsilon_3 \\ I'_2 &= (\varepsilon_1 \varepsilon_2 + \varepsilon_2 \varepsilon_3 + \varepsilon_3 \varepsilon_1) \\ I'_3 &= \varepsilon_1 \varepsilon_2 \varepsilon_3 \end{aligned} \right\} \tag{3.26b}$$

3. 应变张量的分解

应变张量也可以分解为两个张量,即

$$\boldsymbol{\varepsilon}_{ij} = \begin{bmatrix} \varepsilon_x & \varepsilon_{xy} & \varepsilon_{xz} \\ \varepsilon_{yz} & \varepsilon_y & \varepsilon_{yz} \\ \varepsilon_{zx} & \varepsilon_{zy} & \varepsilon_z \end{bmatrix} = \begin{bmatrix} \varepsilon_x - \varepsilon_m & \varepsilon_{xy} & \varepsilon_{xz} \\ \varepsilon_{yx} & \varepsilon_y - \varepsilon_m & \varepsilon_{yz} \\ \varepsilon_{zx} & \varepsilon_{zy} & \varepsilon_z - \varepsilon_m \end{bmatrix} + \begin{bmatrix} \varepsilon_m & 0 & 0 \\ 0 & \varepsilon_m & 0 \\ 0 & 0 & \varepsilon_m \end{bmatrix} =$$

$$\boldsymbol{\varepsilon}'_{ij} + \boldsymbol{\delta}_{ij} \varepsilon_m \tag{3.27}$$

式中，ε_m 称为平均应变，$\varepsilon_m = \frac{1}{3}(\varepsilon_1 + \varepsilon_2 + \varepsilon_3)$；$\varepsilon'_{ij}$ 称为应变偏张量，表示变形单元体形状的变化；$\delta_{ij}\varepsilon_m$ 称为应变球张量，表示变形单元体体积的变化。

4. 应变偏张量不变量

应变偏张量也有 3 个不变量，称为应变偏张量的第一、第二和第三不变量。即

$$
\left.
\begin{aligned}
J'_1 &= \varepsilon'_x + \varepsilon'_y + \varepsilon'_z = \varepsilon'_1 + \varepsilon'_2 + \varepsilon'_2 = 0 \\
J'_2 &= \varepsilon'_x\varepsilon'_y + \varepsilon'_y\varepsilon'_z + \varepsilon'_z\varepsilon'_x - (\varepsilon_{xy}^2 + \varepsilon_{yz}^2 + \varepsilon_{zx}^2) = \\
&\quad (\varepsilon'_1\varepsilon'_2 + \varepsilon'_2\varepsilon'_3 + \varepsilon'_3\varepsilon'_1) \\
J'_3 &= \varepsilon'_x\varepsilon'_y\varepsilon'_z + 2\varepsilon_{xy}\varepsilon_{yz}\varepsilon_{zx} - (\varepsilon'_x\varepsilon_{yz}^2 + \varepsilon'_y\varepsilon_{zx}^2 + \varepsilon'_z\varepsilon_{xy}^2) = \\
&\quad \varepsilon'_1\varepsilon'_2\varepsilon'_3
\end{aligned}
\right\}
\tag{3.28}
$$

变形时，根据体积不变条件有 $\varepsilon_m = 0$，故此时应变偏张量即为应变张量。

3.1.6 主剪应变与最大剪应变

在与应变主方向呈 $\pm45°$ 角的方向上存在 3 对各自互相垂直的线元，它们的剪应变有极值，称为主剪应变。主剪应变的计算公式为

$$
\left.
\begin{aligned}
\gamma_{12} &= \pm(\varepsilon_1 - \varepsilon_2) \\
\gamma_{23} &= \pm(\varepsilon_2 - \varepsilon_3) \\
\gamma_{31} &= \pm(\varepsilon_3 - \varepsilon_1)
\end{aligned}
\right\}
\tag{3.29}
$$

3 对主剪应变中，绝对值最大的主剪应变称为最大剪应变。若 $\varepsilon_1 \geqslant \varepsilon_2 \geqslant \varepsilon_3$，则最大剪应变为

$$
\gamma_{max} = \pm(\varepsilon_1 - \varepsilon_3)
\tag{3.30}
$$

3.1.7 应变增量和应变速率张量

1. 全量应变

全量应变指微元体在某一变形过程或变形过程中的某个阶段结束时的变形大小。

2. 应变增量

应变增量指变形过程中某一极短阶段中的应变。以物体在变形过程中某瞬时的形状尺寸为原始状态，在此基础上发生的无限小应变就是应变增量。

塑性成形问题一般都是大变形，前面所讨论的小变形公式在大变形中就不能直接应用。一般采用无限小的应变增量来描述某一瞬时的变形状况，整个变形过程可以看作很多瞬时应变增量的积累。

应变增量的必要性是由塑性变形的特点决定的：塑性变形是不可逆的，加载时可以产生变形，卸载时已经产生了的塑性变形并不随应力的减小而减小，而是保留不变。

如果质点曾有过几次变形，则其全量应变将是历次变形叠加的结果，通常并不单值地对应某时刻的应力状态。

加载过程每一时刻的应力状态一般是和当时应变增量相对应的。

了解应变增量一般都是从速度场出发的。物体变形时，体内各质点都在运动，都存在一个速度场。

设物体各点的速度为

$$\dot{u}_i \approx \frac{\partial u_i}{\partial t} \tag{3.31}$$

在随后的一个无限小的时间间隔 $\mathrm{d}t$ 之内,体内各点的位移增量的分量为

$$\mathrm{d}u_i = \dot{u}_i \mathrm{d}t \tag{3.32}$$

产生位移增量后,变形体内各质点就有一个相应的无穷小应变增量,用 $\mathrm{d}\varepsilon_{ij}$ 表示。应变增量与位移增量的关系,即几何方程,形式上与小变形几何方程相同,只是把其中的 u_i 改为 $\mathrm{d}u_i$,可得应变增量的几何方程为

$$\mathrm{d}\boldsymbol{\varepsilon}_{ij} = \frac{1}{2}\left[\frac{\partial}{\partial x_j}(\mathrm{d}u_i) + \frac{\partial}{\partial x_i}(\mathrm{d}u_j)\right] \tag{3.33}$$

一点的应变增量也是二阶对称张量,即

$$\mathrm{d}\boldsymbol{\varepsilon}_{ij} = \begin{bmatrix} \mathrm{d}\varepsilon_x & \frac{1}{2}\mathrm{d}\gamma_{xy} & \frac{1}{2}\mathrm{d}\gamma_{xz} \\ \frac{1}{2}\mathrm{d}\gamma_{yx} & \mathrm{d}\varepsilon_y & \frac{1}{2}\mathrm{d}\gamma_{yz} \\ \frac{1}{2}\mathrm{d}\gamma_{zx} & \frac{1}{2}\mathrm{d}\gamma_{zy} & \mathrm{d}\varepsilon_z \end{bmatrix} \tag{3.34}$$

3. 应变速率

单位时间内的应变称为应变速率,用 $\dot{\varepsilon}_{ij}$ 表示,即 $\dot{\varepsilon}_{ij} = \mathrm{d}\varepsilon_{ij}/\mathrm{d}t$。

将式(3.32)代入式(3.33),得

$$\mathrm{d}\varepsilon_{ij} = \frac{1}{2}\left[\frac{\partial}{\partial x_j}(\dot{u}_i \mathrm{d}t) + \frac{\partial}{\partial x_i}(\dot{u}_j \mathrm{d}t)\right]$$

上式两端除以 $\mathrm{d}t$,即得

$$\dot{\varepsilon}_{ij} = \frac{1}{2}\left(\frac{\partial \dot{u}_i}{\partial x_j} + \frac{\partial \dot{u}_j}{\partial x_i}\right) \tag{3.35}$$

4. 一点的应变速率

一点的应变速率也是一个二阶对称张量,即应变速率张量,

$$\dot{\boldsymbol{\varepsilon}}_{ij} = \begin{bmatrix} \dot{\varepsilon}_x & \frac{1}{2}\dot{\gamma}_{xy} & \frac{1}{2}\dot{\gamma}_{xz} \\ \frac{1}{2}\dot{\gamma}_{yx} & \dot{\varepsilon}_y & \frac{1}{2}\dot{\gamma}_{yz} \\ \frac{1}{2}\dot{\gamma}_{zx} & \frac{1}{2}\dot{\gamma}_{zy} & \dot{\varepsilon}_z \end{bmatrix} \tag{3.36}$$

应变速率可以表示变形的快慢,也即变形速度,单位是 s^{-1}。应变速率实际上反映了物体内各质点位移速度的差别,它取决于变形工具运动速度和物体形状尺寸及边界条件,所以单用工具速度或质点速度并不能表示变形速度。

例如,一棒料受到均匀拉伸,它一端的夹头固定不动,另一端以一定速度移动。以固定端为坐标原点,取拉伸方向为 x 轴。设某瞬时棒料长度为 l,这时棒材内各质点 x 向的速度分量与坐标 x 成正比,即

$$\dot{u} = \frac{x}{l}\dot{u}_0$$

于是各质点的 x 向线应变速率分量为

$$\dot{\varepsilon}_x = \frac{\partial \dot{u}}{\partial x} = \frac{\dot{u}_0}{l}$$

应变速率张量和应变增量张量的性质很相近,它们都可描述物体变形过程中任意瞬时的变形情况。如果不考虑变形速度对材料性能及外摩擦的影响,或者这种影响另行考虑,那么用应变增量和应变速率进行计算的结果是完全一样的。对于应变速率敏感的材料(如超塑性材料)则采用应变速率进行计算才准确。

3.2 理论要点分析

3.2.1 名义应变与真实应变

1. 名义应变(工程应变)

材料单向拉伸(压缩)试验或在分析其他变形时,其应变为

$$\varepsilon = \frac{\Delta l}{l_0} = \frac{l_1 - l_0}{l_0} \tag{3.37}$$

式中,l_0 为试样原始标距长度;l_1 为拉伸后标距的长度。

当变形量大时,试件的长度已有较显著的变化,因此,$\varepsilon = \dfrac{\Delta l}{l_0}$ 不能代表试件的真实应变,故称为名义应变。

2. 真实应变(对数应变)

工件变形后的线尺寸与变形前的线尺寸之比的自然对数值称为真实应变,即

$$\delta = \ln \frac{l_1}{l_0} \tag{3.38}$$

对数应变之所以是真实的,是因为它是某瞬时尺寸的无限小增量与该瞬时尺寸比值(即应变增量)的积分,即

$$\delta = \int \frac{\mathrm{d}l}{l} = \ln \left| \begin{smallmatrix} l_1 \\ l_0 \end{smallmatrix} \right. = \ln \frac{l_1}{l_0} = \ln \frac{l_0 + \Delta l}{l_0} = \ln\left(1 + \frac{\Delta l}{l_0}\right) = \ln(1 + \varepsilon)$$

3. 对比分析

图 3.13 是名义应变与真实应变对比曲线。从图 3.13 可以看出,随着应变绝对值的增大,两种表示方式的差别越来越大,当应变量不大时,可将式(3.38)写成

$$\delta = \varepsilon - \frac{\varepsilon^2}{2} + \frac{\varepsilon^3}{3} - \frac{\varepsilon^4}{4} + \cdots + (-1)^{n-1} \frac{\varepsilon^n}{n} + \cdots$$

当 $|\varepsilon| < 1$ 时,该级数收敛,忽略三次方项,则由上式可得真实应变与名义应变之差为

$$\delta - \varepsilon = -\frac{\varepsilon^2}{2}$$

当 $\varepsilon < 0.1$ 时,δ 与 ε 的误差不超过 5%,这时认为 $\varepsilon \approx \delta$。

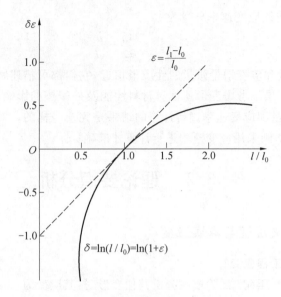

图 3.13　名义应变与真实应变对比曲线

3.2.2　塑性变形程度的表达式

图 3.14 为平行六面体变形前后的尺寸变化,塑性变形程度可以有如下几种表达方式。

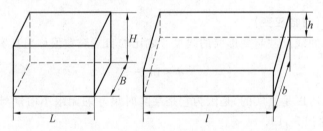

图 3.14　平行六面体变形前后的尺寸

1. 绝对变形

绝对变形指工件变形前后主轴方向上尺寸的变化。表示方法为

$$压下量：\qquad \Delta h = h - H$$

$$展宽量：\qquad \Delta b = b - B \qquad\qquad (3.39)$$

$$延伸量：\qquad \Delta l = l - L$$

式中,H、B、L 和 h、b、l 分别为变形前和变形后工件的尺寸。

2. 相对变形

相对变形指绝对变形量与原始尺寸的比值,表示为

$$\left.\begin{array}{l} \varepsilon_1 = \dfrac{l-L}{L} \times 100\% \\[3mm] \varepsilon_2 = \dfrac{b-B}{B} \times 100\% \\[3mm] \varepsilon_3 = \dfrac{h-H}{H} \times 100\% \end{array}\right\} \qquad (3.40)$$

式中，ε_1、ε_2、ε_3 分别表示 3 个主轴方向的相对主应变。

3. 真实变形

真实变形即变形前后尺寸比值的自然对数。

设在单向拉伸过程某瞬时试样长度为 l，该瞬时后试样长度伸长了 $\mathrm{d}l$，则其应变增量为

$$\mathrm{d}\delta = \frac{\mathrm{d}l}{l} \qquad (3.41)$$

当试样从 l_0 伸长到 l 时，则总应变为

$$\delta = \int_{l_0}^{l_1} \frac{\mathrm{d}l}{l} = \ln\big|_{l_0}^{l_1} = \ln \frac{l_1}{l_0} \qquad (3.42)$$

真实应变的特点：

（1）真实应变具有叠加性，为可加应变。如某物体原长为 l_0，经历 l_1、l_2 变为 l_3，总的真实应变为

$$\delta = \ln \frac{l_3}{l_0}$$

各阶段的应变为

$$\delta_1 = \ln \frac{l_1}{l_0}, \quad \delta_2 = \ln \frac{l_2}{l_1}, \quad \delta_3 = \ln \frac{l_3}{l_2}$$

于是总应变为

$$\delta_1 + \delta_2 + \delta_3 = \ln \frac{l_1}{l_0} + \ln \frac{l_2}{l_1} + \ln \frac{l_3}{l_2} = \ln \frac{l_1 l_2 l_3}{l_0 l_1 l_2} = \ln \frac{l_3}{l_0} = \delta$$

所以真实应变反映了变形的积累过程，而相对应变不具有可加性。

（2）真实应变为可比应变。例如，当试样拉长一倍，再缩短到原长，其真实应变的数值相同。

拉长一倍时

$$\delta_{拉} = \ln \frac{2l_0}{l} = \ln 2$$

再缩短一倍时

$$\delta_{缩} = \ln \frac{0.5l}{l} = -\ln 2$$

负号表示应变方向相反。

由于真实应变反映了变形的瞬时性，表示了塑性变形过程，因此在金属塑性成形中一般都采用真实应变来表示变形程度。但是，真实应变不具有坐标旋转的性质，只能用于主方向不变的情况，所以它不是张量。

3.2.3 主应变状态图及应变张量的几何表示

主应变简图:用主应变的个数和符号来表示应变状态的简图称为主应变状态简图。

3 个主应变中绝对值最大的主应变反映了变形的特征,称为特征应变。由塑性变形的体积不变件条件(后面将要介绍)可知,特征应变等于其他两个应变之和,但符号相反。如果用主应变简图来表示应变状态,则塑性变形只能有如下 3 种变形类型,如图3.15所示。

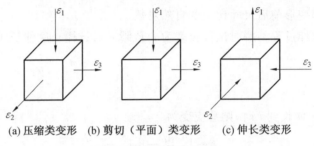

(a) 压缩类变形 (b) 剪切（平面）类变形 (c) 伸长类变形

图 3.15 3 种变形类型

(1) 压缩类变形。如图 3.15(a) 所示,其特征应变为负应变($\varepsilon_1 < 0$),另外两个应变为正应变,即 $-\varepsilon_1 = \varepsilon_2 + \varepsilon_3$。

(2) 剪切(平面)类变形。如图 3.15(b) 所示,其中一个应变为零,其他两个应变大小相等,方向相反,即 $\varepsilon_2 = 0$,$\varepsilon_1 = -\varepsilon_3$。

(3) 伸长类变形。如图 3.15(c) 所示,其特征应变为正应变($\varepsilon_1 > 0$),另外两个应变为负应变,即 $\varepsilon_1 = -(\varepsilon_2 + \varepsilon_3)$。

主应变简图对于分析塑性变形时的金属流动具有重要意义,它可以用来判断塑性变形的类型。

3.2.4 平面变形和轴对称变形

1. 平面变形问题

物体内所有质点都只在一个坐标平面内发生变形,而在该平面的法线方向没有变形,这种变形就称为平面变形。

设 z 方向没有变形,则 z 方向必为主方向,z 方向的位移分量 $w = 0$,且其余各位移分量与 z 轴无关,故有 $\varepsilon_z = \gamma_{zy} = \gamma_{zx} = 0$。因此,平面变形只有 3 个应变分量,即 ε_x、ε_y、γ_{xy}。平面变形问题的几何方程为

$$\left. \begin{array}{l} \varepsilon_x = \dfrac{\partial u}{\partial x}, \varepsilon_y = \dfrac{\partial v}{\partial y} \\[2mm] \gamma_{xy} = \dfrac{\partial u}{\partial y} + \dfrac{\partial v}{\partial x} \end{array} \right\} \tag{3.43}$$

又根据塑性变形时体积不变条件及 $\varepsilon_z = 0$,有

$$\varepsilon_x = -\varepsilon_y$$

需要特别指出的是平面塑性变形时应变为零的方向的应力一般不为零,其正应力是

主应力,且其大小为另外两个应力之和的一半,即

$$\sigma_z = \frac{\sigma_x + \sigma_y}{2} = \frac{\sigma_1 + \sigma_2}{2} = \sigma_m$$

它是一不变量。

2. 轴对称变形问题

轴对称变形问题采用柱坐标比较方便。轴对称变形时,由于通过轴线的子午面始终保持平面,所以 θ 向位移分量 $v = 0$,且各位移分量均与 θ 坐标无关,因此 $\gamma_{\rho\theta} = \gamma_{\theta z} = 0$,$\theta$ 向必为应变主方向,这时只有 4 个应变分量,其几何方程为

$$\left.\begin{array}{l} \varepsilon_\rho = \dfrac{\partial u}{\partial \rho},\varepsilon_z = \dfrac{\partial w}{\partial z},\varepsilon_\theta = \dfrac{u}{\rho} \\[3mm] \gamma_{z\rho} = \dfrac{\partial w}{\partial \rho} + \dfrac{\partial u}{\partial z} \end{array}\right\} \tag{3.44}$$

对于某些轴对称问题,例如单向均匀拉伸、锥形模挤压及拉拔、圆柱体镦粗等,其径向位移分量 u 与坐标 ρ 呈线性关系,于是有

$$\frac{\partial u}{\partial \rho} = \frac{u}{\rho}$$

可以进一步推出此时的径向应变和周向应变必然相等,即 $\varepsilon_\rho = \varepsilon_\theta$。

3.2.5　应变莫尔圆

应力状态可以用应力莫尔圆表示,应变状态可以用应变莫尔圆表示。已知 3 个主应变,在 ε 和 $\dfrac{\gamma}{2}$ 的平面坐标系中,以 P_1、P_2、P_3 为圆心的坐标为

$$OP_1 = \frac{\varepsilon_1 + \varepsilon_2}{2}, \quad OP_2 = \frac{\varepsilon_1 + \varepsilon_3}{2}, \quad OP_3 = \frac{\varepsilon_3 + \varepsilon_2}{2}$$

圆的半径分别为

$$r_1 = \frac{\varepsilon_1 - \varepsilon_2}{2}, \quad r_2 = \frac{\varepsilon_1 - \varepsilon_3}{2}, \quad r_3 = \frac{\varepsilon_2 - \varepsilon_3}{2}$$

用这 3 个半径画 3 个圆,如图 3.16 所示,所有可能的应变状态都在阴影线部分。

由图 3.16 可知,最大剪应变为

$$\gamma_{max} = \varepsilon_1 - \varepsilon_2$$

如果所研究的是平面应变状态,并已知的是应变增量 $d\varepsilon_x$、$d\varepsilon_y$、$d\gamma_{xy} = d\gamma_{yx}$,且假设正应变是受压的,即取 $d\varepsilon_x$、$d\varepsilon_y$ 为负值,这里莫尔圆的半径为

$$r^2 = \left(\frac{d\varepsilon_x - d\varepsilon_y}{2}\right)^2 + \left(\frac{d\gamma_{xy}}{2}\right)^2 = \frac{1}{4}(d\varepsilon_x - d\varepsilon_y)^2 + \frac{1}{4}d\gamma_{xy}^2$$

或

$$r = \frac{1}{2}\sqrt{(d\varepsilon_x - d\varepsilon_y)^2 + d\gamma_{xy}^2}$$

这时主应变的值为

$$\left.\begin{array}{l} d\varepsilon_1 \\ d\varepsilon_2 \end{array}\right\} = \frac{d\varepsilon_x + d\varepsilon_y}{2} \pm \frac{1}{2}\sqrt{(d\varepsilon_x - d\varepsilon_y)^2 + d\gamma_{xy}^2}$$

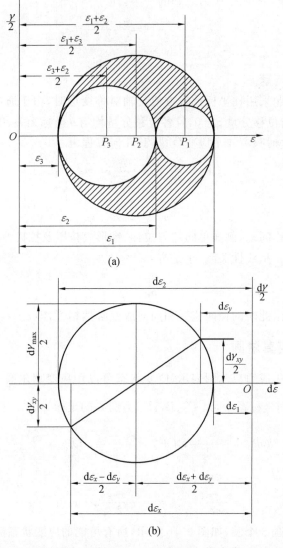

图 3.16　应变莫尔圆

3.2.6　八面体应变与等效应变

1. 八面体应变

如果以 3 个应变主轴为坐标轴,同样可作出正八面体。八面体平面的法线方向线元的应变称为八面体应变,分为八面体线应变和八面体剪应变,分别记为 ε_8、γ_8。

八面体线应变为

$$\varepsilon_8 = \frac{1}{3}(\varepsilon_x + \varepsilon_y + \varepsilon_z) = \frac{1}{3}(\varepsilon_1 + \varepsilon_2 + \varepsilon_3) = \varepsilon_m = \frac{1}{3}I'_1 \tag{3.45}$$

八面体剪应变为

$$\gamma_8 = \frac{2}{3}\sqrt{(\varepsilon_x - \varepsilon_y)^2 + (\varepsilon_y - \varepsilon_z)^2 + (\varepsilon_z - \varepsilon_x)^2 + 6(\varepsilon_{xy}^2 + \varepsilon_{yz}^2 + \varepsilon_{zx}^2)} =$$
$$\frac{2}{3}\sqrt{(\varepsilon_1 - \varepsilon_2)^2 + (\varepsilon_2 - \varepsilon_3)^2 + (\varepsilon_3 - \varepsilon_1)^2} \qquad (3.46)$$

2. 等效应变

等效应变又称应变强度,代表复杂应变状态折合成单向拉伸(或压缩)状态的当量应变。可表示为

$$\varepsilon_{eff} = \frac{\sqrt{2}}{3}\sqrt{(\varepsilon_x - \varepsilon_y)^2 + (\varepsilon_y - \varepsilon_z)^2 + (\varepsilon_z - \varepsilon_x)^2 + 6(\varepsilon_{xy}^2 + \varepsilon_{yz}^2 + \varepsilon_{zx}^2)} =$$
$$\frac{\sqrt{2}}{3}\sqrt{(\varepsilon_1 - \varepsilon_2)^2 + (\varepsilon_2 - \varepsilon_3)^2 + (\varepsilon_3 - \varepsilon_1)^2} \qquad (3.47)$$

等效应变的特点:

(1) 等效应变是一个不变量。

(2) 在单向均匀拉伸时,等效应变的数值等于拉伸方向上的线应变 ε_1,即 $\varepsilon_{eff} = \varepsilon_1$。因为此时 $\varepsilon_2 = \varepsilon_3$,由体积不变条件(后面将要介绍),代入式(3.47)得

$$\varepsilon_{eff} = \frac{\sqrt{2}}{3}\sqrt{\left(\frac{3}{2}\varepsilon_1\right)^2 + \left(-\frac{3}{2}\varepsilon_1\right)^2} = \varepsilon_1$$

(3) 等效应变并不代表某一实际线元上的应变,因此在坐标系中不存在这一特定线元。

(4) 在负载应变状态下,等效应变可以理解为代表一点应变状态中应变偏张量的综合作用。

3.2.7　塑性变形体积不变条件

设单元体初始长度为 dx、dy、dz,则变形前的体积为 $V_0 = dxdydz$。小塑性变形时,剪应变引起的边长变化及体积变化都是高阶微量,可以忽略,则体积变化只由线应变引起。所以变形后单元体的体积为

$$V_1 = (1 + \varepsilon_x)dx(1 + \varepsilon_y)dy(1 + \varepsilon_z)dz \approx (1 + \varepsilon_x + \varepsilon_y + \varepsilon_z)dxdydz$$

于是单元体的体积变化率为

$$\Delta = \frac{V_1 - V_0}{V_0} = \varepsilon_x + \varepsilon_y + \varepsilon_z \qquad (3.48a)$$

弹性变形时,体积变化率必须考虑。但在塑性变形时,由于材料连续且致密,体积变化很微小,与形状变化相比可以忽略,因此塑性变形时认为体积不变,即

$$\Delta = \varepsilon_x + \varepsilon_y + \varepsilon_z = 0 \qquad (3.48b)$$

若用主应变则表示为

$$\Delta = \varepsilon_1 + \varepsilon_2 + \varepsilon_3 = 0 \qquad (3.48c)$$

式(3.48)称为塑性变形时体积不变条件。也就是说,在塑性变形时,变形前的体积等于变形后的体积。

体积不变条件用对数应变表示更为准确。设变形体的原始长、宽、高分别为 l_0、b_0、h_0,变形后为 l_1、b_1、h_1,则体积不变条件可表示为

$$\delta_l + \delta_b + \delta_h = \ln \frac{l_1}{l_0} + \ln \frac{b_1}{b_0} + \ln \frac{h_1}{h_0} = \ln \frac{l_1 b_1 h_1}{l_0 b_0 h_0} = 0 \qquad (3.48d)$$

由式(3.48)可以看出,塑性变形时 3 个线应变分量不能全部同号,绝对值最大的应变永远和另外两个应变的符号相反。

3.2.8　点的应变状态与应力状态的组合

变形体内一点的主应力图与主应变图结合构成变形力学图。它形象地反映了该点主应力、主应变有无和方向。主应力图有 9 种可能,塑性变形主应变有 3 种可能,二者组合,则有 27 种可能的变形力学图。但单拉、单压应力状态只可能分别对应一种变形图,所以实际变形力学图应该只有 23 种组合方式。如图 3.17 所示,主应力图和主应变图随机组合共 27 种,去掉其中 4 种不能组合的情况即是 23 种。

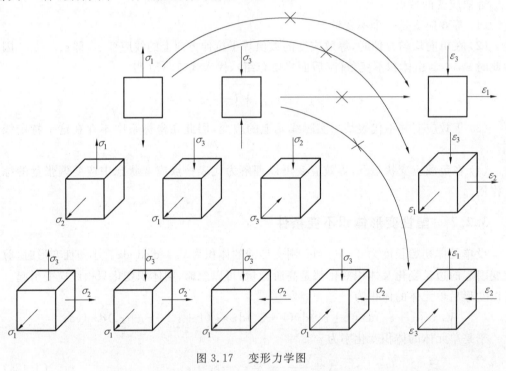

图 3.17　变形力学图

3.3　理论解析应用

3.3.1　正应变、剪应变的求解

【例 3.1】　已知 $u = -\theta z x$,$v = \theta z y$,$w = f(x,y,z)$,式中 θ 为常数,试求应变分量。

解　由式(3.18)柯西几何关系,得

$$\varepsilon_x = \frac{\partial u}{\partial x} = -\theta z$$

$$\varepsilon_y = \frac{\partial v}{\partial y} = \theta z$$

$$\varepsilon_z = \frac{\partial w}{\partial z} = \frac{\partial f}{\partial z}$$

$$\gamma_{xy} = \frac{\partial u}{\partial y} + \frac{\partial v}{\partial x} = 0$$

$$\gamma_{yz} = \frac{\partial v}{\partial z} + \frac{\partial w}{\partial y} = \theta y + \frac{\partial f}{\partial y}$$

$$\gamma_{zx} = \frac{\partial w}{\partial x} + \frac{\partial u}{\partial z} = \frac{\partial f}{\partial x} - \theta x$$

【例 3.2】 已知某物体的位移场为

$$u = f_1(x,y) + Az^2 + Dzy + \alpha y - \beta z + a$$

$$v = f_2(x,y) + Bz^2 - Dxz - \alpha x - \gamma z + b$$

$$w = f_3(x,y) - (2Ax + 2By + C)z + \beta x + \gamma y + c$$

式中,A、B、C、D、a、b、c 及 α、β、γ 为常数。试求各应变分量。

解 由式(3.18)柯西几何关系,得

$$\varepsilon_x = \frac{\partial u}{\partial x} = \frac{\partial f_1}{\partial x}$$

$$\varepsilon_y = \frac{\partial v}{\partial y} = \frac{\partial f_2}{\partial y}$$

$$\varepsilon_z = \frac{\partial w}{\partial z} = -(2Ax + 2By + C)$$

$$\gamma_{xy} = \frac{\partial u}{\partial y} + \frac{\partial v}{\partial x} = \frac{\partial f_1}{\partial y} + \frac{\partial f_2}{\partial x}$$

$$\gamma_{yz} = \frac{\partial v}{\partial z} + \frac{\partial w}{\partial y} = \frac{\partial f_3}{\partial y} - Dx$$

$$\gamma_{zx} = \frac{\partial w}{\partial x} + \frac{\partial u}{\partial z} = \frac{\partial f_3}{\partial x} + Dy$$

3.3.2 名义应变、真实应变、等效应变的求解

【例 3.3】 已知长、宽、高为 100 mm、15 mm、0.4 mm 的一块平板,沿长度方向均匀拉伸至 115 mm,假设只发生塑性变形,且宽度不变,试求名义应变和真实应变。

解 根据塑性变形时不可压缩条件,可求得变形后的高度为

$$h/\text{mm} = \frac{l_0 b_0 h_0}{lb} = \frac{100 \times 15 \times 0.4}{115 \times 15} = 0.348$$

由式(3.37),得长、宽、高的名义应变分别为

$$\varepsilon_l = \frac{l - l_0}{l_0} = \frac{115 - 100}{100} = 0.15$$

$$\varepsilon_b = \frac{b - b_0}{b} = \frac{15 - 15}{15} = 0$$

$$\varepsilon_h = \frac{h - h_0}{h_0} = \frac{0.348 - 0.4}{0.4} = -0.13$$

由式(3.38),得长、宽、高的真实应变分别为

$$\delta_l = \ln \frac{l}{l_0} = \ln \frac{115}{100} = 0.140$$

$$\delta_b = \ln \frac{b}{b_0} = \ln \frac{15}{15} = 0$$

$$\delta_h = \ln \frac{h}{h_0} = \ln \frac{0.348}{0.4} = -0.139$$

【例 3.4】 已知应变张量 $\boldsymbol{\varepsilon}_{ij} = \begin{bmatrix} 0.005 & 0 & 0 \\ 0 & 0.025 & 0 \\ 0 & 0 & 0.015 \end{bmatrix}$,试求等效应变。

解 由式(3.24)应变张量 $\boldsymbol{\varepsilon}_{ij} = \begin{bmatrix} \varepsilon_1 & 0 & 0 \\ 0 & \varepsilon_2 & 0 \\ 0 & 0 & \varepsilon_3 \end{bmatrix}$,得

$$\varepsilon_1 = 0.005, \quad \varepsilon_2 = 0.025, \quad \varepsilon_3 = 0.015$$

由式(3.47)等效应变公式,得

$$\varepsilon_{\text{eff}} = \frac{\sqrt{2}}{3} \sqrt{(\varepsilon_1 - \varepsilon_2)^2 + (\varepsilon_2 - \varepsilon_3)^2 + (\varepsilon_3 - \varepsilon_1)^2} =$$

$$\frac{\sqrt{2}}{3} \sqrt{(0.005 - 0.025)^2 + (0.025 - 0.015)^2 + (0.015 - 0.005)^2} =$$

$$0.012$$

3.3.3 应变不变量、主应变、最大剪应变的求解

【例 3.5】 已知物体中任意一点的位移函数为

$$u = 10 \times 10^{-3} + 0.1 \times 10^{-3} xy + 0.05 \times 10^{-3} z$$
$$v = 5 \times 10^{-3} - 0.05 \times 10^{-3} x + 0.1 \times 10^{-3} yz$$
$$w = 10 \times 10^{-3} - 0.1 \times 10^{-3} xyz$$

试求出点 $A(1,1,1)$ 的最大伸长值和最大剪应变。

解 由式(3.18)柯西几何关系,得

$$\varepsilon_x = \frac{\partial u}{\partial x} = 0.1 \times 10^{-3} y$$

$$\varepsilon_y = \frac{\partial v}{\partial y} = 0.1 \times 10^{-3} z$$

$$\varepsilon_z = \frac{\partial w}{\partial z} = -0.1 \times 10^{-3} xy$$

$$\gamma_{xy} = \frac{\partial u}{\partial y} + \frac{\partial v}{\partial x} = 0.1 \times 10^{-3} x - 0.05 \times 10^{-3}$$

$$\gamma_{yz} = \frac{\partial v}{\partial z} + \frac{\partial w}{\partial y} = 0.1 \times 10^{-3} y - 0.1 \times 10^{-3} xz$$

$$\gamma_{zx} = \frac{\partial w}{\partial x} + \frac{\partial u}{\partial z} = -0.1 \times 10^{-3} yz + 0.05 \times 10^{-3}$$

将点 A 的坐标值 $x=1, y=1, z=1$ 代入上面各式中,求得点 A 的应变分量值为

$$\varepsilon_x = 0.1 \times 10^{-3}, \quad \gamma_{xy} = 0.05 \times 10^{-3}$$

$$\varepsilon_y = 0.1 \times 10^{-3}, \quad \gamma_{yz} = 0$$

$$\varepsilon_z = -0.1 \times 10^{-3}, \quad \gamma_{zx} = -0.05 \times 10^{-3}$$

得

$$\varepsilon_{xy} = \frac{1}{2}\gamma_{xy} = 0.025 \times 10^{-3}$$

$$\varepsilon_{yz} = \frac{1}{2}\gamma_{yz} = 0$$

$$\varepsilon_{zx} = \frac{1}{2}\gamma_{yz} = -0.025 \times 10^{-3}$$

由式(3.26a)求得各应变不变量为

$$I'_1 = \varepsilon_x + \varepsilon_x + \varepsilon_z = 0.1 \times 10^{-3}$$

$$I'_2 = \varepsilon_x\varepsilon_y + \varepsilon_z\varepsilon_x + \varepsilon_y\varepsilon_z - \varepsilon_{xy}^2 - \varepsilon_{yz}^2 - \varepsilon_{zx}^2 = -0.011\,25 \times 10^{-6}$$

$$I'_3 = \varepsilon_x\varepsilon_y\varepsilon_z + 2\varepsilon_{xy}\varepsilon_{yz}\varepsilon_{zx} - \varepsilon_x\varepsilon_{yz}^2 - \varepsilon_y\varepsilon_{zx}^2 - \varepsilon_z\varepsilon_{xy}^2 = -0.001 \times 10^{-9}$$

将它们代入主应变方程(3.25),得

$$\varepsilon^3 - 0.1 \times 10^{-3}\varepsilon^2 - 0.011\,25 \times 10^{-6}\varepsilon + 0.001 \times 10^{-9} = 0$$

由高等代数三次方程知识,得

$$R = \frac{2}{3}\sqrt{I'^2_1 - 3I'_2} = 0.14 \times 10^{-3}$$

$$\cos\varphi = \frac{2I'^3_1 - 9I'_1I'_2 + 27I'_3}{2\sqrt{(I'^2_1 - 3I'_2)^3}} = -0.812\,8$$

即

$$\varphi = 144.37°$$

解得 3 个主应变分别为

$$\varepsilon' = \frac{I'_1}{3} + R\cos\frac{\varphi}{3} = 0.126\,8 \times 10^{-3}$$

$$\varepsilon'' = \frac{I'_1}{3} + R\cos\frac{\varphi + 2\pi}{3} = -0.103\,7 \times 10^{-3}$$

$$\varepsilon''' = \frac{I'_1}{3} + R\cos\frac{\varphi + 4\pi}{3} = 0.076\,9 \times 10^{-3}$$

所以,3 个主应变分别为

$$\varepsilon_1 = 0.126\,8 \times 10^{-3}$$

$$\varepsilon_2 = 0.076\,9 \times 10^{-3}$$

$$\varepsilon_3 = -0.103\,7 \times 10^{-3}$$

故 A 点最大伸长的绝对值为 0.1268×10^{-3}。

最大剪应变为

$$\gamma_{max} = \varepsilon_1 - \varepsilon_3 = 0.230\,5 \times 10^{-3}$$

【例 3.6】 已知物体某点的分量为应变分量

$$\varepsilon_x = 0.15 \times 10^{-3}, \ \gamma_{xy} = 0$$

$$\varepsilon_y = -0.04 \times 10^{-3}, \ \gamma_{yz} = 0.12 \times 10^{-3}$$

$$\varepsilon_z = 0, \ \gamma_{zx} = 0$$

试求该点的主应变及最大主应变的方向。

解 由式(3.26a)求得各应变不变量为

$$I'_1 = \varepsilon_x + \varepsilon_x + \varepsilon_z = 0.11 \times 10^{-3}$$

$$I'_2 = \varepsilon_x \varepsilon_y + \varepsilon_z \varepsilon_x + \varepsilon_y \varepsilon_z - \varepsilon_{xy}^2 - \varepsilon_{yz}^2 - \varepsilon_{zx}^2 = -9.6 \times 10^{-9}$$

$$I'_3 = \varepsilon_x \varepsilon_y \varepsilon_z + 2\varepsilon_{xy} \varepsilon_{yz} \varepsilon_{zx} - \varepsilon_x \varepsilon_{yz}^2 - \varepsilon_y \varepsilon_{zx}^2 - \varepsilon_z \varepsilon_{xy}^2 = -0.54 \times 10^{-12}$$

将它们代入主应变方程(3.25),得

$$\varepsilon^3 - 0.11 \times 10^{-3} \varepsilon^2 - 9.6 \times 10^{-6} \varepsilon + 0.54 \times 10^{-12} = 0$$

根据高等代数三次方程知识,得

$$R = \frac{2}{3} \sqrt{I'^2_1 - 3I'_2} = 0.134 \ 8 \times 10^{-3}$$

$$\cos \varphi = \frac{2I'^3_1 - 9I'_1 I'_2 + 27I'_3}{2\sqrt{(I'^2_1 - 3I'_2)^3}} = -0.145 \ 9$$

即

$$\varphi = 98.39°$$

解得三个主应变分别为

$$\varepsilon' = \frac{I'_1}{3} + R\cos \frac{\varphi}{3} = 0.15 \times 10^{-3}$$

$$\varepsilon'' = \frac{I'_1}{3} + R\cos \frac{\varphi + 2\pi}{3} = -0.083 \ 2 \times 10^{-3}$$

$$\varepsilon''' = \frac{I'_1}{3} + R\cos \frac{\varphi + 4\pi}{3} = 0.043 \ 2 \times 10^{-3}$$

所以,3 个主应变分别为

$$\varepsilon_1 = 0.15 \times 10^{-3}$$

$$\varepsilon_2 = 0.043 \ 2 \times 10^{-3}$$

$$\varepsilon_3 = -0.083 \ 2 \times 10^{-3}$$

为求解主应变方向,利用如下方程组

$$\left. \begin{array}{l} (\varepsilon_x - \varepsilon)l + \dfrac{1}{2}\gamma_{yx}m + \dfrac{1}{2}\gamma_{zx}n = 0 \\[2mm] \dfrac{1}{2}\gamma_{xy}l + (\varepsilon_y - \varepsilon)m + \dfrac{1}{2}\gamma_{zy}n = 0 \\[2mm] \dfrac{1}{2}\gamma_{xz}l + \dfrac{1}{2}\gamma_{yz}m + (\varepsilon_z - \varepsilon)n = 0 \\[2mm] l^2 + m^2 + n^2 = 1 \end{array} \right\}$$

将 $\varepsilon_1 = 0.15 \times 10^{-3}$ 代入方程组,得

$$m_1 = 0, \quad n_1 = 0, \quad l_1 = \pm 1$$

所以,最大主应变的方向 ε_1 的方向余弦为 $(1,0,0)$。

3.3.4 应变状态的判定

【例 3.7】 设物体变形时产生的应变分量为

$$\varepsilon_x = A_1 + A_2(x^2 + y^2) + x^4 + y^4$$

$$\varepsilon_y = B_1 + B_2(x^2 + y^2) + x^4 + y^4$$

$$\gamma_{xy} = C_1 + C_2 xy(x^2 + y^2 + C_3)$$

$$\varepsilon_z = \gamma_{zx} = \gamma_{zy} = 0$$

试确定系数之间应满足的关系式。

解 各应变分量应满足的变形协调方程为

$$\left. \begin{array}{l} \dfrac{\partial^2 \varepsilon_x}{\partial y^2} = 2A_2 + 12y^2 \\[3mm] \dfrac{\partial^2 \varepsilon_y}{\partial x^2} = 2B + 12x^2 \\[3mm] \dfrac{\partial^2 \gamma_{xy}}{\partial x \partial y} = C_2 C_3 + 3C_2(x^2 + y^2) \end{array} \right\}$$

代入

$$\frac{\partial^2 \varepsilon_x}{\partial y^2} + \frac{\partial^2 \varepsilon_y}{\partial x^2} = \frac{\partial^2 \gamma_{xy}}{\partial x \partial y}$$

得

$$2A_2 + 2B_2 + 12(x^2 + y^2) = C_2 C_3 + 3C_2(x^2 + y^2)$$

根据各对应项系数相等,得

$$C_2 = 4$$

$$A_2 + B_2 - 2C_3 = 0$$

式中,A_1、B_1、C_1 为任意常数。

【例 3.8】 试确定以下各应变状态能否存在?

(1)

$$\varepsilon_x = k(x^2 + y^2), \quad \gamma_{xy} = 2kxy$$

$$\varepsilon_y = ky^2, \quad \gamma_{yz} = 0$$

$$\varepsilon_z = 0, \quad \gamma_{zx} = 0$$

式中,k 为常数。

(2)

$$\varepsilon_x = axy^2, \quad \gamma_{xy} = 0$$

$$\varepsilon_y = ax^2 y, \quad \gamma_{yz} = az^2 + by$$

$$\varepsilon_z = axy, \quad \gamma_{zx} = ax^2 + by^2$$

式中,a、b 为常数。

解 (1)各应变分量代入变形协调方程(3.23)中的 6 个方程时,各方程均能成立,所以该应变状态是可能存在的。

(2)各应变分量代入变形协调方程(3.23)中的 6 个方程时,由于

$$\frac{\partial^2 \varepsilon_x}{\partial y^2} = ax, \quad \frac{\partial^2 \varepsilon_y}{\partial x^2} = ay, \quad \frac{\partial^2 \gamma_{xy}}{\partial x \partial y} = 0$$

可见第一个方程式不能满足,所以该应变状态是不可能存在的。

3.3.5　塑性变形体积不变条件的运用

【例 3.9】　已知一块长、宽、高为 100 mm、20 mm、0.5 mm 的平板,拉伸后在长度方向均匀伸长至 120 mm,若假设宽度不变,则平板的最终尺寸是多少?

解　根据已知条件可求出长、宽、高方向的主应变(用真实应变表示)为

$$\delta_l = \ln \frac{120}{100}$$

$$\delta_b = \ln \frac{20}{20} = 0$$

$$\delta_h = \ln \frac{h}{h_0}$$

由体积不变条件 $\delta_l + \delta_b + \delta_h = 0$,可得

$$\delta_h = -\delta_l$$

所以有

$$\ln \frac{h}{h_0} = -\ln \frac{120}{100} = \ln \frac{100}{120}$$

即

$$h/\mathrm{mm} = \frac{100}{120} h_0 = \frac{100}{120} \times 0.5 = 0.417$$

所以平板的最终尺寸为 120 mm $\times 20$ mm $\times 0.417$ mm。

【例 3.10】　已知一块长、宽、高为 90 mm、10 mm、0.2 mm 的平板沿长度方向均匀拉伸至 100 mm,设宽度方向的尺寸不变,试求:(1)名义应变;(2)真实应变;(3)平板最终厚度;(4)等效应变(不计弹性变形)。

解　(1)根据塑性变形时不可压缩条件,可求得变形后的高度为

$$h = \frac{l_0 b_0 h_0}{lb} = \frac{90 \times 10 \times 0.2}{100 \times 10} = 0.18 \text{ mm}$$

由式(3.37),得长、宽、高的名义应变分别为

$$\varepsilon_l = \frac{l - l_0}{l_0} = 0.11$$

$$\varepsilon_b = \frac{b - b_0}{b} = 0$$

$$\varepsilon_h = \frac{h - h_0}{h_0} = -0.1$$

(2)由式(3.38),得长、宽、高的真实应变分别为

$$\delta_l = \ln \frac{l}{l_0} = 0.11$$

$$\delta_b = \ln \frac{b}{b_0} = 0$$

$$\delta_h = \ln \frac{h}{h_0} = -0.11$$

(3)由(1)知平板最终厚度为 0.18 mm。

(4) 根据式(3.47)，得

$$\varepsilon_{\mathrm{eff}} = \frac{\sqrt{2}}{3} \sqrt{(\varepsilon_1 - \varepsilon_2)^2 + (\varepsilon_2 - \varepsilon_3)^2 + (\varepsilon_3 - \varepsilon_1)^2} = 0.121$$

习　　　题

3.1　已知应变张量

$$\boldsymbol{\varepsilon}_{ij} = \begin{bmatrix} \varepsilon_1 & 0 & 0 \\ 0 & \varepsilon_2 & 0 \\ 0 & 0 & \varepsilon_3 \end{bmatrix}$$

试求与应变主轴呈等倾面上的正应变 ε_0 和 γ_0。

3.2　已知弹性应变张量

$$\boldsymbol{\varepsilon}_{ij} = \begin{bmatrix} 0.004 & 0.002 & 0 \\ 0.002 & 0.004 & 0 \\ 0 & 0 & 0.004 \end{bmatrix}$$

试求：

(1) 主应变；

(2) 主方向；

(3) 应变偏量；

(4) 应变偏量二次不变量。

3.3　如图 3.18 所示的棱柱形杆件，杆件的比重为 γ，在自重作用下产生的应变方程为

$$\varepsilon_x = -\mu \frac{\gamma z}{E}, \quad \gamma_{xy} = 0$$

$$\varepsilon_y = -\mu \frac{\gamma z}{E}, \quad \gamma_{yz} = 0$$

$$\varepsilon_z = \frac{\gamma z}{E}, \quad \gamma_{zx} = 0$$

式中，E 为材料的弹性系数。

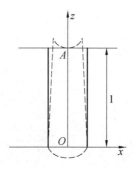

图 3.18　棱柱形杆件

（1）试检验上述应变分量是否满足变形协调条件；

（2）A 点不动，求出位移分量的一般表达式。

3.4 已知应变分量为

$$\varepsilon_x = 0.30 \times 10^{-3}, \quad \gamma_{xy} = 0.08 \times 10^{-3}$$

$$\varepsilon_x = -0.04 \times 10^{-3}, \quad \gamma_{yz} = 0$$

$$\varepsilon_z = -0.20 \times 10^{-3}, \quad \gamma_{zx} = -0.10 \times 10^{-3}$$

试写成应变张量的形式，并分解成应变球张量和应变偏张量。

第4章 屈服准则及其解析应用

4.1 基本理论概述

4.1.1 屈服准则

1. 屈服准则

屈服准则又称塑性条件,它是描述不同应力状态下变形体某点进入塑性状态和使塑性变形继续进行的一个判据。

2. 单向拉伸应力状态下的屈服准则

简单拉伸试验是建立塑性理论的基础之一,在许多方面,简单拉伸实验的结果可推广到复杂应力状态。在单向应力状态下,材料由弹性状态进入塑性状态的判据可以由单向拉伸或单向压缩实验确定,即作用在变形体上的应力等于材料的屈服极限 σ_s 时,材料就进入到塑性状态,即

$$\sigma = \sigma_s \tag{4.1}$$

3. 复杂应力状态下的屈服准则

对于任意应力状态下的屈服准则,就不可能用一般的实验方法来确定材料是否进入塑性状态。因此,对于任意的应力状态,描述物体由弹性变形状态进入塑性变形的判据仅是一种假设。

一般情况下,可以将屈服准则表示为应力状态 σ_{ij}、应变状态 ε_{ij}、时间 t、温度 T 等的函数,称为屈服函数,即

$$f(\sigma_{ij}, \varepsilon_{ij}, t, T) = C \tag{4.2}$$

式中,C 为与材料力学性能有关的常数。

在常温情况下,假设不考虑时间因素的影响,则影响材料屈服的只有应力状态 σ_{ij} 和应变状态 ε_{ij}。当材料在屈服的那一瞬间,应力应变仍符合虎克定律,应变可由应力唯一确定。因此,屈服准则可表示为应力的函数,即

$$f(\sigma_{ij}) = C \tag{4.3}$$

静水压力实验表明,材料在很高的静水压力作用下的体积变化是很小的,而且体积的变化是弹性的。因此,可以认为静水压力对材料的屈服没有影响。

4.1.2 能量屈服准则

米塞斯屈服准则(又称能量准则):材料内任一小部分发生由弹性状态向塑性状态过渡的条件是等效应力达到单向塑性应力状态下相应变形温度、应变速率及变形程度下的流动应力。表达式为

$$\sigma_i = \frac{1}{\sqrt{2}}\sqrt{(\sigma_1-\sigma_2)^2+(\sigma_2-\sigma_3)^2+(\sigma_3-\sigma_1)^2}=\sigma_s \tag{4.4}$$

在塑性状态下等效应力总是等于流动应力。此时已不能将 σ_s 理解为屈服极限而是单向应力状态下的对应于一定温度、一定变形程度及一定应变速率的流动应力。该应力不是以名义应力来表示而是用真实应力来表示，是把开始屈服后的整个真实应力曲线视为确定后继屈服所需应力的依据，式(4.4)可表示为

$$(\sigma_1-\sigma_2)^2+(\sigma_2-\sigma_3)^2+(\sigma_3-\sigma_1)^2=2\sigma_s^2 \tag{4.5}$$

此时，$J_2=\frac{1}{3}\sigma_s^2$，与前述应力偏量第二不变量作为塑性变形发生及发展的判据是一致的。

米塞斯屈服准则从能量的角度来说，当受力物体内一点处的形状改变的弹性能（但未提及形状变化弹性位能）达到某一定值时，该点处即由弹性状态过渡到塑性状态，故米塞斯屈服准则又称能量准则。

4.1.3　最大剪应力屈服准则

屈雷斯加屈服准则：当材料质点中的最大剪应力达到某一临界值 C 时，则材料发生屈服。该临界值 C 取决于材料在变形条件下的性质，而与应力状态无关，可用单向拉伸实验来确定 C 值。该准则也称为最大剪应力准则，其表达式为

$$\tau_{max}=C \tag{4.6}$$

设 $\sigma_1 \geqslant \sigma_2 \geqslant \sigma_s$，上式可写成

$$\tau_{max}=(\sigma_1-\sigma_3)/2=C \tag{4.7}$$

单向拉伸试样屈服时，$\sigma_2=\sigma_3=0$、$\sigma_1=\sigma_s$，得 $C=\sigma_s/2$。于是，屈雷斯加屈服准则为

$$\sigma_1-\sigma_3=\sigma_s \tag{4.8}$$

即受力物体的某一质点处的最大切应力达到一定值后就会发生屈服而产生塑性变形，物体的破坏是由剪切力导致的。在主方向已知的情况下，用屈雷斯加屈服条件求解问题是比较方便的，因为在一定的范围内，应力分量之间满足线性关系。

4.1.4　屈服准则的验证

米塞斯屈服准则和屈雷斯加屈服准则是否正确，需通过实验验证。采用薄壁管承受轴向拉力及内压力或轴向力及扭矩的实验方法是研究塑性理论的常用方法。

1. 罗德实验与罗德参数

薄壁管加轴向拉力 P 和内压力 p，如图 4.1 所示。

分析出发点：两个准则是否考虑中间主应力影响。

分析条件：主应力方向是固定不变的，应力按次序给定（$\sigma_1 \geqslant \sigma_2 \geqslant \sigma_3$）。

为了将米塞斯准则写成类似屈雷斯加屈服条件的形式，罗德引入参数 μ_σ，$\mu_\sigma=\dfrac{2\sigma_2-\sigma_1-\sigma_3}{\sigma_1-\sigma_3}$，可得米塞斯屈服准则表达式为

$$\frac{\sigma_1-\sigma_3}{\sigma_s}=\frac{2}{\sqrt{3+\mu_\sigma^2}} \tag{4.9}$$

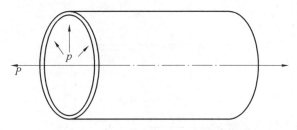

图 4.1　薄壁管受轴向拉力和内压作用

实验中采用不同轴向拉力 P 与内压 p，可得各种应力状态下 μ_σ 及屈服点应力 $\dfrac{\sigma_1-\sigma_3}{\sigma_s}$ 值。当 $\mu_\sigma=1$ 时，两屈服准则重合；当 $\mu_\sigma=0$ 时，两屈服准则相对误差最大，为 15.5%。试验结果如图 4.2 所示，与米塞斯屈服准则比较符合。

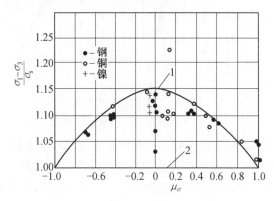

图 4.2　罗德实验
1－米塞斯准则;2－屈雷斯加准则

2. 泰勒及奎乃实验

实验内容:用铜、铝、钢的薄壁管承受轴向拉力及扭矩做试验,如图 4.3 所示。

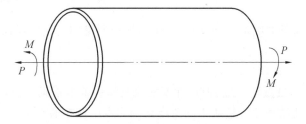

图 4.3　薄壁管受轴向拉力和扭矩作用

试验时用不同的拉力与扭矩之比做试验变量,从而测定在不同的应力状态下不同屈服条件的数据,结果试验点仍在米塞斯条件的曲线附近,如图 4.4 所示。

两个准则综合比较如下:

(1)实验说明一般韧性金属材料(如铜、镍、铝、中碳钢、铝合金、铜合金等)与米塞斯条件符合较好,总的说来多数金属符合米塞斯准则。

(2)当应力的次序预知时,屈雷斯加屈服函数为线性的,使用起来很方便,在工程设计中常常采用,并用修正系数来考虑中间主应力的影响或作为米塞斯条件的近似。即米

塞斯条件可以写成

$$\sigma_1 - \sigma_3 = \frac{2}{\sqrt{3 + \mu_\sigma^2}} \sigma_s$$

或

$$\sigma_1 - \sigma_3 = \beta \sigma_s \tag{4.10}$$

式中,β 为中间主应力影响系数,$\beta = \dfrac{2}{\sqrt{3 + \mu_\sigma^2}}$。

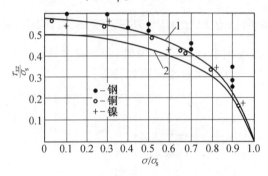

图 4.4　泰勒及奎乃实验

1—米塞斯准则;2—屈雷斯加准则

式(4.10)与屈雷斯加条件 $\sigma_1 - \sigma_3 = \sigma_s$ 在形式上仅差一个系数 β。应用中当应力状态确定时,β 为一常量,根据应力状态所得值加以修正即可。单向受压或受拉时,$\beta = 1$,两个准则重合;纯剪切时,$\beta = 1.155$,两者差别最大;$\beta = 1 \sim 1.155$,其平均值为 1.078,总的讲相差不太大。板料冲压中为简化计算,通常取 $\beta = 1.1$。

关于 β 的选择:如果变形接近于平面变形,取 $\beta = \dfrac{2}{\sqrt{3}}$;变形为简单拉伸类($\mu_\sigma = -1$)或简单压缩类($\mu_\sigma = 1$)时,取 $\beta = 1$;应力状态连续变化的变形区,如板料冲压多数工序近似地取 $\beta = 1.1$。

小思考:通过屈服准则计算纯剪切时,米塞斯屈服准则与屈雷斯加屈服准则屈服应力比值为多少?$\left(答案:\dfrac{\sqrt{3}}{2}\right)$

(3)两屈服准则虽然不一致,但这并不能说明哪一个不正确,屈服准则是对物体在受力时其是否发生屈服的描述,是从不同角度来阐述本已存在的事实。

4.2　理论要点分析

4.2.1　屈服准则与强度理论的关系

屈服准则又称塑性条件,它是描述不同应力状态下变形体某点进入塑性状态和使塑性变形继续进行的一个判据。现以低碳钢等材料的简单拉伸为例来说明此概念。

图 4.5 为低碳钢单向拉伸的应力—应变曲线。随着轴向应力 σ 的增加,当其值达到 σ_s

时,材料进入塑性状态。为了使塑性变形继续进行,考虑加工硬化效应应力值仍需继续增加。如果把屈服应力 σ_s 不局限于 A 点的初始屈服应力,而将其理解为与某一应变 ε_N 对应的曲线 AC 上 N 点的应力 Y_N,只要在试件中的应力不低于 Y_N,此时塑性变形仍继续进行。因此,一般线段 AC 上所对应的应力以流动应力 Y 来表示,它是一个广义的"屈服"应力。于是,单向拉伸的屈服准则可以写为

$$\sigma = Y \tag{4.11}$$

式中,Y 为材料的流动应力,它随温度、应变速率及应变而变化,即

$$Y = f(T, \dot{\varepsilon}, \varepsilon) \tag{4.12}$$

此数值可从相应的手册中查找,或由一系列实验获得。

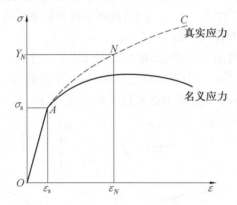

图 4.5　低碳钢的拉伸应力-应变曲线

由于变形体中应力状态比较复杂,对于三向应力状态,就不能简单地用某一个主应力(例如 σ_{max} 或 σ_{min})来表征应力的综合效果,好在材料力学中的强度理论提供了一个很好的范例。强度理论是给出复杂应力状态下构件是否安全的一个判据,其表征应力的方法可以借鉴。在材料力学中,韧性材料的强度理论可以表达为第三及第四强度理论,其表达式分别是

$$\sigma_{max} - \sigma_{min} \leqslant [\sigma] = \frac{\sigma_s}{n} \tag{4.13}$$

及

$$\frac{1}{\sqrt{2}}\sqrt{(\sigma_1 - \sigma_2)^2 + (\sigma_2 - \sigma_3)^2 + (\sigma_3 - \sigma_1)^2} \leqslant [\sigma] = \frac{\sigma_s}{n} \tag{4.14}$$

式中,σ_s 为材料的屈服应力;n 为安全系数,其值大于 1。

为安全起见,在式(4.13)和式(4.14)中取 $n > 1$,即许用应力小于材料的屈服应力。需要强调的是第三强度理论及第四强度理论适用于任何应力状态,即不局限于某一特定应力状态(如单向拉伸或双向压缩)。式(4.13)的左端为两倍大小的最大剪应力,其物理概念是:如果构件中的任何一处的最大剪应力都小于某一许用数值,则该构件不会产生塑性变形。对于三向应力状态,只要找到最大正应力 σ_{max} 及最小正应力 σ_{min},将其代入式(4.13),则可判别此构件是否安全。由此可见,对于第三强度理论,是以 σ_{max} 或 $(\sigma_{max} - \sigma_{min})/2$ 作为表征应力的,这从物理概念上也是合理的。因为,塑性变形的主要机

制是滑移与孪生,都是由剪应力引起的。

下面进一步分析式(4.13)中的安全系数 n,若将 n 取为 1,则式(4.13)变为

$$\sigma_{max} - \sigma_{min} = \sigma_s \tag{4.15}$$

可以将式(4.15)理解为一个屈服准则,至少在简单拉伸时($\sigma_2 = \sigma_3 = 0$)可以得到验证,此时由式(4.15)可见,当 $\sigma_1 = \sigma_s$ 时材料进入屈服状态。于是,可以从物体内应力由弹性状态进入屈服和继续塑性变形的全过程来进一步加深对强度理论的理解,以及它与屈服准则的内在联系。

在材料力学中,主要研究弹性问题,而把发生塑性变形看成构件的失效,因此必须远离它。而对塑性加工而言,开始塑性变形只是一个起点,由于材料有比较大的延展性,例如不锈钢 0Cr18Ni9 延伸率可达 45% 左右,低碳钢的延伸率一般也大于 25%,因此,开始发生塑性变形并不意味着材料失效。

图 4.6 为拉伸时材料的变形类型,在屈服点以前为弹性区,屈服点以后为塑性区。图 4.7 中 Ⅰ 区相当于材料力学所限制的应力范围,即安全范围;Ⅱ 区是一个人为设置的"缓冲区",或称为"安全储备区";Ⅲ 区为塑性加工中表征应力范围。

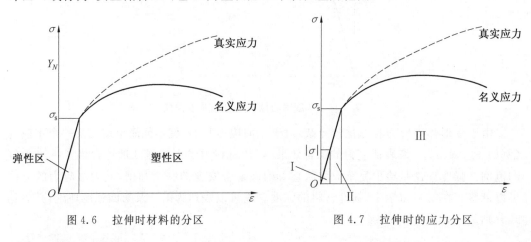

图 4.6 拉伸时材料的分区   图 4.7 拉伸时的应力分区

第三强度理论实质上是 1864 年屈雷斯加(Tresca)对很多材料进行了大量的挤压试验后得出的一个假说,即塑性变形起源于物体内的最大剪应力达到某一数值。追其根源,强度理论也是起源于产生塑性变形的判据,它仅仅从结构安全的角度,降低了综合应力的许用值,于是在图 4.7 中形成了一个"隔离带"。

前面讲到的"表征应力"是指将一个复杂应力状态的综合效果以表征应力来描述。对于第三强度理论,其表征应力为最大剪应力 σ_{max} 或($\sigma_{max} - \sigma_{min}$)/2。正如前面所说,第三强度理论并不是严格从数学角度推导出来的,而是基于一定的实验事实提出又被实验证实的。严格来讲,最大剪应力仅取决于最大正应力 σ_{max} 及最小正应力 σ_{min},忽略了中间主应力的影响。对此,屈服准则还有其他描述,例如 1913 年米塞斯提出一个决定塑性变形是否发生的判据,它涵盖了最大、最小及中间主应力,其表现形式为

$$(\sigma_1 - \sigma_2)^2 + (\sigma_2 - \sigma_3)^2 + (\sigma_3 - \sigma_1)^2 = 2\sigma_s^2 \tag{4.16}$$

式(4.16)整理可得

$$\frac{1}{\sqrt{2}}\sqrt{(\sigma_1-\sigma_2)^2+(\sigma_2-\sigma_3)^2+(\sigma_3-\sigma_1)^2}=\sigma_s \tag{4.17}$$

对比式(4.17)与式(4.14)可见,当式(4.14)中 $n=1$ 时,两者完全相同,即第四强度理论来源于式(4.17),仅仅是从安全角度做了一些处理。对比式(4.13)和式(4.14),我们可以指出其差别是表征应力不同,而对于不同强度理论,或更实质的说,对于不同的屈服准则其表征应力不同。

我国学者俞茂宏提出了双剪应力屈服准则,表达式为

$$\left.\begin{array}{l}f(\tau_{13},\tau_{12})=\tau_{13}+\tau_{12}=\sigma_1-\frac{1}{2}(\sigma_2+\sigma_3)-k_b=0(\text{当 } \tau_{12}\geqslant\tau_{23} \text{ 或 } \sigma_2\leqslant\frac{1}{2}(\sigma_1+\sigma_3) \text{ 时})\\ f'(\tau_{13},\tau_{23})=\tau_{13}+\tau_{23}=\frac{1}{2}(\sigma_1+\sigma_2)-\sigma_3-k_b=0(\text{当 } \tau_{12}\leqslant\tau_{23} \text{ 或 } \sigma_2\geqslant\frac{1}{2}(\sigma_1+\sigma_3) \text{ 时})\end{array}\right\}$$
$$\tag{4.18}$$

大量实验结果证明,双剪应力屈服准则在土木、机械、岩土压力加工等众多工程领域都是有效的。

4.2.2　中间主应力的影响

1. 中间主应力对屈雷斯加屈服准则的影响

如前所述,屈雷斯加屈服准则的出发点是考虑物体质点处所受最大剪切应力是否超过允许值。即在屈雷斯加屈服准则中,只考虑了最大与最小主应力对材料屈服的影响,没有考虑中间主应力对材料屈服的影响。

屈雷斯加屈服准则

$$\sigma_{\max}-\sigma_{\min}=Y \tag{4.19}$$

2. 中间主应力对米塞斯屈服准则的影响

米塞斯屈服准则从能量的角度出发,考虑到每个应力对其的贡献,即米塞斯屈服准则考虑了中间主应力对屈服的影响。

米塞斯屈服准则

$$(\sigma_1-\sigma_2)^2+(\sigma_2-\sigma_3)^2+(\sigma_3-\sigma_1)^2=2Y^2 \tag{4.20}$$

3. 米塞斯屈服准与屈雷斯加屈服准则的关系

若规定 $\sigma_1\geqslant\sigma_2\geqslant\sigma_3$,则屈雷斯加屈服准则为

$$\frac{\sigma_1-\sigma_3}{Y}=1 \tag{4.21}$$

为将米塞斯屈服准则也写成类似形式,科学家罗德引入了一个参数 μ_σ

$$\mu_\sigma=\frac{2\sigma_2-\sigma_1-\sigma_3}{\sigma_1-\sigma_3} \tag{4.22}$$

则有

$$\sigma_1-\sigma_3=\frac{2}{\sqrt{3+\mu_\sigma^2}}Y \tag{4.23}$$

其中

$$\beta = \frac{2}{\sqrt{3 + \mu_\sigma^2}}$$ (4.24)

称为中间主应力影响系数。

从这里可以看出,米塞斯屈服准则与屈雷斯加不同之处是米塞斯屈服准则考虑了中间主应力影响,这也是为什么米塞斯屈服准则更吻合实验的根本原因。

由实验分析可知,在单向受拉或受压时,中间主应力不会产生影响,即此时两种屈服准则是一样的;而在纯剪切情况下,中间主应力影响最大。中间主应力影响系数 β 是根据应力状态不同凭经验选取,其值的选取对于指导生产有重要意义。

4.2.3 屈服准则的几何表达

1. 屈服表面

屈服表面指屈服函数式在应力空间中的几何图形。物体单向拉压的应力空间是一维的,初始屈服条件是两个离散的点,即拉(压)初始屈服点,在复杂应力状态下,初始屈服函数在应力空间中表示一个曲面,称为初始屈服面。它是初始弹性阶段的界限,当应力点位于此曲面内,材料处于弹性状态;当应力点位于此曲面上,材料进入塑性状态。这个曲面就是由达到初始屈服的各种应力状态点集合而成的,它相当于简单拉伸曲线上的初始屈服点。

假如描述应力状态的点在屈服表面上开始屈服;各向同性的理想塑性材料屈服面是连续的;屈服表面不随塑性流动而变化;应变强化不同塑性变形阶段要用到后继屈服表面。

2. 平面应力状态下的屈服表面

在平面应力状态下,米塞斯屈服准则图形为椭圆,屈雷斯加屈服准则图形为六边形,如图 4.8 所示。

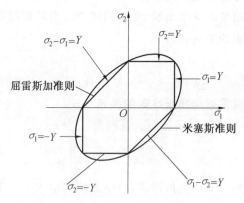

图 4.8 平面应力状态下的米塞斯屈服准则及屈雷斯加屈服准则图形

3. 三向应力状态下的屈服表面

对于三向应力需要用主应力空间描述,下图中表示出 3 个互相垂直的坐标轴 $(\sigma_1, \sigma_2, \sigma_3)$,该空间称为主应力空间,如图 4.9 所示。

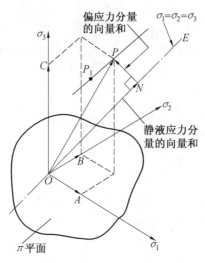

图 4.9　主应力空间应力状态描述

现考察一个过原点与 3 个主应力轴等倾斜轴线 OE，它的方向余弦是 $l=m=n=\dfrac{1}{\sqrt{3}}$，这个轴上的每一点应力状态为 $\sigma_1=\sigma_2=\sigma_3=\sigma_m$，等同于静液应力状态，此时偏应力等于零。

π 平面：过原点等静应力为零的平面，$\sigma_1+\sigma_2+\sigma_3=0$。

过 P 点平行于 OE 的直线上全部点至 OE 线有相同的距离，即应力偏量相同，其动点的轨迹为与 OE 线等距离的圆柱面，圆柱的半径等于 $\sqrt{\dfrac{2}{3}}Y$，圆柱轴线与 3 坐标轴等倾斜。因此，主应力空间中米塞斯屈服表面是一圆柱面，而屈雷斯加屈服表面是一正六棱柱，内接于米塞斯圆柱。

4. π 平面上两准则的图形

π 平面上两准则的图形即为屈服表面在 π 平面上的投影。图 4.10、图 4.11 分别为 π 平面上、主应力空间中米塞斯屈服准则及屈雷斯加屈服准则的图形。

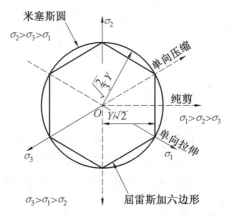

图 4.10　π 平面上米塞斯屈服准则及屈雷斯加屈服准则的图形

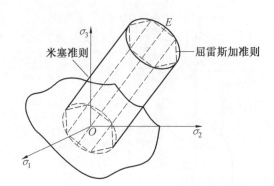

图 4.11 主应力空间中的米塞斯屈服准则及屈雷斯加屈服准则的屈服表面

图 4.10 和图 4.11 反映了如下概念：

(1)屈服面内为弹性区；

(2)屈服面上为塑性区；

(3)当物体承受三向等拉或三向等压应力状态时，如图 4.11 中 OE 线，不管其绝对值多大，都不可能发生塑性变形。

4.2.4 硬化材料后继屈服与固体现实应力空间

1. 包辛格(Bauschinger) 效应

材料经预先加载并产生少量塑性变形(残余应变为 1% ~ 4%)，卸载后，再同向加载，规定残余伸长应力增加，反向加载规定残余伸长应力降低的现象，称为包辛格效应。

2. 后继屈服表面

应变硬化材料塑性流动的应力应随着塑性应变的增加而增加，如果应变超过初始屈服时的应变，屈服表面必然发生变化。

如果初始屈服应力用 Y_0 表示，则在 π 平面内的初始屈服轨迹是半径为 $\sqrt{\dfrac{2}{3}}Y_0$ 的圆。如果在超过初始屈服条件后继续变形，这时所需应力设为 Y，假设进一步塑性变形并不引起材料的各向异性，则屈服轨迹仍是圆，其半径为 $\sqrt{\dfrac{2}{3}}Y$。后继屈服轨迹包围初始屈服轨迹，两者同轴，π 平面上同心圆或六边形，如果材料应变硬化时保持各向同性，屈服轨迹就随着应力及应变的进程而胀大，屈服表面一定沿某种途径向外运动，如图 4.12 所示。

理想塑性材料屈服函数可由下式确定

$$\Phi(\sigma_{ij}) = Y \tag{4.25}$$

函数 Φ 变到常数 Y 时产生屈服，主应力空间中用初始屈服表面表示。应变硬化材料 Y 值的变化取决于材料的应变硬化特性，函数 Φ 是加载函数，其代表应力的施加函数 Φ 是应变硬化屈服函数，取决于先前的材料的应变过程，也取决于材料的应变硬化特性。

区别 3 种不同的情况：

(1)当 $\Phi = Y$ 时，应力状态由屈服表面上一点表示。

如果

$$\mathrm{d}\Phi = \frac{\partial \Phi}{\partial \sigma_{ij}} \mathrm{d}\sigma_{ij} > 0 \qquad (4.26)$$

则为加载过程,应力状态由初始屈服表面向外运动并产生塑性流动。

如果

$$\mathrm{d}\Phi = \frac{\partial \Phi}{\partial \sigma_{ij}} \mathrm{d}\sigma_{ij} = 0$$

则为中性变载,应力状态在屈服表面上(若此时应力分量在改变),应变硬化材料不产生塑性流动。

如果

$$\mathrm{d}\Phi = \frac{\partial \Phi}{\partial \sigma_{ij}} \mathrm{d}\sigma_{ij} < 0$$

则为弹性卸载,应力状态从屈服表面向内运动。

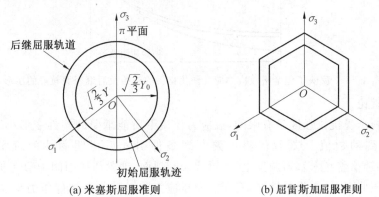

(a) 米塞斯屈服准则   (b) 屈雷斯加屈服准则

图 4.12   各向同性应变硬化材料在 π 平面上的后继屈服轨迹

(2) 当 $\Phi < Y$ 时,表示弹性应力状态。

(3) 理想塑性材料,$\Phi = Y$,$\mathrm{d}\Phi = 0$,塑性流动,$\mathrm{d}\Phi > 0$ 情况不可能。

各向同性应变硬化材料的概念数学上很简单,但这只是初步近似,因为它没有考虑包辛格效应。这个效应使屈服轨迹一边收缩,另一边膨胀,塑性变形过程中,屈服表面形状是变化的。

试验结果表示米塞斯椭圆屈服轨迹呈不对称膨胀,如图 4.13 所示。

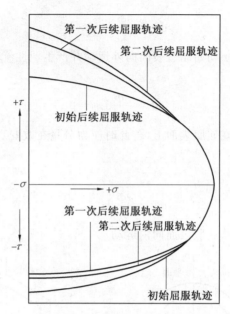

图 4.13　反映了包辛格效应的应变硬化材料的初始及后继屈服轨迹的图形

3. 钟罩理论

工程材料承受抗拉强度是有限的,拉应力作用下所能承受的塑性变形小于压应力作用下所能达到的数值。刘叔仪将恒温断裂条件引入后指明固体的现实应力空间(图 4.14)如钟罩盖在米塞斯圆柱上,钟罩代表断裂面,钟罩与柱面间为塑性变形区,圆柱面为初始屈服曲面,柱内为弹性区,对于三向压应力状态随着流体静压力增加,可以承受很大的塑性变形而不致断裂。

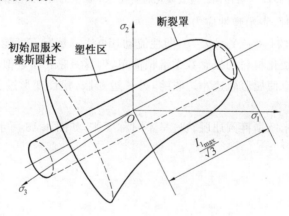

图 4.14　现实应力空间

4.3 理论解析应用

4.3.1 利用屈服准则判定应变状态

【例 4.1】 用米塞斯屈服准则和屈雷斯加屈服准则判断图 4.15 中的主应力状态是弹性状态还是塑性状态。

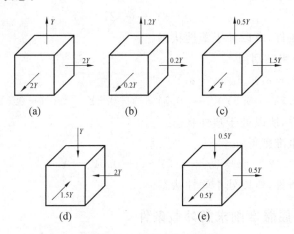

图 4.15 主应力状态实例

解 （a）由米塞斯屈服准则得

$$(\sigma_1 - \sigma_2)^2 + (\sigma_2 - \sigma_3)^2 + (\sigma_3 - \sigma_1)^2 = (2Y - 2Y)^2 + (2Y - Y)^2 + (Y - 2Y)^2 = 2Y^2$$

满足米塞斯屈服条件,所以处于塑性状态。

由屈雷斯加屈服准则得

$$\sigma_1 - \sigma_3 = 2Y - Y = Y$$

满足屈雷斯加屈服条件,所以处于塑性状态。

（b）由米塞斯屈服准则得

$$(\sigma_1 - \sigma_2)^2 + (\sigma_2 - \sigma_3)^2 + (\sigma_3 - \sigma_1)^2 =$$
$$(1.2Y - 0.2Y)^2 + (0.2Y - 0.2Y)^2 + (0.2Y - 1.2Y)^2 = 2Y^2$$

满足米塞斯屈服条件,所以处于塑性状态。

由屈雷斯加屈服准则得

$$\sigma_1 - \sigma_3 = 1.2Y - 0.2Y = Y$$

满足屈雷斯加屈服条件,所以处于塑性状态。

（c）由米塞斯屈服准则得

$$(\sigma_1 - \sigma_2)^2 + (\sigma_2 - \sigma_3)^2 + (\sigma_3 - \sigma_1)^2 =$$
$$(1.5Y - Y)^2 + (Y - 0.5Y)^2 + (0.5Y - 1.5Y)^2 = 1.5Y^2 < 2Y^2$$

不满足米塞斯屈服条件,所以处于弹性状态。

由屈雷斯加屈服准则得

$$\sigma_1 - \sigma_3 = 1.5Y - 0.5Y = Y$$

满足屈雷斯加屈服条件，所以处于塑性状态。

（d）由米塞斯屈服准则得

$$(\sigma_1 - \sigma_2)^2 + (\sigma_2 - \sigma_3)^2 + (\sigma_3 - \sigma_1)^2 = [-Y - (-1.5Y)]^2 +$$
$$[-1.5Y - (-2Y)]^2 + [-2Y - (-Y)]^2 =$$
$$1.5Y^2 < 2Y^2$$

不满足米塞斯屈服条件，所以处于弹性状态。

由屈雷斯加屈服准则得

$$\sigma_1 - \sigma_3 = -Y - (-2Y) = Y$$

满足屈雷斯加屈服条件，所以处于塑性状态。

（e）由米塞斯屈服准则得

$$(\sigma_1 - \sigma_2)^2 + (\sigma_2 - \sigma_3)^2 + (\sigma_3 - \sigma_1)^2 =$$
$$(0.5Y - 0.5Y)^2 + [0.5Y - (-0.5Y)]^2 + (-0.5Y - 0.5Y)^2 = 2Y^2$$

满足米塞斯屈服条件，所以处于塑性状态。

由屈雷斯加屈服准则得

$$\sigma_1 - \sigma_3 = 0.5Y - (-0.5Y) = Y$$

满足屈雷斯加屈服条件，所以处于塑性状态。

4.3.2　利用屈服准则求解外载条件

【**例 4.2**】　一个两端封闭的薄壁圆筒，如图 4.16(a) 所示，半径为 r、壁厚为 t、容器内气体压强为 p，试求圆筒内壁开始屈服以及整个壁厚进入屈服时的内压 p（设该筒的材料单向拉伸时的屈服应力为 Y）。

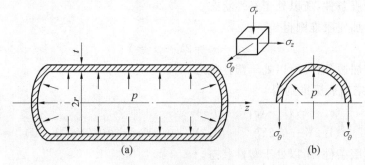

图 4.16　受内压的薄壁圆筒

解　因为圆筒为圆柱状，属于轴对称图形，所以宜用柱坐标系，在筒壁选取一单元体，进行应力分析，如图 4.16(b) 所示。

根据平衡条件可求得应力分量为

$$\sigma_\theta = \frac{2pr}{2t} = \frac{pr}{t} > 0$$

$$\sigma_z = \frac{p\pi r^2}{2\pi rt} = \frac{pr}{2t} > 0$$

认为 σ_r 沿壁厚为线性分布，在内表面 $\sigma_r = p$，在外表面 $\sigma_r = 0$。

（1）在外表面有

$$\sigma_1 = \sigma_\theta = \frac{pr}{t}, \quad \sigma_2 = \sigma_z = \frac{pr}{2t}, \quad \sigma_3 = \sigma_r = 0$$

由米塞斯屈服准则,得

$$(\sigma_1 - \sigma_2)^2 + (\sigma_2 - \sigma_3)^2 + (\sigma_3 - \sigma_1)^2 = 2Y^2$$

即

$$\left(\frac{pr}{t} - \frac{pr}{2t}\right)^2 + \left(\frac{pr}{2t}\right)^2 + \left(\frac{pr}{t}\right)^2 = 2Y^2$$

可求得

$$p = \frac{2}{\sqrt{3}} \frac{t}{r} Y$$

由屈雷斯加屈服准则,得

$$\sigma_1 - \sigma_3 = Y$$

即

$$\frac{pr}{t} - 0 = Y$$

可求得

$$p = \frac{t}{r} Y$$

(2) 同理可得在内表面处有 $\sigma_3 = \sigma_r = -p$。

由米塞斯屈服准则,得

$$p = \frac{2t}{\sqrt{3r^2 + 6rt + 4t^2}} Y$$

由屈雷斯加屈服准则,得

$$p = \frac{t}{r+t} Y$$

圆筒内表面首先产生屈服,然后向外层扩展,当外表面产生屈服时,整个圆筒就开始进入塑性变形状态,进而会产生破裂。

【例 4.3】 一直径为 60 mm 的圆柱形试样在两平行平板间压缩如图 4.17(a) 所示,忽略试样与平板之间的摩擦,当压力为 628 kN 时试样发生屈服。若在圆柱周围加上 20 MPa 的静水压力,试求试样屈服时所需要的压力?

解 圆柱形试样受力分析如图 4.17(b) 所示,根据平衡条件可求得应力分量为

$$\sigma_z = \frac{F}{\frac{\pi}{4}d^2}$$

$$\sigma_r = \sigma_\theta = 20 \text{ MPa}$$

当没有在圆柱周围施加静水压力时,得

$$\frac{F}{\frac{\pi}{4}d^2} - 0 = Y \Rightarrow Y = \frac{2\,000}{9} \text{ MPa}$$

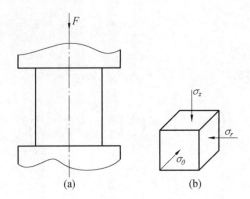

图 4.17   圆柱形试样平板间压缩及受力分析图

当在圆柱周围施加静水压时,得

$$(\sigma_z - \sigma_r)^2 + (\sigma_z - \sigma_\theta)^2 + (\sigma_r - \sigma_\theta)^2 = 2Y^2$$

即

$$2(\sigma_z - 20)^2 = 2Y^2 \Rightarrow Y = \sigma_z - 20$$

$$\sigma_z = \frac{2180}{9}$$

将上式代入

$$\sigma_z = \frac{F}{\frac{\pi}{4}d^2}$$

得

$$F = 684.52 \text{ kN}$$

故在圆柱周围加上静水压力时,试样屈服时所需压力为 684.52 kN。

4.3.3　利用屈服准则控制塑性变形区

【例 4.4】   两端封闭等厚钢制薄壁圆筒,如图 4.18(a) 所示,其平均直径 $d = 40$ cm,筒内液体压强为 $p = 10$ MPa,材料的拉伸屈服极限 $\sigma_s = 550$ MPa,试合理设计圆筒壁厚 t,使得薄壁圆筒不发生屈服。

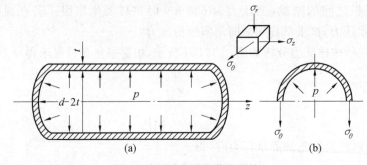

图 4.18   受内压的薄壁圆筒

解   对薄壁圆筒受力分析可知,若其屈服必从内表面开始,故只需求出内表面屈服时的壁厚 t,即薄壁圆筒不发生屈服的临界值。

先求应力分量,在筒壁选取一单元体,采用圆柱坐标,单元体上的应力分量如图4.18(b)所示。

根据平衡条件可求得应力分量为

$$\sigma_\theta = \frac{2pr}{2t} = \frac{pr}{t} > 0$$

$$\sigma_z = \frac{p\pi r^2}{2\pi rt} = \frac{pr}{2t} > 0$$

$$\sigma_r = -p$$

其中,内表面半径 $r = \frac{d}{2} - t$。

由米塞斯屈服准则,得

$$(\sigma_1 - \sigma_2)^2 + (\sigma_2 - \sigma_3)^2 + (\sigma_3 - \sigma_1)^2 = 2Y^2$$

即

$$\left(\frac{pr}{t} - \frac{pr}{2t}\right)^2 + \left(\frac{pr}{2t} + p\right)^2 + \left(-p - \frac{pr}{t}\right)^2 = 2Y^2$$

化简,得

$$2Yt = p\sqrt{3r^2 + 6rt + 4t^2}$$

代入数据,得

$$t = 3.17 \text{ mm}$$

由屈雷斯加屈服准则,得

$$\frac{pr}{t} - (-p) = Y$$

即

$$t = \frac{pr}{Y - p}$$

代入数据,得

$$t = 3.67 \text{ mm}$$

习　　题

4.1　试绘制平面应力或两向应力状态的米塞斯屈服准则和屈雷斯加屈服准则的几何图形。

4.2　如图 4.19 所示为主应力空间,如果物体某点的应力为 $P(\sigma_1, \sigma_2, \sigma_3)$,则这个应力状态可由应力空间中的应力向量 $\overrightarrow{OP}$ 表示,图中 $\overrightarrow{OE}$ 则为与 3 个主应力轴等倾斜的轴线。过 P 点作 OE 的垂线交 OE 于 N 点。

(1)OE 所表示的意义?

(2)$|\overrightarrow{NP}|$ 与 Y 呈什么关系时发生屈服(以米塞斯屈服准则计算)?

(3)由(2)可知米塞斯屈服条件的空间几何形状是什么?

4.3　试写出平面应力状态下米塞斯屈服准则和屈雷斯加屈服准则的数学表达式,画出其屈服轨迹的几何图形,指出两准则相差最大的点及其变形特征,说明两准则的物理意义和异同点。

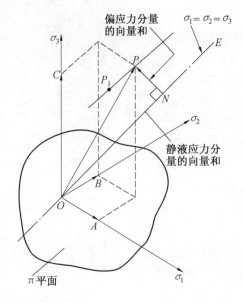

图 4.19   主应力空间

4.4   已知两端封闭的薄壁圆筒受内压 p 的作用,如图 4.20 所示,直径为 50 cm、厚度为 5 mm、材料的屈服极限为 250 N/mm²,试分别用米塞斯屈服准则和屈雷斯加屈服准则求出圆筒的屈服压力。如果考虑 σ_r 时,其影响将多大?

图 4.20   薄壁圆筒受力状态

4.5   计算受均内压的厚壁球壳的应力分布,证明在塑性状态时用米塞斯屈服准则或屈雷斯加屈服准则计算将得到相同的结果,并求刚进入塑性状态时的内压 p。

4.6   证明米塞斯屈服条件可表达成

$$\frac{1}{2}\sigma'_{ij} \cdot \sigma'_{ij} = \frac{1}{3}Y^2 \ (i,j=x,y,z)$$

4.7   已知平面应力状态 $\sigma_x = 750 \text{ N/mm}^2$,$\sigma_y = 150 \text{ N/mm}^2$,$\tau_{xy} = 150 \text{ N/mm}^2$,正好使材料屈服,试分别按米塞斯屈服准则和屈雷斯加屈服准则求出单向拉伸时的屈服极限 σ_s 各为多大?

第 5 章　弹塑性应力应变关系及其解析应用

5.1　基本理论概述

5.1.1　广义虎克定律

应力与应变之间的关系称为本构关系,这种关系的数学表达式称为本构方程,也称为物理方程。它是求解弹性或塑性问题的补充方程。在弹性变形时,弹性全量应变与当时的应力状态有确定的单值关系,即广义虎克定律。

材料在简单拉、压和扭转状态下,弹性变形时的应力与应变关系,由虎克定律表达为

$$\varepsilon = \frac{1}{E}\sigma, \quad \gamma = \frac{1}{G}\tau \tag{5.1}$$

对于一般应力状态下的各向同性材料的弹性应力与应变关系可由广义虎克定律表示,即

$$\left.\begin{aligned}
\varepsilon_x &= \frac{1}{E}[\sigma_x - \mu(\sigma_y + \sigma_z)], \quad \gamma_{xy} = \frac{1}{G}\tau_{xy} \\
\varepsilon_y &= \frac{1}{E}[\sigma_y - \mu(\sigma_z + \sigma_x)], \quad \gamma_{yz} = \frac{1}{G}\tau_{yz} \\
\varepsilon_z &= \frac{1}{E}[\sigma_z - \mu(\sigma_x + \sigma_y)], \quad \gamma_{zx} = \frac{1}{G}\tau_{zx}
\end{aligned}\right\} \tag{5.2}$$

式中,E 为弹性模量;μ 为泊松比;G 为切变模量。

3 个弹性常数 E、μ、G 之间关系如下:

$$G = \frac{E}{2(1 + \mu)} \tag{5.3}$$

5.1.2　加、卸载准则和 Drucker 公设

如果通过屈服条件判断材料进入塑性阶段,则下一步必须确定其应力状态的变化是加载还是卸载。因为在塑性阶段,对于加载和卸载,其应力应变关系服从不同的规律,加载时要产生新的塑性变形,卸载时则不产生新的塑性变形。

1. 理想塑性材料的加载和卸载

在复杂应力状态下,理想塑性材料的屈服应力是不变的,所以加载条件和屈服条件一样,在应力空间中,加载曲面的形状、大小和位置都和屈服曲面一样。当应力点保持在屈服面之上时,称为加载,这时塑性变形可任意增长(但各塑性应变分量之间的比例不能任意,需要满足一定关系);应力状态变化时,尽管塑性变形还可以不断增长,但屈服函数的值却不再增长。当应力点从屈服面之上变到屈服面之内时就称为卸载。以 $f(\sigma_{ij}) = 0$ 表

示屈服曲面,可以把上述加载和卸载准则用数学形式表示如下

$$
\left.
\begin{array}{l}
f(\sigma_{ij}) < 0 \quad （弹性状态） \\[2mm]
f(\sigma_{ij}) = 0, \mathrm{d}f = \dfrac{\partial f}{\partial \sigma_{ij}} \mathrm{d}\sigma_{ij} = 0 \quad （加载） \\[2mm]
f(\sigma_{ij}) = 0, \mathrm{d}f = \dfrac{\partial f}{\partial \sigma_{ij}} \mathrm{d}\sigma_{ij} < 0 \quad （卸载）
\end{array}
\right\}
\tag{5.4}
$$

在应力空间中,屈服面的外法线方向 n 矢量的分量与 $\dfrac{\partial f}{\partial \sigma_{ij}}$ 成正比, $\dfrac{\partial f}{\partial \sigma_{ij}} \mathrm{d}\sigma_{ij} < 0$ 表示应力增量向量指向屈服面内; $\dfrac{\partial f}{\partial \sigma_{ij}} \mathrm{d}\sigma_{ij} = 0$ 表示 $n \cdot \mathrm{d}\sigma = 0$,即应力点只能沿屈服面上变化,仍属于加载,如图 5.1 所示。由于屈服面不能扩大, $\mathrm{d}\sigma$ 不能指向屈服面以外。

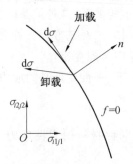

图 5.1　理想塑性材料屈服面上的应力增量

应该指出,由于屈雷斯加屈服准则是由几个方程分段表示的,其屈服轨迹为分段直线,各线段之间的交点是一个角点,没有唯一的法线方向。屈雷斯加屈服准则的这些特点对于相应的塑性应力-应变关系的建立带来很多不便,相关的应用也不多。因此,本书只针对米塞斯屈服准则等具有光滑屈服面的情况建立塑性应力-应变关系。

2. 强化材料的加载和卸载

强化材料的加载条件和屈服条件不同,它随着塑性变形的发展而不断变化,一般可表示为

$$
f(\sigma_{ij}, H_a) = 0
\tag{5.5}
$$

式中, $H_a(\alpha = 1、2、\cdots)$ 是表征由于塑性变形引起的物质微观结构变化的参量,与塑性变形历史有关,如流动应力、背应力等。在应力空间内,式(5.5)所表示的加载曲面随 H_a 的变化而改变其形状、大小和位置。

强化材料的加载和卸载准则和理想塑性材料的不同之处是 $\mathrm{d}\sigma$ 在指向屈服面之外时才算加载,如图 5.2 所示,而当 $\mathrm{d}\sigma$ 沿着加载面变化时,为中性变载过程,这个过程中应力状态发生变化,但不引起新的塑性变形。单向应力状态或理想塑性材料没有这个过程。当 $\mathrm{d}\sigma$ 指向加载面内部变化时,则是卸载过程,用数学形式表示为

$$f(\sigma_{ij}) = 0$$

$$\left.
\begin{aligned}
\mathrm{d}f &= \frac{\partial f}{\partial \sigma_{ij}} \mathrm{d}\sigma_{ij} > 0 \qquad （加载）\\
\mathrm{d}f &= \frac{\partial f}{\partial \sigma_{ij}} \mathrm{d}\sigma_{ij} = 0 \qquad （中性变载）\\
\mathrm{d}f &= \frac{\partial f}{\partial \sigma_{ij}} \mathrm{d}\sigma_{ij} < 0 \qquad （卸载）
\end{aligned}
\right\} \qquad (5.6)$$

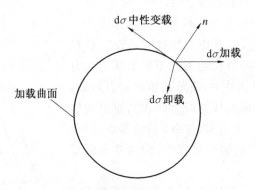

图 5.2 强化材料屈服面上的应力增量

3. 加载、卸载准则的其他表示方法

当采用 Mises 屈服准则时，有

$$(\sigma_1 - \sigma_2)^2 + (\sigma_2 - \sigma_3)^2 + (\sigma_3 - \sigma_1)^2 = 2\sigma_s^2$$

又

$$J_2 = \frac{1}{6}\left[(\sigma_1 - \sigma_2)^2 + (\sigma_2 - \sigma_3)^2 + (\sigma_3 - \sigma_1)^2\right] = \left(\frac{\sigma_s}{\sqrt{3}}\right)^2$$

$$\sigma_i = \frac{1}{\sqrt{2}}\sqrt{(\sigma_1 - \sigma_2)^2 + (\sigma_2 - \sigma_3)^2 + (\sigma_3 - \sigma_1)^2} = \sigma_s$$

即屈服函数可用应力偏量第二不变量 J_2 或应力强度 σ_i 表示，此时的加载与卸载准则为

对理想塑性材料

$$\left.
\begin{aligned}
\mathrm{d}\sigma_i &= 0 \quad 或 \quad \mathrm{d}J_2 = 0 \quad （加载）\\
\mathrm{d}\sigma_i &< 0 \quad 或 \quad \mathrm{d}J_2 < 0 \quad （卸载）
\end{aligned}
\right\} \qquad (5.7)$$

对强化材料

$$\left.
\begin{aligned}
\mathrm{d}\sigma_i &> 0 \quad 或 \quad \mathrm{d}J_2 > 0 \quad （加载）\\
\mathrm{d}\sigma_i &= 0 \quad 或 \quad \mathrm{d}J_2 = 0 \quad （中性变载）\\
\mathrm{d}\sigma_i &< 0 \quad 或 \quad \mathrm{d}J_2 < 0 \quad （卸载）
\end{aligned}
\right\} \qquad (5.8)$$

4. 杜拉克(Drucker) 强化公设

考虑如图 5.3 所示的一个单向应力状态下强化材料的应力循环过程。设材料从某个应力状态 σ^0 开始加载，在到达加载应力 σ 后，再增加一个 $\mathrm{d}\sigma$，它将引起一个新的塑性应变增量 $\mathrm{d}\varepsilon^p$。在这样一个变形过程中，应力做了功，如果现在将应力重新降回到 σ^0，弹性应变将得到恢复，弹性应变能得到释放，然而塑性应变能部分则是不可逆的。在这样一个应力

循环过程中,所做的功恒大于零,也即消耗了功,这部分功转化成热能并引起材料微观组织的变化。这个功是消耗于塑性变形的,称为附加应力所做的功(图 5.3 中的阴影面积),可表示为

$$(\sigma - \sigma^0)\mathrm{d}\varepsilon^{\mathrm{p}} \geqslant 0 \tag{5.9}$$

若 σ^0 处于塑性状态,即 $\sigma^0 = \sigma$,则在 $\mathrm{d}\sigma$ 增加和 $\mathrm{d}\sigma$ 减小的应力循环中塑性功为正,表示为

$$\mathrm{d}\sigma\mathrm{d}\varepsilon^{\mathrm{p}} \geqslant 0 \tag{5.10}$$

其中等号仅对理想塑性材料成立。

　　杜拉克根据这一性质及有关热力学的规律提出了弹塑性介质强化的假定,一般称为杜拉克公设。杜拉克公设可表述为:设在外力作用下处于平衡状态的材料单元体上施加某种附加外力,使单元体的应力加载,然后移去附加外力,使单元体的应力卸载到原来的应力状态。于是,在施加应力增量(加载)的过程中,以及在施加和卸去应力增量的循环过程中,附加外力所做的功不为负。

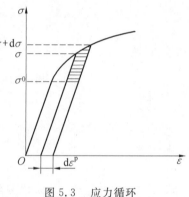

图 5.3　应力循环

　　在一般应力状态下,式(5.9)和式(5.10)分别为

$$(\sigma_{ij} - \sigma_{ij}^0)\mathrm{d}\varepsilon_{ij}^{\mathrm{p}} \geqslant 0 \tag{5.11}$$

$$\mathrm{d}\sigma_{ij}\,\mathrm{d}\varepsilon_{ij}^{\mathrm{p}} \geqslant 0 \tag{5.12}$$

　　下面说明不等式(5.11)和(5.12)的几何意义,为此将应力空间 σ_{ij} 和塑性应变空间 $\varepsilon_{ij}^{\mathrm{p}}$ 的坐标重合。这时应力状态 σ_{ij}^0 用矢量 $\overrightarrow{A_0A}$ 表示,应力 σ_{ij} 用矢量 $\overrightarrow{OA}$ 表示,塑性应变增量 $\mathrm{d}\varepsilon_{ij}^{\mathrm{p}}$ 用矢量 $\overrightarrow{AB}$ 表示,应力增量 $\mathrm{d}\sigma_{ij}$ 用 $\overrightarrow{AC}$ 表示,如图 5.4 所示。$\sigma_{ij} - \sigma_{ij}^0$ 是矢量 $\overrightarrow{A_0A}$。这时不等式(5.11)就表示为

$$\overrightarrow{A_0A} \cdot \overrightarrow{AB} \geqslant 0$$

它表示矢量 $\overrightarrow{A_0A}$ 与 $\overrightarrow{AB}$ 的夹角不大于直角。设在 A 点作一超平面垂直于 AB,要保证上式成立,则位于加载曲面上或其内的所有应力点 A_0 只能在过屈服面上任何点所作超平面的同侧,这就是说,加载曲面必须是外凸的,这里外凸包括加载面是平的情形。

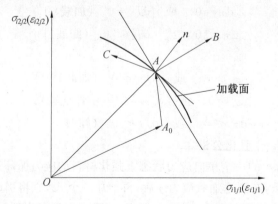

图 5.4　式(5.11)和式(5.12)的几何意义

其次,讨论代表 $\mathrm{d}\varepsilon_{ij}^\mathrm{p}$ 的矢量 $\overrightarrow{AB}$ 的方向问题。假定 A 点处在光滑的加载面上,在这点的外法线矢量 n 存在而且唯一。$\overrightarrow{AB}$ 的方向与 n 的方向是一致。如果矢量 $\overrightarrow{AB}$ 不与 n 的方向重合,则总可以找到一点 A_0(在加载面上和以内)使 $\overrightarrow{AB}$ 与 $\overrightarrow{A_0A}$ 的夹角超过直角。只有 $\overrightarrow{AB}$ 与 n 重合,$\overrightarrow{AB}$ 与 $\overrightarrow{A_0A}$ 的夹角才不会超过直角。这时,$\mathrm{d}\varepsilon_{ij}^\mathrm{p}$ 的方向就可以用数学形式表示为

$$\mathrm{d}\varepsilon_{ij}^\mathrm{p} = \mathrm{d}\lambda \frac{\partial f}{\partial \sigma_{ij}} \tag{5.13}$$

式中,$\mathrm{d}\lambda > 0$ 为一比例系数。式(5.13)称为塑性流动法则,它表明塑性应变增量各分量之间的比例可由 σ_{ij} 在屈服面 $f(\sigma_{ij})$ 上的位置决定,而与 $\mathrm{d}\sigma_{ij}$ 无关。

下面再讨论式(5.12)的几何意义,从图5.4中可以看出,它可以写成

$$\overrightarrow{AC} \cdot \overrightarrow{AB} \geqslant 0 \quad \text{或} \quad \overrightarrow{AC} \cdot n \geqslant 0$$

它表示当 $\mathrm{d}\varepsilon_{ij}^\mathrm{p}$ 不为零时,$\mathrm{d}\sigma_{ij}$ 必须指向加载面的外法线一侧,这就是加载准则,这时

$$\frac{\partial f}{\partial \sigma_{ij}} \mathrm{d}\sigma_{ij} \geqslant 0$$

如果 $\mathrm{d}\sigma_{ij}$ 不指向外法线一侧,则只有 $\mathrm{d}\varepsilon_{ij}^\mathrm{p} = 0$ 才不违反上式,这就是卸载法则。

对于理想塑性材料,由于 $\mathrm{d}\sigma_{ij}$ 不能指向外法线一侧,因此不论加载和卸载都有 $\mathrm{d}\sigma_{ij}\,\mathrm{d}\varepsilon_{ij}^\mathrm{p} = 0$(加载时 $\overrightarrow{AC}$ 与 n 垂直,卸载时 $\mathrm{d}\varepsilon_{ij}^\mathrm{p} = 0$)。

5.1.3 增量理论和全量理论

1. 增量理论

增量理论又称流动理论,是描述材料在塑性状态时应力与应变速率或应变增量之间关系的理论。它是针对加载过程中的每一瞬间的应力状态所确定的该瞬间的应变增量,这样就不需要考虑加载历史的影响。增量理论的代表有列维-米塞斯理论和普朗特-路埃斯理论。列维-米塞斯理论忽略弹性变形,认为塑性应变增量的各分量与相应的应力偏量成同一比例;普朗特-路埃斯理论认为总应变增量应包括弹性与塑性两部分,塑性部分与列维-米塞斯方程一致,比列维-米塞斯理论更为全面。

2. 全量理论

全量理论又称形变理论,以弹性和塑性变形的全量作为基础,认为应力主方向与应变主方向相重合,应力偏量分量与相应的应变偏量成比例。在简单加载条件下,全量理论是正确的,从工程应用出发,偏离比例加载不大时,仍有相当的适应性。

5.1.4 应力应变对应规律

塑性变形时,当应力顺序 $\sigma_1 > \sigma_2 > \sigma_3$ 不变,且应变主轴方向不变时,则主应变的顺序与主应力顺序相对应,即 $\varepsilon_1 > \varepsilon_2 > \varepsilon_3$(顺序关系)。当 $\sigma_2 \gtreqqless \frac{\sigma_1 + \sigma_3}{2}$ 的关系保持不变时,相应地有 $\varepsilon_2 \gtreqqless 0$(中间关系)。顺序关系与中间关系的实质是将增量理论的定量描述变为一种定性判断。中间关系是决定变形类型的依据。

当 $\sigma_2 > \dfrac{\sigma_1+\sigma_3}{2}$ 时，$\varepsilon_2 > 0$，应变状态 $\varepsilon_1 > 0,\varepsilon_2 > 0,\varepsilon_3 < 0$，属于压缩类变形；当 $\sigma_2 < \dfrac{\sigma_1+\sigma_3}{2}$ 时，$\varepsilon_2 < 0$，应变状态 $\varepsilon_1 > 0,\varepsilon_2 < 0,\varepsilon_3 < 0$，属于伸长类变形；当 $\sigma_2 = \dfrac{\sigma_1+\sigma_3}{2}$ 时，$\varepsilon_2 = 0$，应变状态为平面应变。

5.2　理论要点分析

5.2.1　弹性变形广义虎克定律的形式变换

1. 引入正应力之和的广义虎克定律
由式(5.2)可得

$$\varepsilon_x + \varepsilon_y + \varepsilon_z = \frac{1-2\mu}{E}(\sigma_x+\sigma_y+\sigma_z) \tag{5.14}$$

令 $\varepsilon_x + \varepsilon_y + \varepsilon_z = \theta = 3\varepsilon_m,\sigma_x+\sigma_y+\sigma_z=\vartheta=3\sigma_m$，则式(5.14)可写为

$$\theta = \frac{1-2\mu}{E}\vartheta \qquad 或 \qquad \varepsilon_m = \frac{1-2\mu}{E}\sigma_m \tag{5.15}$$

式(5.15)表明弹性变形时，其单位体积的变化率($\theta = 3\varepsilon_m$)与平均应力成正比，这说明应力球张量使物体产生弹性的体积变化。

引入以上表达式后，广义虎克定律又可写为

$$\left.\begin{aligned}
\varepsilon_x = \frac{1}{E}[(1+\mu)\sigma_x - \mu\vartheta], \quad \gamma_{xy} = \frac{1}{G}\tau_{xy}\\
\varepsilon_y = \frac{1}{E}[(1+\mu)\sigma_y - \mu\vartheta], \quad \gamma_{yz} = \frac{1}{G}\tau_{yz}\\
\varepsilon_z = \frac{1}{E}[(1+\mu)\sigma_z - \mu\vartheta], \quad \gamma_{zx} = \frac{1}{G}\tau_{zx}
\end{aligned}\right\} \tag{5.16}$$

2. 广义虎克定律的张量表达式
若将式(5.2)中的第一式减去式(5.15)，整理后得到

$$\varepsilon_x - \varepsilon_m = \frac{1+\mu}{E}(\sigma_x - \sigma_m) = \frac{1}{2G}(\sigma_x - \sigma_m)$$

即

$$\varepsilon'_x = \frac{1}{2G}\sigma'_x$$

同理可得

$$\varepsilon'_y = \frac{1}{2G}\sigma'_y$$

$$\varepsilon'_z = \frac{1}{2G}\sigma'_z$$

将上 3 式与式(5.2)的后 3 式合并简记为

$$\varepsilon'_{ij} = \frac{1}{2G}\sigma'_{ij} \tag{5.17}$$

注：$\varepsilon_{xy} = \dfrac{1}{2}\gamma_{xy}$，$\varepsilon_{yz} = \dfrac{1}{2}\gamma_{yz}$，$\varepsilon_{zx} = \dfrac{1}{2}\gamma_{zx}$。

上式表明应变偏张量与应力偏张量成正比,也就是说物体形状的改变只是由应力偏张量引起的。

由于应变是张量,因而可以分解为应变偏张量和应变球张量,即

$$\varepsilon_{ij} = \varepsilon'_{ij} + \varepsilon_m \delta_{ij}$$

将式(5.15)和式(5.17)代入上式,可得广义胡虎克定律的张量表达式,即

$$\varepsilon_{ij} = \frac{1}{2G}\sigma'_{ij} + \frac{1-2\mu}{E}\delta_{ij}\sigma_m \tag{5.18}$$

3. 广义虎克定律的比例和差比的形式

还可将广义虎克定律写成比例和差比的形式

$$\frac{\varepsilon'_x}{\sigma'_x} = \frac{\varepsilon'_y}{\sigma'_y} = \frac{\varepsilon'_z}{\sigma'_z} = \frac{\gamma_{xy}}{2\tau_{xy}} = \frac{\gamma_{yz}}{2\tau_{yz}} = \frac{\gamma_{zx}}{2\tau_{zx}} = \frac{1}{2G} \tag{5.19}$$

$$\frac{\varepsilon_x - \varepsilon_y}{\sigma_x - \sigma_y} = \frac{\varepsilon_y - \varepsilon_z}{\sigma_y - \sigma_z} = \frac{\varepsilon_z - \varepsilon_x}{\sigma_z - \sigma_x} = \frac{\gamma_{xy}}{2\tau_{xy}} = \frac{\gamma_{yz}}{2\tau_{yz}} = \frac{\gamma_{zx}}{2\tau_{zx}} = \frac{1}{2G} \tag{5.20}$$

式(5.20)表明了在弹性阶段中,应变莫尔圆与应力莫尔圆几何相似,且成正比,即在弹性阶段中,应力主轴与应变主轴是重合的。

4. 用应变表示应力的广义虎克定律

各向同性体的虎克定律式(5.2)是以应力表示应变的。在求解某些问题时,有时需要用应变去表示应力的关系,下面推导用应变表示应力的关系式,已知

$$\varepsilon_x = \frac{1}{E}[(1+\mu)\sigma_x - \mu\vartheta]$$

即

$$\varepsilon_x = \frac{1}{E}\left[(1+\mu)\sigma_x - \mu\frac{E}{1-2\mu}\theta\right]$$

由上式可得

$$\sigma_x = \frac{E}{1+\mu}\varepsilon_x + \frac{E\mu}{(1+\mu)(1-2\mu)}\theta$$

引入 $\lambda = \dfrac{E\mu}{(1+\mu)(1-2\mu)}$,且有 $2G = \dfrac{E}{1+\mu}$,则有

$$\sigma_x = \lambda\theta + 2G\varepsilon_x$$

用相同的方法求出其他关系式,归纳如下

$$\left.\begin{array}{ll} \sigma_x = \lambda\theta + 2G\varepsilon_x, & \tau_{xy} = G\gamma_{xy} \\ \sigma_y = \lambda\theta + 2G\varepsilon_y, & \tau_{yz} = G\gamma_{yz} \\ \sigma_z = \lambda\theta + 2G\varepsilon_z, & \tau_{zx} = G\gamma_{zx} \end{array}\right\} \tag{5.21}$$

式中,λ 为拉梅弹性常数。

用体积应变表示应力时,有

$$\vartheta = \frac{E}{1-2\mu}\theta = (3\lambda + 2G)\theta \tag{5.22a}$$

令 $K = \dfrac{E}{3(1-2\mu)}$,得

$$\vartheta = 3K\theta \tag{5.22b}$$

式中,K 为体积弹性模量。

5. 弹性变形应力应变关系的特点

① 应力与应变完全呈线性关系,应力主轴与全量应变主轴重合。

② 弹性变形是可逆的,应力与应变之间是单值关系,加载与卸载的规律完全相同。

③ 弹性变形时,应力球张量使物体产生体积的变化,泊松比 $\mu < 0.5$。

5.2.2 真实应力－应变曲线的试验确定

单向拉伸或压缩试验是反映材料力学性能的基本实验。材料的屈服应力用 σ_s 表示,进入塑性状态后,继续变形会产生强化,屈服应力不断变化。用流动应力 Y 来泛指屈服应力,它包括初始屈服应力 σ_s 和后继屈服应力。流动应力的数值等于试样断面上的实际应力,故又称为真实应力,它是金属塑性加工变形抗力的指标。

流动应力的变化规律通常表达为真实应力与应变的关系,即真实应力－应变曲线。

1. 拉伸试验曲线

(1) 拉伸图和名义应力－应变曲线。

室温下的单向静力拉伸试验是在万能材料试验机上以小于 $10^{-3}/s$ 的变形速度进行的,这样可认为是准静力的拉伸试验。

图 5.5 所示为试验机记录下来的退火低碳钢的拉伸图。名义应力 σ_0 与线应变 ε 分别为

$$\sigma_0 = \frac{F}{A_0} \tag{5.23}$$

$$\varepsilon = \frac{\Delta l}{l_0} \tag{5.24}$$

式中,F 为拉伸载荷;A_0 为试样原始横截面积;Δl 为试样标距伸长量;l_0 为试样标距原始长度。

根据式(5.23)和式(5.24)即可由拉伸图作出名义应力－应变曲线。如果比例适当,则作出的名义应力－应变曲线和原来的拉伸图完全一致。所以图 5.5 既是拉伸图,又是名义应力－应变曲线,两者只是坐标不同。

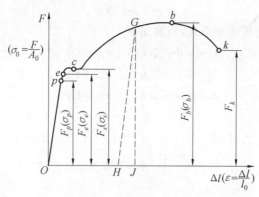

图 5.5 低碳钢拉伸图或名义应力－应变曲线

(2) 名义应力－应变曲线的特点。

名义应力应变曲线有 3 个特征点,将整个拉伸过程分为 3 个阶段。

第一特征点是屈服点 c，它是弹性变形与塑性变形的分界点。在作用于试样上的名义应力小于弹性极限 σ_e 以前，材料只产生弹性变形，只有在应力达到屈服极限 σ_s 时，材料才产生明显的塑性变形，在曲线的 c 处出现了一段所谓的屈服平台。但大多数工业用塑性金属，如调质处理的合金钢、退火铝合金、青铜、镍等，则没有明显的屈服点，这时的屈服应力规定用塑性应变 $\varepsilon = 0.2\%$ 时的应力表示。

第二特征点是曲线最高点 b，它是均匀塑性变形与局部塑性变形的分界点。试样在屈服点以上继续拉伸，名义应力随变形程度 ε 的增加而上升，直到最大拉应力点 b，这时的名义应力即抗拉强度 σ_b。b 点以后继续拉伸，试样横截面出现局部收缩，形成所谓的缩颈。b 点称为塑性失稳点，该点处拉伸载荷达到最大值。

第三特征点是破坏点 k，b 点之后继续拉伸，名义应力逐渐减小，曲线下降，直到 k 点发生断裂。

当应力超过屈服应力之后如果卸载，则应力与应变关系不再按照原路径回到原始状态，而是有残余应变，即塑性应变保留下来。如果将试样加载到 G 点然后卸载，这时，弹性应变部分 HJ 恢复，剩下永久塑性应变 OH。此后，如将此试样重新加载，在 $\sigma > \sigma_G$ 之前，材料呈弹性性质，当 $\sigma > \sigma_G$ 以后才重新进入塑性阶段，此后的曲线仍循着 Gbk 的路线发展下去，所以这时的拉伸曲线就是 $HGbk$ 了。G 点处的应力就是试样重新加载时的流动应力。上述情况表明，材料在塑性变形过后，相应地增加了材料内部对变形的抵抗能力或流动应力，即表明材料在逐渐硬化。

名义应力应变曲线是假设试样横截面积 A_0 为常数的条件下得到的，但实际上，材料在单向拉伸过程中，试样横截面积不断减小，截面上的真实应力值大于名义应力值，因此名义应力不能反映试样截面的真实应力；同样的，试样的标距长度在变形过程中也是不断变化的，故名义应变不能代表拉伸过程中的真实应变，所以，名义应力应变曲线不能真实的反映材料在塑性变形阶段的力学特性。

(3) 拉伸时的真实应力－应变曲线的确定步骤。

在解决实际问题时，需要材料的真实应力－应变曲线。真实－应力应变曲线按不同的应变表示方式可有 3 种形式：真实应力和相对伸长组成的曲线、真实应力和相对断面收缩组成的曲线以及真实应力和对数应变组成的曲线，如图 5.6 所示。由于对数应变具有可加性、可比性、可逆性，所以在实际应用中，被广泛采用。下面简述真实应力－对数应变曲线的确定步骤：

① 求屈服点：屈服点 σ_s 即是名义应力应变曲线的屈服点。

② 找出均匀塑性变形阶段各瞬间的真实应力 S 和对数应变 δ。

真实应力 S 是作用于试样瞬时横截面积上的应力，也即瞬时的流动应力，表示为

$$S = \frac{F}{A} \tag{5.25}$$

式中，F 为各加载瞬间的载荷，由试验机载荷刻度盘上读出；A 为试样瞬时横截面积，由体积不变条件求出，即

$$A = \frac{A_0 l_0}{l} = \frac{A_0 l_0}{l_0 + \Delta l} \tag{5.26}$$

将式(5.26)代入式(5.25)得均匀变形阶段真实应力与名义应力有如下关系

$$S = \frac{F}{A} = \frac{F(l_0 + \Delta l)}{A_0 l_0} = \sigma_0 (1 + \varepsilon) \tag{5.27}$$

对数应变与名义应变关系如下

$$\delta = \ln \frac{l}{l_0} = \ln(\frac{l_0 + \Delta l}{l_0}) = \ln(1 + \varepsilon) \tag{5.28}$$

因此,在塑性失稳点 b 之前,可根据 $\sigma_0 - \varepsilon$ 曲线逐点做出 $S - \delta$ 曲线,在均匀塑性变形阶段,真实应力总是大于名义应力,即 $S > \sigma_0$;在塑性失稳点 b' 也有 $S_{b'} > \sigma_b$。

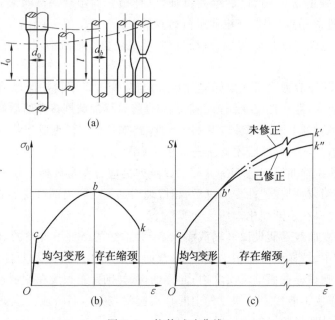

图 5.6　拉伸试验曲线

③ 修正出现缩颈后的曲线。

b 点以后,由于出现缩颈,不再是均匀变形,如图 5.7 所示,上述公式不再成立,为求得 b' 点以后的真实应力应变,必须记录下拉伸时每一瞬时试样颈缩处的横截面积 A,这样可画出 $b'k'$ 段。但测量横截面的瞬时值很困难,一般只有 b'、k' 两处的数据,两点的曲线只能近似地作出。并且由于此时出现了缩颈,缩颈处的横截面上已不再是均布的单向拉应力,而是处于不均布的三向拉伸应力状态,使应力提高。为此,作出了 $b'k'$ 段后,还必须加以修正。

$\sigma_\theta = \sigma_\rho$,$\sigma_\theta$、$\sigma_\rho$ 在自由表面上为零,向内逐渐增大,到中心处达到最大值。变形体在三向应力状态下,塑性变形必须满足塑性条件,即

$$\sigma_z - \sigma_\rho = \sigma_s$$

则有

$$\sigma_z = \sigma_s + \sigma_\rho$$

在试件缩颈处的自由表面上 $\sigma_z = \sigma_s$,而在试件内部 $\sigma_z > \sigma_s$,并且越接近中心处 σ_z 越大。这种由于缩颈,即形状变化而产生应力升高的现象称为形状硬化。所以为了求得纯粹的 $S - \delta$ 曲线,必须把形状硬化影响消除,为此,齐别尔(Siebel)等人提出用下式对曲线

$b'k'$ 段进行修正

$$S_{k''} = \frac{S_{k'}}{1 + \dfrac{d}{8\rho}} \qquad (5.29)$$

式中,$S_{k''}$ 为去除形状硬化的实际应力;$S_{k'}$ 为包含形状硬化在内的实际应力;d 为试样缩颈处直径;ρ 为试样缩颈处外形的曲率半径。

$b'k'$ 段进行修正后成为 $b'k''$ 段,图 5.6(c) 中 $Ob'k''$ 即为所求的真实应力-应变曲线。可以看出,$S-\delta$ 曲线在失稳点 b' 后仍然是上升的,说明材料抵抗塑性变形的能力随着应变的增加而增加,就是不断发生硬化,所以真实应力-应变曲线也称为硬化曲线。

(4) 拉伸真实应力-应变曲线在塑性失稳点的特性。

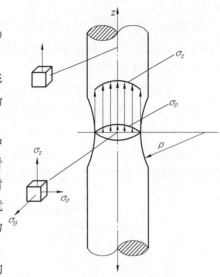

图 5.7 缩颈处断面上的应力分布

设拉伸试验在塑性失稳前某一瞬间的轴向载荷为 F,试样横截面积为 A,真实应力为 S,则有

$$F = SA$$

由于 $\dfrac{A}{A_0} = \dfrac{l_0}{l}$,又 $\delta = \ln\dfrac{l}{l_0}$,可得 $A = \dfrac{A_0}{\mathrm{e}^\delta}$,故有

$$F = SA = S\frac{A_0}{\mathrm{e}^\delta} \qquad (5.30)$$

在塑性失稳点处 F 有极大值,即

$$\mathrm{d}F = A_0(\mathrm{e}^{-\delta}\mathrm{d}S - S\mathrm{e}^{-\delta}\mathrm{d}\delta) = 0$$

化简得

$$\mathrm{d}S - S\mathrm{d}\delta = 0 \qquad (5.31)$$

在塑性失稳点有 $S = S_b$,$\delta = \delta_b$,代入式(5.31) 得

$$\left(\frac{\mathrm{d}S}{\mathrm{d}\delta}\right)_b = S_b \qquad (5.32)$$

式(5.32) 表明在 $S-\delta$ 曲线塑性失稳点所做的切线斜率 S_b,该切线与横坐标轴的交点到失稳点横坐标间的距离为 $\delta = 1$,如图 5.8 所示。这就是真实应力-应变曲线上塑性失稳点处切线的特性。

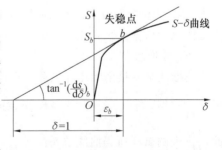

图 5.8 $S-\delta$ 曲线塑性失稳点切线

2. 压缩试验曲线

拉伸试验曲线的最大应变受到缩颈的限制,一般 $\delta \approx 1.0$,而曲线精确段在 $\delta < 0.3$ 范围内,而实际塑性成形时的应变往往比 1.0 大得多,因此,用拉伸试验确定的真实应力-应变曲线不能满足分析塑性成形过程的需要。为了解决这一问题,可用压缩试验来确定真实应力-应变曲线。

压缩试验曲线的变形量可达 $\delta \approx 2.0$,有人在压缩铜试样时曾获得 $\delta \approx 3.9$ 的变形程度。

压缩试验的主要问题是试样与工具的接触面上不可避免地存在摩擦,这就改变了试样的单向压应力状态,并使试样出现鼓形。所以,消除接触表面间的摩擦是求得精确压缩真实应力－应变曲线的关键。

(1) 直接消除摩擦的圆柱体压缩法。

图 5.9(a) 是圆柱压缩实验示意图,上、下压头经淬火、回火、磨削和抛光。试样尺寸一般取 $H_0 = D_0$,$D_0 = 20 \sim 30$ mm。为了减小试样与压头间的摩擦。可在试样的端面上车出沟槽,如图 5.9(b) 所示,以保存润滑剂,或将试样端面车出浅坑,如图 5.9(c) 所示,浅坑中充以石蜡或猪油等,也可保持润滑作用。

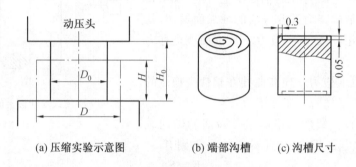

(a) 压缩实验示意图   (b) 端部沟槽   (c) 沟槽尺寸

图 5.9   圆柱压缩试验及其试样

实验过程中,每压缩 10% 的高度,记录一次压力和实际高度,然后将试样和压头擦净,再重复上述过程,如果试样出现鼓形,则需将鼓形车去,并使试样尺寸仍保持 $D = H$,再重复上述过程,直到试样侧面出现微裂纹或压到所需变形量为止。根据实验数据,利用以下公式,就可求得压缩时的真实应力和对数应变,便可作出真实应力－应变曲线

$$\delta = \ln \frac{H_0}{H} \tag{5.33}$$

$$S = \frac{F}{A} = \frac{F}{A_0 e^{\delta}} \tag{5.34}$$

式中,S、δ 为压缩时真实应力、对数应变;H_0、H 为试样原始高度和压缩后的高度;A_0、A 为试样原始横截面积和压缩后的横截面积;F 为压缩时载荷。

(2) 外推法。

外推法是间接消除压缩试验接触摩擦影响的方法。圆柱体压缩时的接触摩擦受试样尺寸 $\frac{D_0}{H_0}$ 的影响。$\frac{D_0}{H_0}$ 越大,试样横截面越大,摩擦影响越大,因而需要较高的应力。因此,$\frac{D_0}{H_0}$ 大的试样所得曲线总是高于 $\frac{D_0}{H_0}$ 小的试样所获得的曲线。如果使 $\frac{D_0}{H_0} = 0$,即横截面积为零,则摩擦的影响也为零,这便是理想的单向压缩状态。但 $\frac{D_0}{H_0} = 0$ 的试样实际上是不存在的,可采用外推法间接推出 $\frac{D_0}{H_0} = 0$ 时的真实应力,进而求出真实应力－应变曲线。

准备 4 种 $\frac{D_0}{H_0}$ 不同的圆柱试样,直径和高度的比值分别做成 $\frac{D_0}{H_0} = 0.5, 1.0, 2.0, 3.0$。

试样两端涂上润滑剂,在垫板上分别进行压缩(可容许出现鼓形)。记录每次压缩后的高度 H 和压力 F,利用式(5.33)和式(5.34)可求得每种试样的 $S-\delta$ 曲线,如图5.10(a)所示。然后将得到的曲线转成不同 δ 下的 $S-\dfrac{D}{H}$ 曲线,如图5.10(b)所示。例如,图5.10(a)中的1、2、3、4点画在图5.10(b)中就是1′、2′、3′、4′点。再将每条曲线延长外推到 $\dfrac{D_0}{H_0}=0$ 的纵坐标轴上,得到截距 S_1、S_2、S_3 便是这4个试样在 δ_1、δ_2、δ_3 的真实应力,最后把 S_1、δ_1,S_2、δ_2,S_3、δ_3 转回到 $S-\delta$ 坐标中,连成曲线,这就是所求出的真实—应力应变曲线的单点划线。

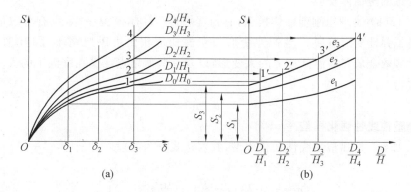

图 5.10　用外推法求压缩真实应力—应变曲线

3. 拉伸和压缩试验曲线的比较

拉伸与压缩的真实应力—应变曲线理论上应该重合。对于一般的金属材料,在小变形阶段基本重合,但当塑性变形量较大时有一些差别,压缩曲线较高,如图5.11所示。对于一般金属材料,在变形不大情况下,用单向拉伸试验代替压缩试验进行强度设计是偏安全的,但对于拉伸与压缩曲线有明显区别的材料(铸铁、混凝土等),则需要另作专门的研究。

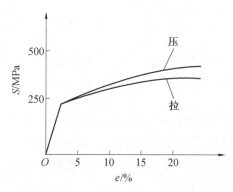

图 5.11　低碳钢拉伸压缩试验曲线的比较

5.2.3　塑性变形应力应变曲线的简化形式

试验所得的真实应力—应变曲线一般不是简单的函数关系。在解决塑性加工问题时,为了便于计算,对不同的金属材料,可以采取不同的变形体模型,即应力 — 应变曲线的简化形式。

1. 理想弹塑性体模型

图 5.12(a)是理想弹塑性体模型,该模型没有考虑材料的强化。当塑性变形与弹性变形处于同一数量级时,采用这种模型,它适用于热加工分析。OA 是弹性阶段,AB 是塑性阶段,应力表达式如下

$$\left.\begin{aligned} \sigma &= E\varepsilon && (当\ \varepsilon \leqslant \varepsilon_s) \\ \sigma &= \sigma_s = E\varepsilon_s && (当\ \varepsilon > \varepsilon_s) \end{aligned}\right\} \tag{5.35}$$

2. 理想刚塑性体模型

图 5.12(b)是理想刚塑性体模型,它与理想弹塑性体模型一样,没有考虑加工硬化,但它忽略了弹性变形阶段。当弹性变形与塑性变形相比可以忽略不计时,采用这种模型。如大多数金属在高温低速下的大变形,以及一些低熔点金属在室温下的大变形,其解析表达式为

$$\sigma = \sigma_s \tag{5.36}$$

3. 弹塑性线性强化模型

图 5.12(c)是弹塑性线性强化模型,其表达式分为两段

$$\left.\begin{aligned} \sigma &= E\varepsilon && (当\ \varepsilon \leqslant \varepsilon_s) \\ \sigma &= \sigma_s + E_1(\varepsilon - \varepsilon_s) && (当\ \varepsilon > \varepsilon_s) \end{aligned}\right\} \tag{5.37}$$

对于线性硬化材料若弹性变形不能忽略,则属于这种形式,如金属在室温下的小塑性变形。

4. 刚塑性线性强化模型

图 5.12(d)是具有线性强化的刚塑性体模型,有时为了简化起见,对某些材料可以用直线代替曲线,此时的表达式为

$$\sigma = \sigma_s + B_2\varepsilon \tag{5.38}$$

这一直线称为硬化直线,式中,$B_2 = \dfrac{S_b - \sigma_s}{\delta_b}$。

5. 幂函数强化模型

图 5.12(e)是幂函数强化模型。大多数工程金属在室温下有加工硬化,其应力 — 应变曲线可用指数方程式表示为

$$\sigma = B\varepsilon^n \tag{5.39}$$

式中,B 为与材料性能有关的常数;n 为硬化指数,它是表示材料加工硬化特性的一个重要参数,n 值越大,说明材料的应变强化能力越强。对金属材料 n 的范围是 $0 < n < 1$。当 $n = 0$ 时,代表理想刚塑性体模型;当 $n = 1$ 时,代表理想弹塑性体模型

B 值与 n 值可从手册中查到。

幂函数强化模型的曲线是连续的,常将其应用于室温下的冷加工。

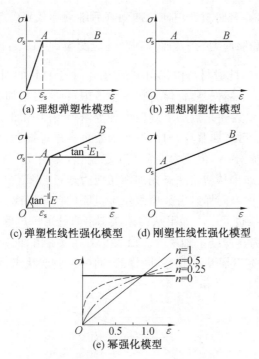

图 5.12　真实应力－应变曲线的简化类型

5.2.4　塑性应力应变关系的特点

1. 塑性应力应变特点概述

材料产生塑性变形时,应力与应变之间的关系有以下特点:

① 塑性变形是不可恢复的,是不可逆的,应力应变之间没有一般的单值关系,而是与加载历史或应变路径有关。

② 对于应变硬化材料,卸载后再重新加载,其屈服应力就是卸载时的屈服应力,比初始屈服应力要高。

③ 塑性变形时,可以认为体积不变,即应变球张量为零,泊松比 $\mu = 0.5$。

④ 应力与应变之间的关系是非线性的,因此,全量应变主轴与应力主轴不一定重合。

2. 塑性应力应变特点例证

下面举例说明上述特点 ① 与特点 ④。

(1) 单向拉伸情况。

在单向拉伸时,如图 5.13 所示,在弹性范围内,应变只取决于当时的应力,反之亦然。如 σ_c 总是对应的是 ε_c,不管是由 σ_a 加载而得还是由 σ_d 卸载而得。在塑性范围内,如果是理想塑性材料(图 5.13 中虚线),则同一 σ_s 可以对应任何应变。如果是硬化材料,由 σ_s 加载到 σ_e,对应的应变是 ε_e,如由 σ_f 卸载到 σ_e,则应变为 ε'_f,应力应变非单值关系。

(2) 两向应力情况。

图 5.14(a) 为刚塑性硬化材料的单向拉伸及纯剪切时的真实应力 － 应变曲线

5.14(b)为其屈服轨迹。现将材料单向拉伸到 A 后继续加载到 C 点，C 点在后继屈服轨迹 CD 上，这时材料内的屈服应力为 σ_C，而得到塑性应变为 $\varepsilon_1=\varepsilon_C$、$\varepsilon_2=\varepsilon_3=-\dfrac{\varepsilon_C}{2}$，见表 5.1 中 1；然后将其卸载到 E 点，此时材料内保留的应力 σ_E 小于材料的屈服应力，但由于塑性变形是不可逆的，ε_1、ε_2、ε_3 不能恢复，仍保留在变形体中；再将材料加载切应力到后继屈服轨迹 CD 上的 F 点，这时 C 点和 F 点的等效应力相等，材料在保留的正应力和再次加载的切应力共同作用下到达了后继屈服点，但还没有开始再次进行塑性变形，所以应变状态并未发生改变，这时应变主轴不变，但应力主轴发生了变化，见表 5.1 中 2，应力与应变并不对应，而且主轴不重合。如果从初始状态先加纯切应力通过屈服点 B 到达 D 点，这里的应力和应变见表 5.1 中 3。如果同样经后继屈服轨迹里面的任意路线变载到 F 点，则应力与应变见表 5.1 中 4，其结果也同上。如果从初始状态沿直线 $OF'F$ 到达 F 点，则应力与应变见表 5.1 中 5，这时应力与应变主轴重合。由表 5.1 可以看出，同样的一种应力状态，由于加载路径不同，会出现好几种应变状态，同样的，同一种应变状态，可以有几种应力状态。

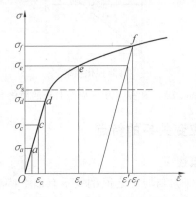

图 5.13　单向拉伸时的应力－应变曲线

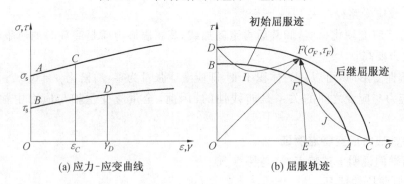

图 5.14　拉伸剪切复合应力的塑性应力－应变关系

　　由塑性变形时应力与应变之间关系的特点可以看到，离开加载路径来建立应力与全量塑性应变之间的普遍关系是不可能的，因此，一般只能建立应力与应变增量之间的关系，然后根据具体的加载路线，具体分析。另一方面，从上述例子中也可以看到，在比例加载的条件下，应力主轴与应变主轴重合，而且它们之间有对应关系，因此，可以建立全量关系。

表 5.1　加载路径不同时应力和应变

序号	加载路线	最终应力状态	全量应变状态	说明
1	OAC	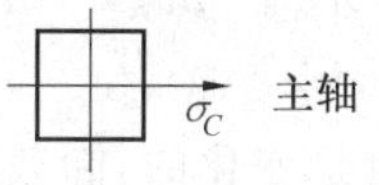 σ_C　主轴	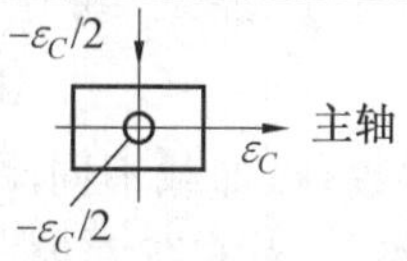 $-\varepsilon_C/2$　主轴　ε_C　$-\varepsilon_C/2$	比例加载 应力应变对应 主轴重合
2	$OAC(E、J)F$	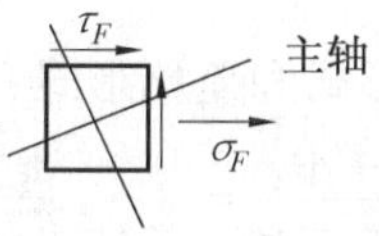 τ_F　主轴　σ_F	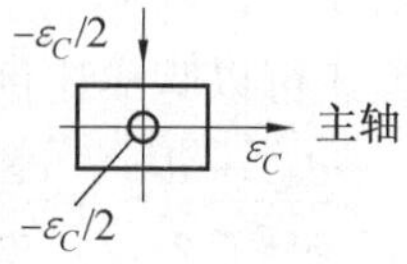 $-\varepsilon_C/2$　主轴　ε_C　$-\varepsilon_C/2$	应力改变 应变未改变 主轴不重合
3	OBD	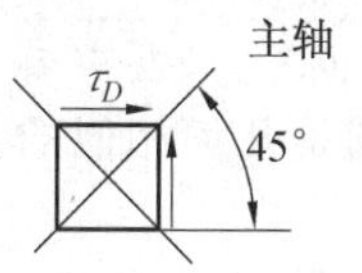 τ_D　主轴　$45°$	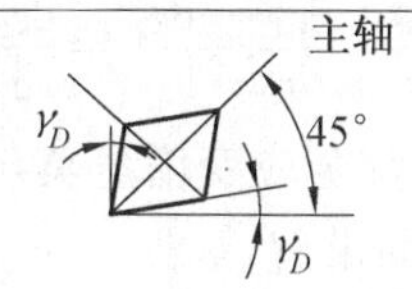 主轴　$45°$　γ_D　γ_D	比例加载 应力应变对应 主轴重合
4	$OBD(l)F$	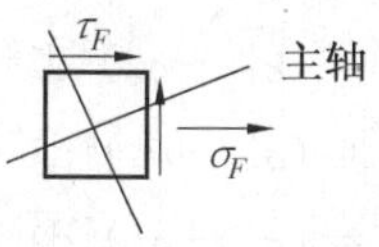 τ_F　主轴　σ_F	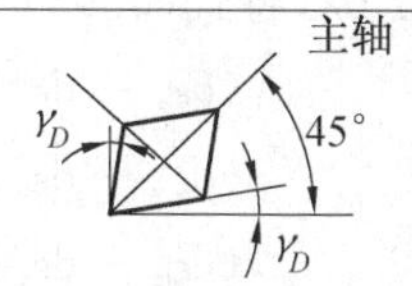 主轴　$45°$　γ_D　γ_D	应力改变 应变未改变 主轴不重合
5	$OF'F$	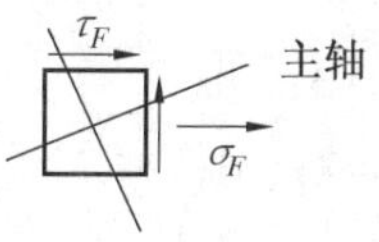 τ_F　主轴　σ_F	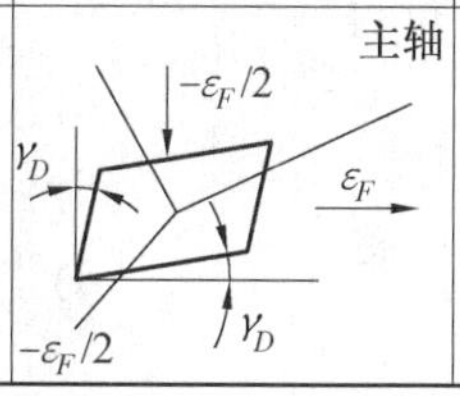 主轴　$-\varepsilon_F/2$　γ_D　ε_F　$-\varepsilon_F/2$　γ_D	比例加载 应力应变对应 主轴重合

5.2.5　增量理论特点分析

增量理论是与每一瞬时的应变增量与当时的应力状态有关。

1. 列维－米塞斯(Levy－Mises)理论

(1) 列维－米塞斯(Levy－Mises)方程的表达形式。

列维－米塞斯方程是建立在下面 4 个假设基础上的：

① 材料是理想刚塑性材料,即全应变增量中的弹性应变增量为零,这时总应变增量与塑性应变增量是一致的。

② 材料服从米塞斯屈服准则,即 $\sigma_i = \sigma_s$。

③ 每一加载瞬间,应力主轴与塑性应变增量主轴重合。

④ 塑性变形时体积不变,即

$$\mathrm{d}\varepsilon_x + \mathrm{d}\varepsilon_y + \mathrm{d}\varepsilon_z = \mathrm{d}\varepsilon_1 + \mathrm{d}\varepsilon_2 + \mathrm{d}\varepsilon_3 = 0$$

所以应变增量张量就是应变增量偏张量,即

$$\mathrm{d}\varepsilon_{ij} = \mathrm{d}\varepsilon'_{ij}$$

在上述 4 个假定的条件下，塑性变形时应变增量 $\mathrm{d}\varepsilon_{ij}$ 与相应的应力偏量成比例，即

$$\frac{\mathrm{d}\varepsilon_x}{\sigma'_x} = \frac{\mathrm{d}\varepsilon_y}{\sigma'_y} = \frac{\mathrm{d}\varepsilon_z}{\sigma'_z} = \frac{\mathrm{d}\gamma_{xy}}{2\tau_{xy}} = \frac{\mathrm{d}\gamma_{yz}}{2\tau_{yz}} = \frac{\mathrm{d}\gamma_{zx}}{2\tau_{zx}} = \mathrm{d}\lambda \tag{5.40}$$

或

$$\mathrm{d}\varepsilon_{ij} = \sigma'_{ij}\,\mathrm{d}\lambda \tag{5.41}$$

式中，$\mathrm{d}\lambda$ 为正的瞬时常数，在加载不同瞬时是变化的，卸载时 $\mathrm{d}\lambda = 0$。

式（5.41）称为列维－米塞斯方程，它是列维和米塞斯分别在 1871 年与 1913 年建立的。

列维－米塞斯方程还可以写成比例形式和差比形式：

$$\frac{\mathrm{d}\varepsilon_x - \mathrm{d}\varepsilon_y}{\sigma_x - \sigma_y} = \frac{\mathrm{d}\varepsilon_y - \mathrm{d}\varepsilon_z}{\sigma_y - \sigma_z} = \frac{\mathrm{d}\varepsilon_z - \mathrm{d}\varepsilon_x}{\sigma_z - \sigma_x} = \mathrm{d}\lambda \tag{5.42}$$

或

$$\frac{\mathrm{d}\varepsilon_1 - \mathrm{d}\varepsilon_2}{\sigma_1 - \sigma_2} = \frac{\mathrm{d}\varepsilon_2 - \mathrm{d}\varepsilon_3}{\sigma_2 - \sigma_3} = \frac{\mathrm{d}\varepsilon_3 - \mathrm{d}\varepsilon_1}{\sigma_3 - \sigma_1} = \mathrm{d}\lambda \tag{5.43}$$

上式表明，应力莫尔圆及全应变增量莫尔圆是几何相似的。

（2）比例系数 $\mathrm{d}\lambda$ 的求解。

为了确定比例系数 $\mathrm{d}\lambda$，将式（5.42）转化为

$$\left.\begin{array}{l} (\mathrm{d}\varepsilon_x - \mathrm{d}\varepsilon_y)^2 = (\sigma_x - \sigma_y)^2 \mathrm{d}\lambda^2 \\ (\mathrm{d}\varepsilon_y - \mathrm{d}\varepsilon_z)^2 = (\sigma_y - \sigma_z)^2 \mathrm{d}\lambda^2 \\ (\mathrm{d}\varepsilon_z - \mathrm{d}\varepsilon_x)^2 = (\sigma_z - \sigma_x)^2 \mathrm{d}\lambda^2 \end{array}\right\} \tag{5.44}$$

再根据式（5.40）可得

$$\left.\begin{array}{l} \mathrm{d}\gamma_{xy}^2 = 4\tau_{xy}^2\,\mathrm{d}\lambda^2 \\ \mathrm{d}\gamma_{yz}^2 = 4\tau_{yz}^2\,\mathrm{d}\lambda^2 \\ \mathrm{d}\gamma_{zx}^2 = 4\tau_{zx}^2\,\mathrm{d}\lambda^2 \end{array}\right\} \tag{5.45}$$

又

$$\sigma_i = \frac{1}{\sqrt{2}}\sqrt{(\sigma_x - \sigma_y)^2 + (\sigma_y - \sigma_z)^2 + (\sigma_z - \sigma_x)^2 + 6(\tau_{xy}^2 + \tau_{yz}^2 + \tau_{zx}^2)}$$

将式（5.44）和式（5.45）代入 σ_i 中，并令

$$\mathrm{d}\varepsilon_i^p = \frac{\sqrt{2}}{3}\left[(\mathrm{d}\varepsilon_x - \mathrm{d}\varepsilon_y)^2 + (\mathrm{d}\varepsilon_y - \mathrm{d}\varepsilon_z)^2 + (\mathrm{d}\varepsilon_z - \mathrm{d}\varepsilon_x)^2 + \frac{3}{2}(\mathrm{d}\gamma_{xy}^2 + \mathrm{d}\gamma_{yz}^2 + \mathrm{d}\gamma_{zx}^2)\right]^{\frac{1}{2}}$$

式中，$\mathrm{d}\varepsilon_i^p$ 为等效塑性应变增量，或塑性应变增量强度。

可解得

$$\mathrm{d}\lambda = \frac{3\mathrm{d}\varepsilon_i^p}{2\sigma_i} = \frac{3\mathrm{d}\varepsilon_i^p}{2Y} \tag{5.46}$$

由此可得列维－米塞斯理论完整的应力－应变关系方程

$$\left.\begin{array}{ll} \mathrm{d}\varepsilon_x = \dfrac{3\mathrm{d}\varepsilon_i}{2Y}\sigma'_x, & \mathrm{d}\gamma_{xy} = \dfrac{3\mathrm{d}\varepsilon_i}{Y}\tau_{xy} \\[2mm] \mathrm{d}\varepsilon_y = \dfrac{3\mathrm{d}\varepsilon_i}{2Y}\sigma'_y, & \mathrm{d}\gamma_{yz} = \dfrac{3\mathrm{d}\varepsilon_i}{Y}\tau_{yz} \\[2mm] \mathrm{d}\varepsilon_z = \dfrac{3\mathrm{d}\varepsilon_i}{2Y}\sigma'_z, & \mathrm{d}\gamma_{zx} = \dfrac{3\mathrm{d}\varepsilon_i}{Y}\tau_{zx} \end{array}\right\} \tag{5.47}$$

（3）列维－米塞斯方程的应用。

① 已知应变增量分量且对于特定材料（σ_s 可知），可以求得应力偏量分量或正应力之差 $(\sigma_1 - \sigma_2)$、$(\sigma_2 - \sigma_3)$、$(\sigma_3 - \sigma_1)$，但一般不能求出 σ_1、σ_2、σ_3，因为此时 $d\varepsilon_m = 0$，应力球张量不能被唯一确定。

② 已知应力分量，只能求得应变增量的比值但不能求得应变增量的数值。原因是对于理想塑性材料，应变分量的增量与应力分量之间无单值关系（即使求得也往往有很多解）。

③ 若两正应力相等，由于应力偏量分量相同，应变增量也相同，反之亦然。

④ 若某一方向的应变增量为零，则该方向的正应力应等于平均应力 σ_m，对于平面应变状态，若有 $\sigma_1 \geqslant \sigma_2 \geqslant \sigma_3$，以及沿 σ_2 的应变增量为零，则有

$$\sigma_2 = \sigma_m = \frac{\sigma_1 + \sigma_3}{2}$$

（4）应力－应变速率方程（圣维南塑性流动方程）。

将式（5.41）两边同除 dt，得

$$\frac{d\varepsilon_{ij}}{dt} = \frac{d\lambda}{dt}\sigma'_{ij}$$

式中，$\dfrac{d\varepsilon_{ij}}{dt} = \dot{\varepsilon}_{ij}$ 为应变速率张量；$\dfrac{d\lambda}{dt} = \lambda_0 = \dfrac{3\dot{\varepsilon}_i}{2Y}$ 为比例因子，其中 $\dot{\varepsilon}_i$ 称等效应变速率或应变速率强度。

于是有

$$\left. \begin{aligned} \dot{\varepsilon}_x &= \lambda_0 \sigma'_x, & \dot{\gamma}_{xy} &= 2\lambda_0 \tau_{xy} \\ \dot{\varepsilon}_y &= \lambda_0 \sigma'_y, & \dot{\gamma}_{yz} &= 2\lambda_0 \tau_{yz} \\ \dot{\varepsilon}_z &= \lambda_0 \sigma'_z, & \dot{\gamma}_{zx} &= 2\lambda_0 \tau_{zx} \end{aligned} \right\} \tag{5.48}$$

式（5.48）就是应力－应变速率分量方程，它是圣维南（Saint-Venant）于1870年提出的，它与牛顿黏性流体公式相似，故又称圣维南塑性流动方程。如果不考虑应变速率对材料性能的影响，该式与列维－米塞斯方程是一致的。

2. 普朗特－路埃斯（Prant－Reuss）理论

普朗特－路埃斯理论在列维－米塞斯理论的基础上发展起来的，这个理论认为，对于变形较大的问题，忽略弹性变形是可以的。但当变形较小时，略去弹性应变会带来较大的误差。因此，提出在塑性区考虑弹性变形部分，即总应变增量的分量由弹塑性两部分组成，即

$$d\varepsilon_x = d\varepsilon_x^e + d\varepsilon_x^p, \quad d\gamma_{xy} = d\gamma_{xy}^e + d\gamma_{xy}^p$$
$$d\varepsilon_y = d\varepsilon_y^e + d\varepsilon_y^p, \quad d\gamma_{yz} = d\gamma_{yz}^e + d\gamma_{yz}^p$$
$$d\varepsilon_z = d\varepsilon_z^e + d\varepsilon_z^p, \quad d\gamma_{xz} = d\gamma_{xz}^e + d\gamma_{xz}^p$$

简记为
$$d\varepsilon_{ij} = d\varepsilon_{ij}^e + d\varepsilon_{ij}^p$$

弹性应变部分为

$$d\varepsilon_{ij}^e = \frac{1}{2G}d\sigma'_{ij} + \frac{1-2\mu}{E}\delta_{ij}d\sigma_m$$

塑性应变部分由列维米塞斯方程计算

$$\mathrm{d}\varepsilon_{ij}^{p} = \mathrm{d}\lambda\, \sigma'_{ij}$$

于是,可得普朗特－路埃斯方程为

$$\mathrm{d}\varepsilon_{ij} = \frac{1}{2G}\mathrm{d}\sigma'_{ij} + \frac{1-2\mu}{E}\delta_{ij}\mathrm{d}\sigma_{\mathrm{m}} + \mathrm{d}\lambda\, \sigma'_{ij} \qquad (5.49)$$

上式也可写为

$$\left.\begin{array}{l} \mathrm{d}\varepsilon'_{ij} = \dfrac{1}{2G}\mathrm{d}\sigma'_{ij} + \mathrm{d}\lambda\, \sigma'_{ij} \\[3mm] \mathrm{d}\varepsilon_{\mathrm{m}} = \dfrac{1-2\mu}{E}\mathrm{d}\sigma_{\mathrm{m}} \end{array}\right\} \qquad (5.50)$$

3. 增量理论的特点归纳

(1)普朗特－路埃斯理论与列维－米塞斯理论的差别在于前者考虑了弹性变形而后者不考虑弹性变形,实际上后者是前者特殊情况。列维－米塞斯方程仅适应于大应变问题,无法求回弹及残余应力场问题。普朗特－路埃斯方程主要用于小应变及求解弹性回跳及残余应力问题。

(2)两理论都着重指出了塑性应变增量与应力偏量之间关系。用图 5.15 所示的几何图形来表示,设应力偏量的矢量为 S,恒在 π 平面内沿着米塞斯屈服轨迹的径向,由于应力偏量主轴与应变分量的瞬时增量主轴重合,在数量上仅差一比例常数,若用自由矢量表示塑性应变增量,则必平行于矢量 S 且沿屈服曲面的径向,而弹性应变增量则与应力张量的矢量平行。

(3)整个变形过程可由各瞬时段的变形积累而得,因此增量理论能表达加载过程对变形的影响,能反映出复杂加载情况。图 5.16 为复杂加载途径,如加载途径由①、②、③、④ 段组成,要得到最终的应力或应变解,首先根据第一段加载情况,运用该段方程组求解,把此解化为第二段加载的初值继续求解,如此连续进行,得到第 ④ 段的积分解,即所需求解。对于大变形问题求全量解,应变应采用大应变表达式。

(4)增量理论仅适用于加载情况(即变形功大于零的情况),并没有给出卸载规律,卸载情况下仍按虎克定律进行。

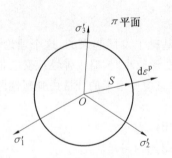

图 5.15 $\mathrm{d}\varepsilon^{p}$ 平行于 S 沿屈服面法线方向

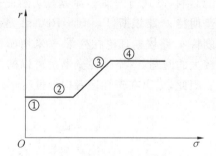

图 5.16 复杂加载途径

5.2.6 全量理论特点分析

增量理论虽然比较严密,但实际解题并不方便,因为在解决实际问题时,往往感兴趣

的是应变全量。知道每一时刻的应变增量积分到应变全量并非易事,因此,需要建立应力
与应变全量之间的关系式。

在比例加载时,应力主轴方向将固定不变,由于应变增量主轴与应力主轴重合,所以
应变增量主轴也保持不变,这种变形称为简单变形。在这种条件下,对普朗特－路埃斯
方程进行积分,得到全量应变和应力之间的关系,称为全量理论。

1. 亨盖理论

全量理论最早是由亨盖在 1924 年提出的,该理论指出应力偏量分量与塑性应变偏量
分量应相似且同轴,可表示为

$$\frac{\varepsilon_x^p}{\sigma'_x} = \frac{\varepsilon_y^p}{\sigma'_y} = \frac{\varepsilon_z^p}{\sigma'_z} = \frac{\gamma_{xy}^p}{\tau_{xy}} = \frac{\gamma_{yz}^p}{\tau_{yz}} = \frac{\gamma_{zx}^p}{\tau_{zx}} = \varphi \tag{5.51}$$

在亨盖应力应变关系式中应变是全量而不是分量,比例常数可以仿照 5.2.5 节的方
法得到

$$\varphi = \frac{3\varepsilon_i}{2Y}$$

如果是弹塑性材料的小变形,则要考虑弹性变形部分,此时,亨盖方程为

$$\left. \begin{array}{l} \varepsilon'_{ij} = \dfrac{1}{2G}\sigma'_{ij} + \varphi\sigma'_{ij} \\[2mm] \varepsilon_m = \dfrac{1-2\mu}{E}\sigma_m \end{array} \right\} \tag{5.52}$$

引入系数 G',$\dfrac{1}{2G'} = \varphi + \dfrac{1}{2G}$,$G'$ 称为塑性切变模量,于是式(5.52)第一式可写为

$$\varepsilon'_{ij} = \frac{1}{2G'}\sigma'_{ij} \tag{5.53}$$

2. 那达依全理论

1937 年,那达依提出另一种全量理论,其特点如下:

① 考虑材料是强化材料,而不像亨盖考虑的是理想塑性材料,强化规律用八面体切
应力及八面体切应变之间的关系来描述,即

$$\tau_8 = f(\gamma_8)$$

② 考虑的是大应变情况,应变以对数应变形式表示,不考虑弹性变形。

③ 当主应变的方向和比例保持不变且初始应变等于零时,应变全量与应力偏量的各
分量之间存在以下关系

$$\varepsilon_{ij} = \frac{1}{2}\frac{\gamma_8}{\tau_8}\sigma'_{ij} \tag{5.54}$$

3. 依留申理论

1943 年,依留申将全量理论整理的更完善,明确地提出了形变理论所适用的范围和
比例变形时所必须满足的条件。

伊留申提出的加载条件是:

① 外载荷各分量按比例增加,变形体处于主动变形的过程中,不出现中途卸载的情
况。

② 变形体是不可压缩的,泊松比 $\mu = 0.5$。

③ 材料的应力应变曲线具有幂强化的形式。

④ 满足小弹塑性变形的各项条件,塑性变形和弹性变形属于同一量级。

以上几个条件中,外载荷按比例增加的条件是必要条件,取 $\mu = 0.5$ 对简化计算具有重要意义,因为不同 μ 值对最后计算结果的影响是很小的。幂强化形式的物理关系可以避免区分弹性和塑性区,而且可以通过选择材料常数来逼近实际强化曲线。

满足上述条件后,再假定材料是刚塑性的,即 $\dfrac{1}{2G} = 0$,式(5.51)可写为

$$\frac{\varepsilon_x'}{\sigma_x'} = \frac{\varepsilon_y'}{\sigma_y'} = \frac{\varepsilon_z'}{\sigma_z'} = \frac{\gamma_{xy}}{2\tau_{xy}} = \frac{\gamma_{yz}}{2\tau_{yz}} = \frac{\gamma_{zx}}{2\tau_{zx}} = \frac{1}{2G'} = \varphi \tag{5.55}$$

上式也可写为差比形式

$$\frac{\varepsilon_x - \varepsilon_y}{\sigma_x - \sigma_y} = \frac{\varepsilon_y - \varepsilon_z}{\sigma_y - \sigma_z} = \frac{\varepsilon_z - \varepsilon_x}{\sigma_z - \sigma_x} = \frac{1}{2G'} = \varphi \tag{5.56}$$

或

$$\frac{\varepsilon_1 - \varepsilon_2}{\sigma_1 - \sigma_2} = \frac{\varepsilon_2 - \varepsilon_3}{\sigma_2 - \sigma_3} = \frac{\varepsilon_3 - \varepsilon_1}{\sigma_3 - \sigma_1} = \frac{1}{2G'} = \varphi \tag{5.57}$$

即按全量应变理论,主应力差值与主应变差值成比例,因此应力莫尔圆与应变莫尔圆相似。

设 E' 为塑性模量,则塑性变形时塑性模量 E' 与塑性切变模量 G' 有如下关系

$$G' = \frac{E'}{2(1+\mu)} = \frac{E'}{3} = \frac{\sigma_i}{3\varepsilon_i} \tag{5.58}$$

E'、G' 不仅与材料性能有关,也和变形程度、加载历史有关,而与物体所处的应力状态无关。塑性变形的每一瞬时对应于一个值。

将式(5.58)和 $\sigma_m = \dfrac{\sigma_x + \sigma_y + \sigma_z}{3}$ 代入式(5.55)可得

$$\left.\begin{array}{ll}
\varepsilon_x = \dfrac{1}{E'}\left[\sigma_x - \dfrac{1}{2}(\sigma_y + \sigma_z)\right], & \gamma_{xy} = \dfrac{1}{G'}\tau_{xy} \\[2mm]
\varepsilon_y = \dfrac{1}{E'}\left[\sigma_y - \dfrac{1}{2}(\sigma_z + \sigma_x)\right], & \gamma_{yz} = \dfrac{1}{G'}\tau_{yz} \\[2mm]
\varepsilon_z = \dfrac{1}{E'}\left[\sigma_z - \dfrac{1}{2}(\sigma_x + \sigma_y)\right], & \gamma_{zx} = \dfrac{1}{G'}\tau_{zx}
\end{array}\right\} \tag{5.59}$$

式(5.59)与弹性变形时的广义虎克定律相似,式中 E'、$\dfrac{1}{2}$、G' 分别与广义虎克定律式中的 E、μ、G 相当。

在塑性成形时,难于普遍保证比例加载,所以严格来说不能使用塑性变形的全量理论。但一些研究表明,全量理论在偏离加载条件不多时仍然适用,或者说不少问题用全量求解所得的结果基本上能说明实际问题,所以至今塑性加工理论中仍流行用全量理论求解。

5.2.7 应力应变顺序关系和中间关系的证明

当应力顺序不变时,例如 $\sigma_1 > \sigma_2 > \sigma_3$,偏应力分量的顺序也是不变的$(\sigma_1 - \sigma_m) > (\sigma_2 - \sigma_m) > (\sigma_3 - \sigma_m)$,列维米塞斯方程对于主应力条件可以写为

$$\frac{\mathrm{d}\varepsilon_1}{\sigma_1 - \sigma_{\mathrm{m}}} = \frac{\mathrm{d}\varepsilon_2}{\sigma_2 - \sigma_{\mathrm{m}}} = \frac{\mathrm{d}\varepsilon_3}{\sigma_3 - \sigma_{\mathrm{m}}} = \mathrm{d}\lambda \tag{5.60}$$

可得 $\mathrm{d}\varepsilon_1 > \mathrm{d}\varepsilon_2 > \mathrm{d}\varepsilon_3$，对于初始应变为零的变形过程，可视为几个阶段所组成，在时间间隔 t_1 中，应变增量为

$$\mathrm{d}\varepsilon_1 \mid_{t_1} = (\sigma_1 - \sigma_{\mathrm{m}}) \mid_{t_1} \mathrm{d}\lambda_1$$

$$\mathrm{d}\varepsilon_2 \cdot \mid_{t_1} = (\sigma_2 - \sigma_{\mathrm{m}}) \mid_{t_1} \mathrm{d}\lambda_1$$

$$\mathrm{d}\varepsilon_3 \mid_{t_1} = (\sigma_3 - \sigma_{\mathrm{m}}) \mid_{t_1} \mathrm{d}\lambda_1$$

在时间间隔 t_2 中，同理有

$$\mathrm{d}\varepsilon_1 \mid_{t_2} = (\sigma_1 - \sigma_{\mathrm{m}}) \mid_{t_2} \mathrm{d}\lambda_2$$

$$\mathrm{d}\varepsilon_2 \mid_{t_2} = (\sigma_2 - \sigma_{\mathrm{m}}) \mid_{t_2} \mathrm{d}\lambda_2$$

$$\mathrm{d}\varepsilon_3 \mid_{t_2} = (\sigma_3 - \sigma_{\mathrm{m}}) \mid_{t_2} \mathrm{d}\lambda_2$$

$$\vdots$$

在时间间隔 t_n 中，有

$$\mathrm{d}\varepsilon_1 \mid_{t_n} = (\sigma_1 - \sigma_{\mathrm{m}}) \mid_{t_n} \mathrm{d}\lambda_n$$

$$\mathrm{d}\varepsilon_2 \mid_{t_n} = (\sigma_2 - \sigma_{\mathrm{m}}) \mid_{t_n} \mathrm{d}\lambda_n$$

$$\mathrm{d}\varepsilon_3 \mid_{t_n} = (\sigma_3 - \sigma_{\mathrm{m}}) \mid_{t_n} \mathrm{d}\lambda_n$$

由于主轴方向不变，各方向的应变全量等于各阶段应变增量之和，即

$$\varepsilon_1 = \Sigma \mathrm{d}\varepsilon_1, \quad \varepsilon_2 = \Sigma \mathrm{d}\varepsilon_2, \quad \varepsilon_3 = \Sigma \mathrm{d}\varepsilon_3$$

$$\varepsilon_1 - \varepsilon_2 = (\sigma_1 - \sigma_2) \mid_{t_1} \mathrm{d}\lambda_1 + (\sigma_1 - \sigma_2) \mid_{t_2} \mathrm{d}\lambda_2 + \cdots + (\sigma_1 - \sigma_2) \mid_{t_n} \mathrm{d}\lambda_n$$

由于始终保持 $\sigma_1 > \sigma_2$，故有

$$(\sigma_1 - \sigma_2) \mid_{t_1} > 0, \quad (\sigma_1 - \sigma_2) \mid_{t_2} > 0, \cdots, (\sigma_1 - \sigma_2) \mid_{t_n} > 0$$

且因 $\mathrm{d}\lambda_1, \mathrm{d}\lambda_2, \cdots, \mathrm{d}\lambda_n$ 皆大于零，于是上式右端恒大于零，即 $\varepsilon_1 > \varepsilon_2$。

同理有 $\varepsilon_2 > \varepsilon_3$，汇总上面两式可得 $\varepsilon_1 > \varepsilon_2 > \varepsilon_3$。即"顺序对应关系"得到证明。又根据体积不变条件 $\varepsilon_1 + \varepsilon_2 + \varepsilon_3 = 0$，因此 ε_1 定大于零，ε_3 定小于零。

至于沿中间主应力 σ_2 方向的应变 ε_2 的符号需要根据 σ_2 的相对大小来定：

$$\varepsilon_2 = (\sigma_2 - \sigma_m) \mid_{t_1} \mathrm{d}\lambda_1 + (\sigma_2 - \sigma_m) \mid_{t_2} \mathrm{d}\lambda_2 + \cdots + (\sigma_2 - \sigma_m) \mid_{t_n} \mathrm{d}\lambda_n$$

若变形过程中保持 $\sigma_2 > \dfrac{\sigma_1 + \sigma_3}{2}$，即 $\sigma_2 > \sigma_{\mathrm{m}}$，由于 $\mathrm{d}\lambda_1 > 0, \mathrm{d}\lambda_2 > 0, \cdots, \mathrm{d}\lambda_n > 0$，则上式右端恒大于零，即 $\varepsilon_2 > 0$。

同理可证，当 $\sigma_2 < \dfrac{\sigma_1 + \sigma_3}{2}$ 时，$\varepsilon_2 < 0$ 及当 $\sigma_2 = \dfrac{\sigma_1 + \sigma_3}{2}$ 时，$\varepsilon_2 = 0$。

以上证明是根据增量理论导出的全量应变定性表达式，而非从全量理论推导出的。

5.3 理论解析应用

5.3.1 弹性力学问题的位移法和应力法求解

1. 按位移求解弹性力学问题解题方法

在弹性力学的一般问题中,共包含 15 个未知函数,这些未知函数将用 15 个方程式来求解。对于各向同性的弹性体,有 3 个平衡微分方程,6 个几何方程(也是微分方程)和 6 个物性方程(线性代数方程),方程个数与未知量的个数相等。在每个具体问题中,还应该给出弹性体表面上的边界条件作为这些方程的补充条件,组成封闭的定解问题。按照这些边界条件的特点,弹性力学问题又可以分为 3 种基本类型:在物体的全部表面上给定了表面力的问题是力的边值问题;在物体的全部表面上给定了位移的问题属于位移边值问题;在物体的一部分表面上给定表面力,而在另一部分表面给定位移的问题则属于混合边值问题。

在求解弹性力学问题时,可以取位移为基本未知变量,就是按位移求解弹性力学问题;如取应力为基本未知变量,则就是按应力求解弹性力学问题,这两种方法分别相当于材料力学和结构力学中求解静不定问题时的位移法与力法。

按位移法求解弹性力学问题时,将位移分量 u、v、w 作为基本未知量。由基本方程式消去应力和应变便可以得到仅包含 3 个未知函数 u、v、w 的 3 个微分方程。

在物性方程式(5.21)中,可利用几何方程式用位移表示应变,这样便可以得到用位移表示的应力分量,即

$$\left.\begin{array}{ll} \sigma_x = \lambda\,\theta + 2G\,\dfrac{\partial u}{\partial x}, & \tau_{xy} = G(\dfrac{\partial v}{\partial x} + \dfrac{\partial u}{\partial y}) \\[3mm] \sigma_y = \lambda\,\theta + 2G\,\dfrac{\partial v}{\partial y}, & \tau_{yz} = G(\dfrac{\partial w}{\partial y} + \dfrac{\partial v}{\partial z}) \\[3mm] \sigma_z = \lambda\,\theta + 2G\,\dfrac{\partial w}{\partial z}, & \tau_{zx} = G(\dfrac{\partial u}{\partial z} + \dfrac{\partial w}{\partial x}) \end{array}\right\} \tag{5.61}$$

将式(5.61)中的各应力分量代入平衡微分方程式,得到下列形式的方程

$$\lambda\,\frac{\partial\theta}{\partial x} + 2G\,\frac{\partial^2 u}{\partial x^2} + G(\frac{\partial^2 v}{\partial x\partial y} + \frac{\partial^2 u}{\partial y^2}) + G(\frac{\partial^2 u}{\partial z^2} + \frac{\partial^2 w}{\partial x\partial z}) + K_x = 0$$

可改写为

$$\lambda\,\frac{\partial\theta}{\partial x} + G(\frac{\partial^2 u}{\partial x^2} + \frac{\partial^2 u}{\partial z^2} + \frac{\partial^2 u}{\partial y^2}) + G(\frac{\partial^2 u}{\partial x^2} + \frac{\partial^2 v}{\partial x\partial y} + \frac{\partial^2 w}{\partial x\partial z}) + K_x = 0$$

最后可得

$$\lambda\,\frac{\partial\theta}{\partial x} + G\,\nabla^2 u + G\,\frac{\partial\theta}{\partial x} + K_x = 0$$

式中,∇^2 为拉普拉斯算子,且 $\nabla^2 = \dfrac{\partial^2}{\partial x^2} + \dfrac{\partial^2}{\partial y^2} + \dfrac{\partial^2}{\partial z^2}$;$\theta$ 为体积应变,且 $\theta = \dfrac{\partial u}{\partial x} + \dfrac{\partial v}{\partial y} + \dfrac{\partial w}{\partial z}$。

类似也可以写出另两个方程,这样便可以得到用位移表示的平衡微分方程,也称为拉梅位移方程,其形式为

$$\left.\begin{array}{l} (\lambda + G)\dfrac{\partial \theta}{\partial x} + G\,\nabla^2 u + K_x = 0 \\[2mm] (\lambda + G)\dfrac{\partial \theta}{\partial y} + G\,\nabla^2 v + K_y = 0 \\[2mm] (\lambda + G)\dfrac{\partial \theta}{\partial z} + G\,\nabla^2 w + K_z = 0 \end{array}\right\}\qquad(5.62)$$

由于

$$(\lambda + G) = \frac{E\mu}{(1+\mu)(1-2\mu)} + G = G\left(\frac{2\mu}{1-2\mu}+1\right) = \frac{G}{1-2\mu}$$

因而方程式(5.62)也可以写为

$$\left.\begin{array}{l} \dfrac{G}{1-2\mu}\dfrac{\partial \theta}{\partial x} + G\,\nabla^2 u + K_x = 0 \\[2mm] \dfrac{G}{1-2\mu}\dfrac{\partial \theta}{\partial y} + G\,\nabla^2 v + K_y = 0 \\[2mm] \dfrac{G}{1-2\mu}\dfrac{\partial \theta}{\partial z} + G\,\nabla^2 w + K_z = 0 \end{array}\right\}\qquad(5.63)$$

若已知物体表面的位移,则边界条件很容易提出。若物体表面上给定了表面力,则可视为斜面上的应力 S 已知,其在 3 个坐标方向上的分量分别为 S_x、S_y、S_z,则将应力分量代入下列力的边界条件中,便可得到相应的边界条件。即

$$l\sigma_x + m\tau_{xy} + n\tau_{xz} = S_x$$
$$l\tau_{yx} + m\sigma_y + n\tau_{zy} = S_y$$
$$l\tau_{zx} + m\tau_{yz} + n\sigma_z = S_z$$

此时边界条件可写为

$$\left.\begin{array}{l} l\left(\lambda\,\theta + 2G\dfrac{\partial u}{\partial x}\right) + mG\left(\dfrac{\partial v}{\partial x}+\dfrac{\partial u}{\partial y}\right) + nG\left(\dfrac{\partial w}{\partial x}+\dfrac{\partial u}{\partial z}\right) = S_x \\[2mm] lG\left(\dfrac{\partial u}{\partial y}+\dfrac{\partial v}{\partial x}\right) + m\left(\lambda\,\theta + 2G\dfrac{\partial v}{\partial y}\right) + nG\left(\dfrac{\partial w}{\partial y}+\dfrac{\partial v}{\partial z}\right) = S_y \\[2mm] lG\left(\dfrac{\partial u}{\partial z}+\dfrac{\partial w}{\partial x}\right) + mG\left(\dfrac{\partial v}{\partial z}+\dfrac{\partial w}{\partial y}\right) + n\left(\lambda\,\theta + 2G\dfrac{\partial w}{\partial z}\right) = S_z \end{array}\right\}\qquad(5.64)$$

在求解问题时,要使所求的位移函数 u、v、w 在物体内部满足式(5.62),在边界上满足边界条件式(5.64)或满足直接给出的位移边界条件,将所求得的位移代入几何方程便可求出应变,利用式(5.61)可求得应力分量。按位移求解弹性力学问题时,未知函数的个数比较少,仅有 3 个未知量 u、v、w。但必须求解 3 个联立的二阶偏微分方程,而不能像按应力求解问题时那样简化为求解一个单独的微分方程,这是按位移求解问题的缺点。但是从原则上讲,按位移求解问题是普遍适用的方法,特别是在数值解中得到了广泛的应用。例如,在有限元法、差分法等数值计算方法中得到了很好的应用。

【例 5.1】 设有半空间体,如图 5.17 所示,单位体积的质量为 ρ,在水平边一界面上受均布压力 q 的作用,试用位移法求位移分量和应力分量,并假设在 $z=h$ 处 $w=0$。

解 由于载荷和弹性体对 z 轴对称,并且是半空间体,可以假设 $u=0, v=0, w=w(z)$,因此体积应变为

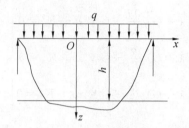

图 5.17 受均布压力作用的半空间体

$$\theta = \frac{\partial u}{\partial x} + \frac{\partial v}{\partial y} + \frac{\partial w}{\partial z} = \frac{\mathrm{d}w}{\mathrm{d}z}$$

而
$$\nabla^2 w = \left(\frac{\partial^2}{\partial x^2} + \frac{\partial^2}{\partial y^2} + \frac{\partial^2}{\partial z^2}\right)w = \frac{\mathrm{d}^2 w}{\mathrm{d}z^2}$$

将以上各式代入拉梅位移方程式的前两式后,得恒等式,而第三式为

$$(\lambda + 2G)\frac{\mathrm{d}^2 w}{\mathrm{d}z^2} + \rho g = 0$$

或
$$\frac{\mathrm{d}^2 w}{\mathrm{d}z^2} = -\frac{\rho g}{\lambda + 2G} = -\frac{1-2\mu}{2(1-\mu)G}\rho g \qquad (\text{I})$$

将上式积分,可得

$$w = -\frac{1-2\mu}{4(1-\mu)G}\rho g z^2 + Az + B \qquad (\text{II})$$

式中,常数 A、B 可由边界条件确定。

在边界上,$l=m=0$,$n=-1$,$S_x = S_y = 0$,$S_z = q$,代入式(5.20)的前两式则得恒等式,第三式为

$$-\left(\lambda\frac{\mathrm{d}w}{\mathrm{d}z} + 2G\frac{\mathrm{d}w}{\mathrm{d}z}\right)_{z=0} = q$$

化简后,得

$$\left(\frac{\mathrm{d}w}{\mathrm{d}z}\right)_{z=0} = -\frac{1-2\mu}{2(1-\mu)G}q$$

对式(II)中 w 求导,当 $z=0$ 时,其值应与上式相等,得

$$\left[\frac{1-2\mu}{2(1-\mu)G}\rho g z + A\right]_{z=0} = -\frac{1-2\mu}{2(1-\mu)G}q$$

由此得

$$A = -\frac{1-2\mu}{2(1-\mu)G}q$$

将给定条件 $(w)_{z=h} = 0$ 代入式(I)中得

$$B = \frac{1-2\mu}{2(1-\mu)G}qh + \frac{1-2\mu}{4(1-\mu)G}\rho g h^2$$

将常数 A、B 代入式(II)后得位移分量为

$$\left.\begin{aligned} w &= \frac{1-2\mu}{4G(1-\mu)}\left[\rho g(h^2 - z^2) + 2q(h-z)\right] \\ u &= 0 \\ v &= 0 \end{aligned}\right\} \qquad (\text{III})$$

将式（Ⅲ）代入式（5.61），得到应力分量为

$$\left.\begin{aligned}
\sigma_x = \sigma_y &= -\frac{\lambda}{\lambda + 2G}(q + \rho g z) = -\frac{\mu}{1 - \mu}(q + \rho g z) \\
\sigma_z = (\lambda + 2G)\frac{\mathrm{d}w}{\mathrm{d}z} &= -(q + \rho g z) \\
\tau_{xy} = \tau_{yz} &= \tau_{zx} = 0
\end{aligned}\right\} \qquad (\text{Ⅳ})$$

2. 按应力求解弹性力学问题

对于在物体的边界上给定了表面力的问题，除了可以按位移求解外，也可以按应力去求解。此时以 6 个应力分量作为基本未知量，从基本方程中消去位移和应变，得到关于应力的偏微分方程组。

首先，待求的应力应满足平衡微分方程，仅平衡微分方程还不足以求解应力分量，必须要建立有关应力的补充方程。为此，要从应变和位移关系中消去位移 u、v、w。

$$\frac{\partial^2 \varepsilon_y}{\partial x^2} + \frac{\partial^2 \varepsilon_x}{\partial y^2} = \frac{\partial^2 \gamma_{xy}}{\partial x \partial y}$$

$$\frac{\partial^2 \varepsilon_z}{\partial y^2} + \frac{\partial^2 \varepsilon_y}{\partial z^2} = \frac{\partial^2 \gamma_{yz}}{\partial y \partial z}$$

$$\frac{\partial^2 \varepsilon_x}{\partial z^2} + \frac{\partial^2 \varepsilon_z}{\partial x^2} = \frac{\partial^2 \gamma_{zx}}{\partial z \partial x}$$

$$\frac{\partial}{\partial x}\left(\frac{\partial \gamma_{zx}}{\partial y} + \frac{\partial \gamma_{xy}}{\partial z} - \frac{\partial \gamma_{zy}}{\partial x}\right) = 2\frac{\partial^2 \varepsilon_x}{\partial y \partial z}$$

$$\frac{\partial}{\partial y}\left(\frac{\partial \gamma_{xy}}{\partial z} + \frac{\partial \gamma_{yz}}{\partial x} - \frac{\partial \gamma_{zx}}{\partial y}\right) = 2\frac{\partial^2 \varepsilon_y}{\partial z \partial x}$$

$$\frac{\partial}{\partial z}\left(\frac{\partial \gamma_{yz}}{\partial x} + \frac{\partial \gamma_{zx}}{\partial y} - \frac{\partial \gamma_{xy}}{\partial z}\right) = 2\frac{\partial^2 \varepsilon_z}{\partial x \partial y}$$

然后，利用应力应变关系，用应力表示协调条件式中的应变，便可以得到下列应力表示的协调条件。

$$\left.\begin{aligned}
\frac{\partial^2 \sigma_x}{\partial y^2} + \frac{\partial^2 \sigma_y}{\partial x^2} - \frac{\mu}{1 + \mu}\left(\frac{\partial^2 \vartheta}{\partial x^2} + \frac{\partial^2 \vartheta}{\partial y^2}\right) &= 2\frac{\partial^2 \tau_{xy}}{\partial x \partial y} \\
\frac{\partial^2 \sigma_y}{\partial z^2} + \frac{\partial^2 \sigma_z}{\partial y^2} - \frac{\mu}{1 + \mu}\left(\frac{\partial^2 \vartheta}{\partial y^2} + \frac{\partial^2 \vartheta}{\partial z^2}\right) &= 2\frac{\partial^2 \tau_{yz}}{\partial y \partial z} \\
\frac{\partial^2 \sigma_z}{\partial x^2} + \frac{\partial^2 \sigma_x}{\partial z^2} - \frac{\mu}{1 + \mu}\left(\frac{\partial^2 \vartheta}{\partial z^2} + \frac{\partial^2 \vartheta}{\partial x^2}\right) &= 2\frac{\partial^2 \tau_{zx}}{\partial z \partial x} \\
\frac{\partial^2 \sigma_x}{\partial y \partial z} - \frac{\mu}{1 + \mu}\frac{\partial^2 \vartheta}{\partial y \partial z} &= \frac{\partial}{\partial x}\left(\frac{\partial \tau_{zx}}{\partial y} + \frac{\partial \tau_{xy}}{\partial z} - \frac{\partial \tau_{yz}}{\partial x}\right) \\
\frac{\partial^2 \sigma_y}{\partial z \partial x} - \frac{\mu}{1 + \mu}\frac{\partial^2 \vartheta}{\partial z \partial x} &= \frac{\partial}{\partial y}\left(\frac{\partial \tau_{xy}}{\partial z} + \frac{\partial \tau_{yz}}{\partial x} - \frac{\partial \tau_{zx}}{\partial y}\right) \\
\frac{\partial^2 \sigma_z}{\partial x \partial y} - \frac{\mu}{1 + \mu}\frac{\partial^2 \vartheta}{\partial x \partial y} &= \frac{\partial}{\partial z}\left(\frac{\partial \tau_{yz}}{\partial x} + \frac{\partial \tau_{zx}}{\partial y} - \frac{\partial \tau_{xy}}{\partial z}\right)
\end{aligned}\right\} \qquad (5.65)$$

在式（5.65）中利用平衡微分方程，可将式（5.65）改变为更方便的形式。将（5.65）中的第一式与第三相加得到

$$\frac{\partial^2 \sigma_x}{\partial y^2} + \frac{\partial^2 \sigma_z}{\partial x^2} + \frac{\partial^2 (\sigma_y + \sigma_z)}{\partial x^2} - \frac{\mu}{1+\mu}(2\frac{\partial^2 \vartheta}{\partial x^2} + \frac{\partial^2 \vartheta}{\partial y^2} + \frac{\partial^2 \vartheta}{\partial z^2}) =$$

$$2\frac{\partial^2 \tau_{xy}}{\partial x \partial y} + 2\frac{\partial^2 \tau_{zx}}{\partial z \partial x} =$$

$$2\frac{\partial}{\partial x}(\frac{\partial \tau_{xy}}{\partial y} + \frac{\partial \tau_{zx}}{\partial z}) = -2\frac{\partial}{\partial x}(\frac{\partial \sigma_x}{\partial x} + K_x)$$

将上式进一步简化得

$$\nabla^2 \sigma_x + \frac{1}{1+\mu}\frac{\partial^2 \vartheta}{\partial x^2} - \frac{\mu}{1+\mu}\nabla^2 \vartheta = -2\frac{\partial K_x}{\partial x}$$

用同样的方法,由式(5.65)还可得

$$\left. \begin{array}{l} \nabla^2 \sigma_y + \dfrac{1}{1+\mu}\dfrac{\partial^2 \vartheta}{\partial y^2} - \dfrac{\mu}{1+\mu}\nabla^2 \vartheta = -2\dfrac{\partial K_y}{\partial y} \\[3mm] \nabla^2 \sigma_z + \dfrac{1}{1+\mu}\dfrac{\partial^2 \vartheta}{\partial z^2} - \dfrac{\mu}{1+\mu}\nabla^2 \vartheta = -2\dfrac{\partial K_z}{\partial z} \end{array} \right\} \qquad (5.66)$$

将式(5.66)中的两式及上式相加可得

$$\frac{2(1-\mu)}{1+\mu}\nabla^2 \vartheta = -2(\frac{\partial K_x}{\partial x} + \frac{\partial K_y}{\partial y} + \frac{\partial K_z}{\partial z}) \qquad (5.67)$$

将式(5.67)中的$\nabla^2 \vartheta$代入式(5.66)可得

$$\nabla^2 \sigma_x + \frac{1}{1+\mu}\frac{\partial^2 \vartheta}{\partial x^2} = -2\frac{\partial K_x}{\partial x} - \frac{\mu}{1-\mu}(\frac{\partial K_x}{\partial x} + \frac{\partial K_y}{\partial y} + \frac{\partial K_z}{\partial z})$$

用相同的方法还可建立起另外两个类似的方程。

将式(5.65)的第四式改写为

$$\frac{\partial^2 \sigma_x}{\partial y \partial z} - \frac{\mu}{1+\mu}\frac{\partial^2 \vartheta}{\partial x \partial z} = \frac{\partial}{\partial z}(\frac{\partial \tau_{zx}}{\partial x}) + \frac{\partial}{\partial z}(\frac{\partial \tau_{xy}}{\partial x}) - \frac{\partial^2 \tau_{yz}}{\partial x^2} =$$

$$-\frac{\partial}{\partial y}(\frac{\partial \tau_{yz}}{\partial y} + \frac{\partial \sigma_z}{\partial z} + K_z) - \frac{\partial}{\partial z}(\frac{\partial \sigma_y}{\partial y} + \frac{\partial \tau_{yz}}{\partial z} + K_y) - \frac{\partial^2 \tau_{yz}}{\partial x^2} =$$

$$-\nabla^2 \tau_{yz} - \frac{\partial^2 (\sigma_y + \sigma_z)}{\partial y \partial z} - \frac{\partial K_z}{\partial y} - \frac{\partial K_y}{\partial z}$$

化简后可得

$$\nabla^2 \tau_{yz} + \frac{1}{1+\mu}\frac{\partial^2 \vartheta}{\partial y \partial z} = -\frac{\partial K_z}{\partial y} - \frac{\partial K_y}{\partial z}$$

同样也可以建立另外两个类似的方程,这样便得到以应力表示的变性协调条件(也称相容方程),即

$$
\left.\begin{aligned}
&\nabla^2 \sigma_x + \frac{1}{1+\mu}\frac{\partial^2 \vartheta}{\partial x^2} = -2\frac{\partial K_x}{\partial x} - \frac{\mu}{1-\mu}\left(\frac{\partial K_x}{\partial x} + \frac{\partial K_y}{\partial y} + \frac{\partial Kz}{\partial z}\right) \\
&\nabla^2 \sigma_y + \frac{1}{1+\mu}\frac{\partial^2 \vartheta}{\partial y^2} = -2\frac{\partial K_y}{\partial y} - \frac{\mu}{1-\mu}\left(\frac{\partial K_x}{\partial x} + \frac{\partial K_y}{\partial y} + \frac{\partial Kz}{\partial z}\right) \\
&\nabla^2 \sigma_z + \frac{1}{1+\mu}\frac{\partial^2 \vartheta}{\partial z^2} = -2\frac{\partial K_z}{\partial z} - \frac{\mu}{1-\mu}\left(\frac{\partial K_x}{\partial x} + \frac{\partial K_y}{\partial y} + \frac{\partial Kz}{\partial z}\right) \\
&\nabla^2 \tau_{xy} + \frac{1}{1+\mu}\frac{\partial^2 \vartheta}{\partial x\partial y} = -\frac{\partial K_x}{\partial y} - \frac{\partial K_y}{\partial x} \\
&\nabla^2 \tau_{yz} + \frac{1}{1+\mu}\frac{\partial^2 \vartheta}{\partial y\partial z} = -\frac{\partial K_y}{\partial z} - \frac{\partial K_z}{\partial y} \\
&\nabla^2 \tau_{zx} + \frac{1}{1+\mu}\frac{\partial^2 \vartheta}{\partial z\partial x} = -\frac{\partial K_z}{\partial x} - \frac{\partial K_x}{\partial z}
\end{aligned}\right\} \tag{5.68}
$$

式中,$\vartheta = \sigma_x + \sigma_y + \sigma_z$

当体积为零或是常量,则方程(5.68)将变得十分简单,即

$$
\left.\begin{aligned}
&(1+\mu)\nabla^2 \sigma_x + \frac{\partial^2 \vartheta}{\partial x^2} = 0 \\
&(1+\mu)\nabla^2 \sigma_y + \frac{\partial^2 \vartheta}{\partial y^2} = 0 \\
&(1+\mu)\nabla^2 \sigma_z + \frac{\partial^2 \vartheta}{\partial z^2} = 0 \\
&(1+\mu)\nabla^2 \tau_{xy} + \frac{\partial^2 \vartheta}{\partial x\partial y} = 0 \\
&(1+\mu)\nabla^2 \tau_{yz} + \frac{\partial^2 \vartheta}{\partial y\partial z} = 0 \\
&(1+\mu)\nabla^2 \tau_{zx} + \frac{\partial^2 \vartheta}{\partial z\partial x} = 0
\end{aligned}\right\} \tag{5.69}
$$

此时,可根据式(5.67)得

$$
\nabla^2 \vartheta = 0 \tag{5.70}
$$

即应力第一不变量 ϑ 是调和函数,对式(5.59)中的每一等式两边分别做拉普拉斯运算,则可得

$$
\left.\begin{aligned}
&\nabla^2\nabla^2 \sigma_x = 0, \quad \nabla^2\nabla^2 \sigma_y = 0, \quad \nabla^2\nabla^2 \sigma_z = 0 \\
&\nabla^2\nabla^2 \tau_{xy} = 0, \quad \nabla^2\nabla^2 \tau_{yz} = 0, \quad \nabla^2\nabla^2 \tau_{zx} = 0
\end{aligned}\right\} \tag{5.71}
$$

即所有的应力分量都是双调和函数。这些双调和函数不是互相独立的,而是必须满足平衡微分方程。

按应力求解弹性力学问题时,所求的应力分量应满足平衡微分方程和协调条件,应力分量在边界上应满足力的边界条件。在求得应力分量后,通过应力－应变关系式可求出应变分量,再根据应变和位移之间的关系求出位移。

按应力求解弹性力学问题时,除了满足以上所述条件外,还须注意所谓位移单值性的问题,因为由应变求位移时,需要进行积分运算,这就涉及积分的连续条件问题。对于单连体,即只具有一个连续边界的物体(内部无洞的物体),满足方程式(5.68),也满足应力

边界条件,则应力分量完全确定,即解是唯一确定的。而对于多连体(即内部有洞的物体)问题,则除了满足方程和边界条件外,还要考虑位移的单值性条件(即物体中任意一点的位移必须是单值的),这样才可能完全确定应力分量。

按应力求解弹性力学问题,一般说来,未知函数较多,所要求解的二阶偏微分方程组比较复杂,但边界条件比较简单,并且得到的应力表达式在大多数具体问题中比位移式简单,因此按应力求解比按位移求解一般说来要容易些。但就解决弹性体问题的普遍性而言,按位移求解更具有普遍性。对于实际问题,应根据问题的特点,恰当地选择求解方法。

5.3.2 圣维南原理与叠加原理

1. 圣维南原理

在求解弹性力学问题时,使应力分量、应变分量、位移分量完全满足基本方程,并不困难,但是,要使得边界条件也得到完全满足,却往往会有很大的困难(因此,弹性力学问题在数学上被称为边界问题)。

另一方面,在很多的工程结构计算中,都会遇到这样的情况:在物体的一小部分边界上,仅仅知道物体所受的面力的合力,而这个面力的分布方式并不明确,因而无从考虑这部分边界上的应力边界条件。

在上述两种情况下,圣维南原理有时可以提供很大的帮助。

圣维南原理指出,如果把物体的一小部分边界上的面力,变换为分布不同但静力等效的面力(主矢量相同,对于同一点的主矩也相同),那么,近处的应力分布将有显著的改变,但是远处所受的影响可以不计。

例如,设有柱形构件在两端截面的形心受到大小相等而方向相反的拉力 P,如图5.18(a)所示。如果把一端或两端的拉力变换为静力等效的力,如图5.18(b)或5.18(c)所示,则只有虚线划出的部分的应力分布有显著的改变,而其余部分所受的影响可以不计。如果再将两端的拉力变换为均匀分布的拉力,集度等于 P/A,其中 A 为构件的横截面面积,如图5.18(d)所示,仍然只有靠近两端部分的应力受到显著的影响。即,在上述4种情况下,离开两端较远部分的应力分布,并没有显著的差别。

由此可见,在图5.18(d)所示的情况下,由于面力连续均匀分布,边界条件简单,应力是很容易求得而且解答也是很简单的。在其余3种情况下,由于面力不是连续分布的,甚至只知其合力为 P 而不知其分布方式,应力是难以求解或者无法求解的。根据圣维南原理,将图5.18(d)所示情况下的应力解答应用到其余3种情况,虽然不能完全满足两端的应力边界条件,但仍然可以表明离杆端较远处的应力状态,而并没有显著的误差。这是已经为理论分析和实验量测所证实了的。

必须注意:应用圣维南原理,不能离开"静力等效"的条件。例如,在图5.18(a)所示的构件上,如两端的力 P 不是作用于截面的形心,而是具有一定的偏心距离,那么,作用在每一端的面力,不管它的分布方式如何,与作用于截面形心的力 P 总归不是静力等效的。这时的应力与图5.18中4种情况下的应力相比,就不仅是在靠近两端处有差异,而是在整个构件中都是不同的。

当物体的一小部分边界上的位移边界条件不能精确满足时,也可以应用圣维南原理而得到有用的解答。例如,图 5.18(e) 所示的构件右端是固定端,即在该构件的右端有位移边界条件 $u_s = \bar{u} = 0$,$v_s = \bar{v} = 0$,把图 5.18(d) 所示情况下的简单解答应用于这一情况时,这个位移边界条件得不到满足。但是,显然可见,右端的面力一定折合成为经过截面形心的力 P,它和左端的面力形成平衡。这就是说,右端(固定端)的面力,静力等效于经过右端截面形心的力 P。因此,根据圣维南原理,把上述简单解答应用于这一情况时,仍然只是在靠近两端处有显著的误差,而在离两端较远之处,误差是可以不计的。

圣维南原理也可以这样来陈述,如果物体一小部分边界上的面力是一个平衡力系(主矢量及主矩都等于零)。那么,这个面力就只会使得近处产生显著的应力,而远处的应力可以不计。

例如,设有无限大平面,其中有一半径为 a 的圆孔如图 5.19 所示,当孔边受到均匀压力作用时,无限大平面内任意一点的应力与该点至圆心的距离的平方成反比,亦即离开圆心较远处的应力可以不计,这是因为作用在孔边的面力是一个平衡力系。

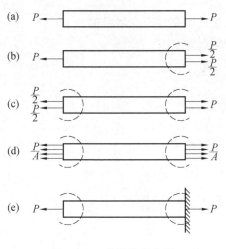

图 5.18　柱形件受力图

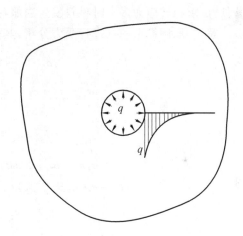

图 5.19　无限大平板上圆孔受力图

2. 叠加原理

弹性力学边值问题的解,必须满足基本方程和边界条件。如采用应力法,则所得应力分量 σ_{ij} 必须满足平衡方程、协调方程和边界条件。设某一弹性体在面力和体力分别为 T_i、K_i 作用下的应力分量为 σ_{ij},在同一弹性体内由另一组面力 T'_i 和体力 K'_i 所引起的另一组应力分量 σ'_{ij},则 $\sigma_{ij} + \sigma'_{ij}$ 就一定是由于面力 $T_i + T'_i$ 和体力 $K_i + K'_i$ 的共同作用所引起的应力,这是因为定解条件和泛定方程都是线性的。在这种情况下有

$$\sigma_{ij,j} + K_i = 0$$
$$\sigma'_{ij,j} + K'_i = 0$$

成立,以上两式相加后有

$$(\sigma_{ij,j} + \sigma'_{ij,j}) + (K_i + K'_i) = 0 \tag{5.72}$$

此外,由于

$$\left.\begin{array}{l} T_{\mathrm{i}} = \sigma_{ij} n_j \\ T'_{\mathrm{i}} = \sigma'_{ij} n_j \end{array}\right\} \tag{5.73}$$

故在边界上有

$$T_{\mathrm{i}} + T'_{\mathrm{i}} = (\sigma_{ij} + \sigma'_{ij}) n_j$$

同样,协调方程也可以合并。显然,$\sigma_{ij} + \sigma'_{ij}$ 满足 $T_{\mathrm{i}} + T'_{\mathrm{i}}$ 和 $K_{\mathrm{i}} + K'_{\mathrm{i}}$ 作用下的边值问题,这就是叠加原理。

叠加原理成立的条件为小变形、线性弹性本构方程。对于大变形情况,物体的变形将影响外力的作用,如受纵向和横向外力作用的梁,就必须考虑变形的影响,此时,叠加原理便不再适用。此外,对弹性稳定问题和弹塑性力学问题,叠加原理都不适用。

5.3.3　增量理论与全量理论在塑性变形状态分析中的应用

1. 增量理论的应用

【例 5.2】 已知薄壁圆筒同时承受拉扭载荷,其中拉应力 $\sigma_z = \dfrac{\sigma_{\mathrm{s}}}{2}$,若使用米塞斯屈服条件,试求扭转应力多大时材料发生屈服,并求出此时塑性应变增量的比。

解　取圆筒上一点进行受力分析,其受力情况为

$$\sigma_z = \frac{\sigma_{\mathrm{s}}}{2}, \quad \sigma_r = \sigma_\theta = 0$$

$$\sigma_{\mathrm{m}} = \frac{\sigma_z + \sigma_r + \sigma_\theta}{3} = \frac{\sigma_{\mathrm{s}}}{6}, \quad \tau_{z\theta} = \tau, \quad \tau_{r\theta} = \tau_{zr} = 0$$

$$I_1 = \sigma_z + \sigma_r + \sigma_\theta = \frac{\sigma_{\mathrm{s}}}{2}$$

$$I_2 = \sigma_z \sigma_r + \sigma_r \sigma_\theta + \sigma_\theta \sigma_z - \tau_{z\theta}^2 - \tau_{r\theta}^2 - \tau_{zr}^2 = -\tau^2$$

$$I_3 = \sigma_z \sigma_r \sigma_\theta + 2\tau_{z\theta}\tau_{r\theta}\tau_{zr} - \sigma_z \tau_{r\theta}^2 - \sigma_r \tau_{z\theta}^2 - \sigma_\theta \tau_{rz}^2 = 0$$

$$\sigma_{\mathrm{p}}^3 - \frac{\sigma_{\mathrm{s}}}{2}\sigma_{\mathrm{p}}^2 - \tau^2 \sigma_{\mathrm{p}} = 0$$

求解出主应力分别为

$$\sigma_1 = \frac{\dfrac{\sigma_{\mathrm{s}}}{2} + \sqrt{\left(\dfrac{\sigma_{\mathrm{s}}}{2}\right)^2 + 4\tau^2}}{2}, \quad \sigma_2 = 0, \quad \sigma_3 = \frac{\dfrac{\sigma_{\mathrm{s}}}{2} - \sqrt{\left(\dfrac{\sigma_{\mathrm{s}}}{2}\right)^2 + 4\tau^2}}{2}$$

代入米塞斯屈服准则,则

$$(\sigma_1 - \sigma_2)^2 + (\sigma_1 - \sigma_3)^2 + (\sigma_2 - \sigma_3)^2 = 2\sigma_{\mathrm{s}}^2$$

可得

$$\tau = \frac{\sigma_{\mathrm{s}}}{2}$$

根据列维－米塞斯方程,可得

$$\frac{\mathrm{d}\varepsilon_x}{\sigma'_x} = \frac{\mathrm{d}\varepsilon_y}{\sigma'_y} = \frac{\mathrm{d}\varepsilon_z}{\sigma'_z} = \frac{\mathrm{d}\gamma_{xy}}{2\tau_{xy}} = \frac{\mathrm{d}\gamma_{yz}}{2\tau_{yz}} = \frac{\mathrm{d}\gamma_{zx}}{2\tau_{zx}} = \mathrm{d}\lambda$$

$$\mathrm{d}\varepsilon_z^{\mathrm{p}} : \mathrm{d}\varepsilon_r^{\mathrm{p}} : \mathrm{d}\varepsilon_\theta^{\mathrm{p}} : \mathrm{d}\gamma_{z\theta}^{\mathrm{p}} = 2 : (-1) : (-1) : 6$$

【例 5.3】 已知薄壁球壳,半径为 r,厚度为 t,承受内压 p 的作用,若忽略弹性应变,并不考虑径向应力的影响 σ_r,试求此时塑性应变增量的比值,并给出应力强度 σ_{i} 的表

达式。

解 根据列维－米塞斯方程,可得

$$\mathrm{d}\varepsilon_\psi^p : \mathrm{d}\varepsilon_\theta^p : \mathrm{d}\varepsilon_r^p = 1 : 1 : (-2)$$

$$\sigma_i = \frac{pr}{2t}$$

2. 全量理论的应用

【例 5.4】 设有薄壁圆球,外径为 d,壁厚为 t,承受内压为 p 的作用,试求在塑性变形过程中,其直径变化的表达式。已知单向拉伸时的应力应变曲线为 $\varepsilon = \dfrac{\sigma}{E} + \left(\dfrac{\sigma - \sigma_s}{E_1}\right)^{\frac{1}{n}}$,泊松比为 μ,屈服极限为 σ_s,E_1 为强化系数,计算时忽略 σ_r 的影响。

解 取圆球上一点进行受力分析

$$\sigma_r = 0, \quad \sigma_\theta \cdot 2\pi r t = \pi p r^2, \quad \sigma_\theta = \frac{pr}{2t}, \quad \sigma_\psi = \sigma_\theta, \quad \sigma_m = \frac{pr}{3t}$$

$$\sigma_r, \sigma_\theta, \sigma_\psi \text{ 均为主应力}$$

根据伊留申应力应变关系

$$\sigma'_\theta = \frac{2}{3} \frac{\sigma_i}{\varepsilon_1} \varepsilon_\theta^p, \quad \sigma'_\theta = \sigma_\theta - \sigma_m = \frac{1}{6} \frac{pr}{t}$$

$$\sigma_i = \frac{1}{\sqrt{2}} \sqrt{(\sigma_1 - \sigma_2)^2 + (\sigma_2 - \sigma_3)^2 + (\sigma_1 - \sigma_3)^2} = \frac{pr}{2t}$$

$$\varepsilon_\theta^p = \frac{\varepsilon_i}{2}$$

已知其拉伸时的应力应变曲线为 $\varepsilon = \dfrac{\sigma}{E} + \left(\dfrac{\sigma - \sigma_s}{E_1}\right)^{\frac{1}{n}}$,$\dfrac{\sigma}{E}$ 为弹性部分 $\left(\dfrac{\sigma - \sigma_s}{E_1}\right)^{\frac{1}{n}}$ 为塑性部分。

$$\varepsilon_i = \left(\frac{\sigma_i - \sigma_s}{E}\right)^{\frac{1}{n}}, \quad \varepsilon_\theta^p = \frac{1}{2} E_1^{-\frac{1}{n}} \left(\frac{pd}{4t} - \sigma_s\right)^{\frac{1}{n}}$$

$$\varepsilon_\theta^e = \frac{1}{E}[\sigma_\theta - \mu(\sigma_r + \sigma_\psi)] = \frac{1-\mu}{E} \frac{pd}{4t}, \quad \varepsilon^\theta = \varepsilon_\theta^e + \varepsilon_\theta^p$$

$$\varepsilon_\theta = \frac{\pi \Delta d}{\pi d} \quad \text{或} \quad \varepsilon_\theta = \ln \frac{\pi d'}{\pi d}$$

$$\Delta d = \varepsilon_\theta d \quad \text{或} \quad \Delta d = d(\mathrm{e}^{\varepsilon_\theta} - 1)$$

【例 5.5】 已知两端封闭的薄壁圆筒,直径为 $40~\mathrm{mm}$,厚度为 $4~\mathrm{mm}$,承受 100 个大气压的作用,若材料单向拉伸的应力应变曲线为 $\sigma = 800\varepsilon^{0.25}~(\mathrm{kg/mm^2})$,试求此时壁厚的减少量。

解 $\sigma_r = 0, \sigma_\theta = \dfrac{pr}{t}, \sigma_z = \dfrac{pr}{2t}, p = 100~\mathrm{MPa}$,则

$$\sigma_m = \frac{pr}{2t}, \quad \sigma_r, \sigma_\theta, \sigma_z \text{ 均为主应力}$$

$$\sigma'_r = \frac{2}{3} \frac{\sigma_i}{\varepsilon_i} \varepsilon_r^p, \quad \sigma'_r = -\frac{pr}{2t}$$

$$\sigma_i = \frac{1}{\sqrt{2}} \sqrt{(\sigma_1 - \sigma_2)^2 + (\sigma_2 - \sigma_3)^2 + (\sigma_1 - \sigma_3)^2} = \frac{\sqrt{3}}{2} \frac{pr}{t}$$

所以 $\varepsilon_r = -\frac{\sqrt{3}}{2} \varepsilon_i$，又 $\sigma_i = 800 \varepsilon_i^{0.25}$，解得 $\varepsilon_i = 0.085\ 83$。

$$\varepsilon_r = -0.074\ 3, \quad \varepsilon_r = \ln \frac{t'}{t}, \quad t' = 3.713 \ \text{mm}, \quad \Delta t = 0.287 \ \text{mm}$$

5.3.4　应力应变对应规律在塑性成形工序分析中的应用

应力应变顺序对应规律作为一种定性描述有其推论的前提，即主应力顺序不变，主应变方向不变。但在实际应用时，也可以适当地放宽，其检验标准就是实验数据。如果偏离前提太远，应用出入很大也是自然的，这属于运用不当。板料冲压如拉深、缩口、胀形、扩口及薄管成形等塑性成形工序，满足上述条件，可以用该规律分析应变及应力问题。在比较简单的情况下，可以直接根据宏观变形情况推断应力顺序。

例如在静液压力下的均匀镦粗，在变形体中取一单元体，其径向应力 σ_r、轴向应力 σ_z、周向应力 σ_θ 均为压应力，如何判断大小关系呢？可从产生的变形情况反推得应力的大小关系。由于是镦粗，其轴向应变 $\varepsilon_z < 0$，对于实心体镦粗，其径向应变与切向应变相等，即 $\varepsilon_r = \varepsilon_\theta > 0$，所以有 $\sigma_r = \sigma_\theta > \sigma_z$。以上是就代数值而言，绝对值的关系为 $|\sigma_z| > |\sigma_r| = |\sigma_\theta|$。

在静液压力下拉伸时，与上述情况正好相反。轴向应力的代数值 σ_z 大于径向应力（或周向应力）的代数值，即

$$\sigma_z > \sigma_r = \sigma_\theta$$

又如平冲头压入半无限大空间，如图 5.20 所示，其变形波及冲头附近的 A 点，A 点的应力顺序可由应变顺序反求。由于 A 点向上隆起，沿高度方向的应变 $\varepsilon_h > 0$，与纸面垂直方向为平面应变，冲头下金属沿水平方向横流到 A 点，横向应变 $\varepsilon_l < 0$，所以应力顺序为 $\sigma_h > \sigma_w > \sigma_l$，绝对值顺序为 $|\sigma_l| > |\sigma_w| > |\sigma_h|$。

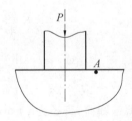

图 5.20　平冲头压入半无限体

对于复杂变形过程，特别是三向压应力时区分应力的相对顺序是比较困难的，可以采用以下步骤定性得出应力顺序关系。

① 根据实际变形情况，将变形体粗略地分成几个区，每个区的各单元产生类似的应变（伸长类、压缩类、平面应变），可以利用网格实验达到这一目的。

② 根据变形的顺序定性地分析应力的相对大小。

③ 如果变形过程中的不同阶段变形体某一部位发生性质不同的应变（如由伸长类变

为压缩类),这时的应力顺序应分段进行。

习　　题

5.1　解释下列名词:

理想弹塑性材料;理想刚塑性材料;弹塑性硬化材料;刚塑性硬化材料;增量理论;全量理论;流动应力;形状硬化;比例加载。

5.2　塑性应力应变关系有什么特点? 为什么说塑性变形的应力和应变关系之间没有单值关系,而是与加载历史、加载路径有关?

5.3　塑性应力应变关系理论有几种,分别写出数学表达式,并说明其应用条件。

5.4　在一般情况下应变增量积分是否等于应变全量,为什么? 在什么情况下这种积分才成立?

5.5　应变增量莫尔圆与应力莫尔圆有什么关系? 和应力偏量莫尔圆又有什么关系?

5.6　如何根据单向拉伸的名义应力－应变曲线绘制真实应力－应变曲线? 出现缩颈后,为什么要进行修正?

5.7　用单向压缩试验来确定真实应力－应变曲线与用单向拉伸试验来确定真实应力－应变曲线相比,有何优缺点?

5.8　简述真实应力－应变曲线的简化形式及其特点。

5.9　幂函数方程中 $\sigma = B\varepsilon^n$ 中,n 表示什么,有何意义? 一般金属材料的 n 值在什么范围内?

5.10　简述并证明塑性变形时应力应变顺序、中间规律。

5.11　比较伸长类、压缩类变形的变形特征。

5.12　边长 200 mm 的立方块金属,在 Z 方向作用有 200 MPa 的压应力,为了使立方体在 X、Y 方向的膨胀量不大于 0.05 mm,则应在 X、Y 方向施加多大的压力($E = 207 \times 10^3$ MPa,$\mu = 0.3$)?

5.13　有一金属块,在 X 方向作用有 150 MPa 的压应力,在 Y 方向作用有 150 MPa 的压应力,在 Z 方向作用有 200 MPa 的压应力,试求此金属块的单位体积变化率($E = 207 \times 10^3$ MPa,$\mu = 0.3$)。

5.14　已知物体中某点在 x 和 y 方向的正应力分量为 $\sigma_x = 35$ MPa,$\sigma_y = 25$ MPa,而沿 z 方向的应变被完全限制住,试求该点的 σ_z、ε_x、ε_y($E = 2.0 \times 10^5$ MPa,$\mu = 0.3$)。

5.15　橡皮立方块放在同样大小的铁盒内,在上面用铁盖封闭,铁盖上受均布压力 p 的作用,如图 5.21 所示,设铁盖与铁盒都可看作刚体,不计橡皮与铁盒之间的摩擦。试求:

(1) 铁盒侧面所受到的压力;

(2) 橡皮块的体积应变;

(3) 橡皮块中的最大切应力。

5.16　某物体在容器内受到 $p = 4.5a$ 的静水压力,测得其体积应变 $\theta = -3.6 \times 10^{-5}$,

若材料的泊松比 $\mu=0.3$,试求弹性模量 E。

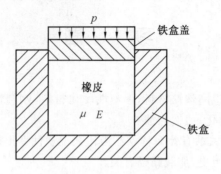

图 5.21　受力示意图

5.17　如果某种材料的体积弹性模量 K 与拉压弹性模量 E 之比非常大,试求泊松比的近似值,并说明为什么此种材料是不可压缩的。

5.18　已知一点的 3 个主应力如下所示:

(1)$\sigma_1=2\sigma_s,\sigma_2=\sigma_s,\sigma_3=0$;

(2)$\sigma_1=\sigma_s,\sigma_2=0,\sigma_3=-\sigma_s$;

(3)$\sigma_1=0,\sigma_2=-\sigma_s,\sigma_3=-2\sigma_s$。

试求其塑性应变增量的比值。

5.19　在如下情况下:

(1)单项拉伸:$\sigma_1=\sigma_s$

(2)纯剪切:$\tau=\dfrac{\sigma_s}{\sqrt{3}}$

(3)拉拔:$\sigma_1=\sigma_s,\sigma_2=\sigma_3=-\sigma_s$

试求塑性应变增量的比。

5.20　已知塑性状态下某质点的应力张量为 $\begin{bmatrix} -150 & 0 & 5 \\ 0 & -150 & 0 \\ 5 & 0 & -350 \end{bmatrix}$,应变增量分量 $\mathrm{d}\varepsilon_x=0.1\delta$($\delta$ 为一无限小量),试求应变增量的其余分量。

5.21　某塑性材料,屈服应力为 $\sigma_s=150$ MPa,已知某点的应变增量张量为 $\mathrm{d}\varepsilon_{ij}=\begin{bmatrix} 0.1 & 0.05 & -0.05 \\ 0.05 & 0.1 & 0 \\ -0.05 & 0 & -0.2 \end{bmatrix}\delta$($\delta$ 为一无限小量),平均应力 $\sigma_m=50$ MPa,试求该点的应力状态。

5.22　有一刚塑性硬化材料,其硬化曲线,即等效应力 — 应变曲线为 $\sigma_i=200(1+\varepsilon_i)$ MPa,其中某质点承受两向应力,应力主轴始终不变。试按下列两种加载路径分别求出最终的塑性全量主应变 ε_1、ε_2、ε_3。

(1)主应力从 0 开始直接比例加载到最终主应力状态(300,0,-200)MPa;

(2)主应力从 0 开始加载到(-150,0,100) MPa,然后比例变载到(300,0,-200)MPa。

5.23 表 5.2 中实验数据是从一次拉伸试验中记录下来的,试件材料为低碳钢,试件直径为 15 mm,标距为 50 mm。

表 5.2 实验数据

载荷 /kN	42.05	41.85	47.43	51.32	54.8	57.59	59.98	62.28
长度 /mm	51.18	51.59	52.37	53.16	53.92	54.71	55.5	56.29

试画出:

(1) 名义应力 − 应变曲线;

(2) 真实应力 − 对数应变曲线。

5.24 以相对伸长 ε 表示的真实应力 − 应变曲线的幂次方程为 $S=C\varepsilon^m$,试证明在拉伸失稳点 b 有

$$m=\frac{\varepsilon_b}{1+\varepsilon_b} \text{ 或 } \varepsilon_b=\frac{m}{1-m}$$

5.25 已知某材料的应力应变曲线为 $S=300\varepsilon^{0.25}$ MPa,试计算其抗拉强度 σ_b。

5.26 已知一点的应力状态为 $\begin{bmatrix} 30 & 10 & 0 \\ 10 & 30 & 0 \\ 0 & 0 & 0 \end{bmatrix}$ MPa,其变形类型是什么?

5.27 两端封闭的薄壁圆筒受内压 p 的作用,求 $\varepsilon_r,\varepsilon_\theta,\varepsilon_z$ 的大小关系及变形类型。

第 6 章 主应力方法及其解析应用

6.1 基本理论

6.1.1 塑性力学问题的数学解析

在塑性加工过程中,当工具对坯料所施加的作用力达到一定数值时,坯料就会发生塑性变形,此时工具所施加的作用力就称为变形力。变形力是正确设计模具、选择设备的重要参数。因此,对各种塑性成形工序进行变形过程的力学分析和确定变形力是金属塑性成形理论的基本任务之一。

在镦粗、挤压和模锻等工序中,变形力是通过工具与变形金属的接触表面传递给变形金属的;在弯曲和拉深等工序中,变形力则是由变形金属的弹性变形区传递的。所以,为了求解变形力,必须先确定变形金属与工具的接触表面或变形区分界面上的应力分布规律,然后再沿接触表面进行积分,求得变形力的大小。 由于接触面上摩擦力的存在,正应力的分布是不均匀的,需要利用应力平衡微分方程、应力应变关系式、应变协调方程和塑性条件等联立求解。但是,这种数学解析法计算十分复杂,对于一般的空间问题,一共有 13 个方程和 13 个未知数,因此用一般的解析方法求解是非常困难的,甚至是不可能的。

6.1.2 主应力法的基本原理

主应力法:实质是将近似的应力平衡微分方程与塑性条件联立求解,以求得接触面上应力分布的方法(也称为工程法、切块法)。

主应力法的基本原理如下:

(1)根据实际情况将问题近似地按轴对称问题或平面问题来处理,如平板压缩、宽板轧制、圆柱体镦粗、棒材挤压和拉拔等,并选用相应的坐标系。对于形状复杂的变形体,可以根据金属流动的实际情况把它分成几个形状简单的部分,每一部分可以分别按照轴对称问题或平面问题来处理。

(2)根据某瞬时变形体的变化趋势,选取包括接触面在内的单元块,或沿变形体部分截面切取含有边界条件已知的表面在内的基元体。假设非接触面上仅有均布的正应力(即主应力),而接触面上有正应力和切应力(即摩擦力)。

(3)假设接触面上的正应力即为主应力,切应力服从库仑摩擦条件 $\tau = f\sigma_N$ 或常摩擦条件 $\tau = f\sigma_s$。

(4)列出基元体的力平衡方程,与近似屈服准则联解,求解接触面上的应力分布。

由于上述基本原理是以假设基元体上作用着均匀分布的主应力为基础的,因此被称为"主应力法"。

6.2 理论要点分析

6.2.1 塑性变形时接触表面摩擦力的计算

在计算塑性变形的接触表面摩擦力时,分三种情况讨论。

1.库仑摩擦条件

不考虑接触面上的黏合现象(即全滑动),此时认为摩擦符合库仑定律。库仑定律的内容如下:

(1)摩擦力与作用在接触表面上的垂直压力成正比,与摩擦表面的大小没有关系。

(2)摩擦力与滑动速度的大小没有关系。

(3)静摩擦系数大于动摩擦系数。

其数学表达式为

$$F = fN \quad \text{或} \quad \tau = f\sigma_N$$

式中,F 为摩擦力;f 为外摩擦系数;N 为垂直于接触面上的正压力;σ_N 为接触面上的正应力;τ 为接触面上的摩擦切应力。

由于摩擦系数是一个常数,所以又称为常摩擦系数定律。对于像拉拔及其他润滑效果好的加工工艺过程,此定律较适用。

2.最大摩擦条件

当接触面没有相对滑动,完全处于黏合状态时,摩擦切应力 τ 等于变形金属流动时的临界切应力 k,即

$$\tau = k$$

根据塑性条件,在轴对称情况下,$k = 0.5\sigma_T$,在平面变形条件下,$k = 0.577\sigma_T$。式中,σ_T 是该变形温度或变形速度条件下材料的真实应力。在热变形时,常采用最大摩擦力条件。

3.摩擦不变条件

接触面间的摩擦力不随正应力的变化而改变。其单位摩擦力 τ 是常数,即常摩擦力定律,其数学表达式为

$$\tau = fk$$

式中,f 为摩擦因子。

6.2.2 平衡微分方程和屈服准则联立求解

将平衡微分方程和屈服准则进行联立,求解物体塑性变形时的应力分布。在求解过程中,积分常数根据自由表面和接触表面上的边界条件确定。这种方法一般只能求解平面轴对称等简单塑性问题,下面以受内压塑性圆筒为例进行应力计算。

受力状态:圆筒的内壁作用有均匀压力 p。

几何尺寸:圆筒的尺寸如图6.1所示。

变形类型:平面应变(圆筒很长,相当于压力容器、管道、挤压凹模等),轴对称平面问题。

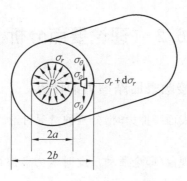

图 6.1　受内压塑性圆筒

应力分析：τ_{rz}、$\tau_{\theta r}$ 为零；σ_θ、σ_r 为主应力，仅随 r 变化。

平衡微分方程：

$$\frac{\mathrm{d}\sigma_r}{\mathrm{d}r} + \frac{\sigma_r - \sigma_\theta}{r} = 0 \tag{6.1}$$

根据 Mises 屈服准则有

$$\sigma_\theta - \sigma_r = \beta\sigma_s \tag{6.2}$$

式中，β 为中间主应力影响系数，对于平面应变问题 $\beta = \dfrac{2}{\sqrt{3}}$。

可得

$$\mathrm{d}\sigma_r = \frac{2}{\sqrt{3}}\sigma_s\frac{\mathrm{d}r}{r} \tag{6.3}$$

积分式(6.3)，得

$$\sigma_r = \frac{2}{\sqrt{3}}\sigma_s\ln C\,r \tag{6.4}$$

利用边界条件确定积分常数 C，当 $r = b$，$\sigma_r = 0$，则 $C = \dfrac{1}{b}$。

得到塑性圆筒的应力解

$$\left.\begin{array}{l}\sigma_r = \dfrac{2}{\sqrt{3}}\sigma_s\ln\dfrac{r}{b} \\[3mm] \sigma_\theta = \dfrac{2}{\sqrt{3}}\sigma_s\left(1 + \ln\dfrac{r}{b}\right)\end{array}\right\} \tag{6.5}$$

分析上式可知，截面的 σ_θ 总为拉应力，σ_r 总为压应力。

当 $r = a$ 时，有最大的压力 p，可得

$$p = \frac{2}{\sqrt{3}}\sigma_s\ln\frac{a}{b} \tag{6.6}$$

对于圆环受拉问题，平衡微分方程依旧，由于是平面应力问题，屈服准则不变，可取 $\beta = 1.1$，将边界条件代入后，可得

$$\left.\begin{array}{l}\sigma_r = 1.1\sigma_s\ln\dfrac{r}{b} \\[3mm] \sigma_\theta = 1.1\sigma_s\left(1 + \ln\dfrac{r}{b}\right)\end{array}\right\} \tag{6.7}$$

6.2.3 主应力法的求解流程

以圆柱体镦粗求变形力为例说明主应力法的求解过程。如图 6.2 所示的平行模板间圆柱体镦粗,物体几何上轴对称,所受载荷也是轴对称的,属于轴对称问题,适合于主应力法求解。

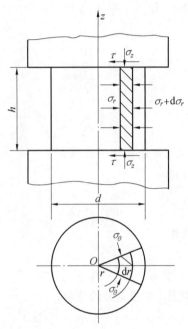

图 6.2　圆柱体镦粗时按切块法受力分析示意图

解题步骤:

(1) 切取基元块。

列力平衡方程(沿 r 向)

$$(\sigma_r + \mathrm{d}\sigma_r)(r + \mathrm{d}r)\,\mathrm{d}\theta h - \sigma_r \mathrm{d}\theta h r - 2\sigma_\theta \sin \frac{\mathrm{d}\theta}{2}\mathrm{d}r h + 2\tau r \mathrm{d}\theta \mathrm{d}r = 0$$

整理并略去高次项,得平衡微分方程

$$\frac{\mathrm{d}\sigma_r}{\mathrm{d}r} + \frac{2\tau}{h} + \frac{\sigma_r - \sigma_\theta}{r} = 0 \tag{6.8}$$

(2) 找 σ_r 与 σ_θ 的关系。

从 ε_r 与 ε_θ 的关系和应力应变关系式判别。

实心圆柱镦粗的径向应变为

$$\varepsilon_r = \frac{\mathrm{d}r}{r}$$

切向应变为

$$\varepsilon_\theta = \frac{2\pi(r + \mathrm{d}r) - 2\pi r}{2\pi r} = \frac{\mathrm{d}r}{r}$$

ε_r 与 ε_θ 相等,根据应力应变关系理论必然有

$$\sigma_r = \sigma_\theta \tag{6.9}$$

将式(6.9)代入式(6.8),可得

$$\frac{\mathrm{d}\sigma_r}{\mathrm{d}r} + \frac{2\tau}{h} = 0 \tag{6.10}$$

(3) 代入边界摩擦条件。

边界上可能存在的摩擦条件为

$$\tau = \begin{cases} f\sigma_s \\ k \\ f\sigma_z \end{cases}$$

设边界上选最大值,即

$$\tau = \frac{\sigma_s}{2} \tag{6.11}$$

超过此数值工件与模板间的摩擦则由剪切所代替。

将式(6.11)代入式(6.10),可得

$$\frac{\mathrm{d}\sigma_r}{\mathrm{d}r} = -\frac{\sigma_s}{h} \tag{6.12}$$

(4) 写出屈服准则的表达式。

由应变状态可见

$$\varepsilon_r = \varepsilon_\theta > 0, \quad \varepsilon_z < 0$$

根据应力应变顺序对应规律(考虑应力的正负)

$$(-\sigma_r) = (-\sigma_\theta) > (-\sigma_z)$$

此时的屈服准则可写为

$$\sigma_{\max} - \sigma_{\min} = \sigma_s$$

视 σ_r、σ_z 为主应力,则有

$$(-\sigma_r) - (-\sigma_z) = \sigma_s$$

即

$$\sigma_z - \sigma_r = \sigma_s \tag{6.13}$$

将式(6.13)微分,可得

$$\frac{\mathrm{d}\sigma_z}{\mathrm{d}r} = \frac{\mathrm{d}\sigma_r}{\mathrm{d}r} \tag{6.14}$$

由此可见,只要 $\tau =$ 常数,式(6.14)总是成立的。

(5) 联立求解。

将屈服准则式(6.14)与微分方程式(6.12)联解,得

$$\frac{\mathrm{d}\sigma_z}{\mathrm{d}r} = -\frac{\sigma_s}{h} \tag{6.15}$$

可得

$$\mathrm{d}\sigma_z = -\frac{\sigma_s}{h}\mathrm{d}r$$

积分上式,得

$$\sigma_z = -\frac{\sigma_s}{h}r + C \tag{6.16}$$

当 $r = d/2$ 时，$\sigma_r = 0$，可得

$$\sigma_z = \sigma_s$$

将上式代入式(6.16)，可求得定积分常数

$$C = \sigma_s + \frac{\sigma_s}{h} \cdot \frac{d}{2}$$

(6) 求接触面上压力分布公式。

将 C 代入式(6.16) 得圆柱体镦粗压力分布公式，即

$$\sigma_z = \sigma_s\left[1 + \frac{1}{h}\left(\frac{d}{2} - r\right)\right] \tag{6.17}$$

若边界摩擦 $\tau = f\sigma_z$ 时，则

$$\sigma_z = \sigma_s \exp\frac{2f(0.5d - r)}{h} \tag{6.18}$$

若边界摩擦 $\tau = f\sigma_s$ 时，则

$$\sigma_z = \sigma_s\left[1 + \frac{2f}{h}(0.5d - r)\right] \tag{6.19}$$

由以上解析可知，边界条件对压力分布有很大的影响，图 6.3 表示不同条件下接触表面上压力分布情况。

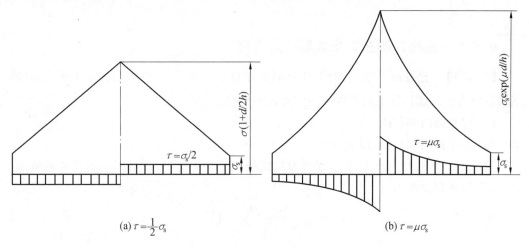

(a) $\tau = \frac{1}{2}\sigma_s$ (b) $\tau = \mu\sigma_s$

图 6.3 镦粗单位压力分布

(7) 求总变形力。

沿接触平面积分即可得总变形力为

$$p = \int_0^{0.5d} \sigma_z 2\pi r\mathrm{d}r =$$

$$\int_0^{0.5d} \sigma_s\left[1 + \frac{1}{h}\left(\frac{d}{2} - r\right)\right]2\pi r\mathrm{d}r =$$

$$\frac{\pi d^2}{4}\sigma_s\left(1 + \frac{d}{6h}\right) \tag{6.20}$$

$$p = \frac{\pi d^2}{4} \cdot 2\sigma_s \frac{h^2}{f^2 d^2}\left(e^{\frac{fd}{k}} - 1 - \frac{fd}{h}\right) \tag{6.21}$$

$$p = \frac{\pi d^2}{4}\sigma_s\left(1 + \frac{fd}{3h}\right) \tag{6.22}$$

（8）求平均单位力

若 $\tau = \sigma_s/2$ 时，则

$$p_m = \sigma_s\left(1 + \frac{d}{6h}\right) \tag{6.23}$$

若 $\tau = f\sigma_z$ 时，则

$$p_m = 2\sigma_s \frac{h^2}{f^2 d^2}\left(e^{\frac{fd}{k}} - 1 - \frac{fd}{h}\right) \tag{6.24}$$

若 $\tau = f\sigma_s$ 时，则

$$p_m = \sigma_s\left(1 + \frac{fd}{3h}\right) \tag{6.25}$$

式（6.23）可用于热锻，式（6.24）和式（6.25）可用于摩擦系数较小的冷变形情况。随着 f 及 d/h 增大，平均单位变形力将迅速增大。

6.3   理论解析应用

6.3.1   主应力法在体积成形中的应用

【例 6.1】   已知厚壁圆筒，内半径为 a，外半径为 b，受内压作用，如图 6.1 所示，材料屈服极限为 σ_s。试计算下列条件下筒壁进入塑性状态的内压 p。

（1）厚壁筒两端封闭。

（2）厚壁筒两端自由，即 $\sigma_z = 0$。

解   （1）当压力 p 较小时，整个厚壁圆筒处于弹性状态，假设材料是不可压缩的，取 $f = 0.5$，可求得此时的应力为

$$\sigma_\rho = -\frac{p}{\frac{b^2}{a^2} - 1}\left(\frac{b^2}{r^2} - 1\right)$$

$$\sigma_\theta = \frac{p}{\frac{b^2}{a^2} - 1}\left(\frac{b^2}{r^2} + 1\right)$$

$$\sigma_z = \frac{1}{2}(\sigma_\rho + \sigma_\theta) = \frac{p}{\frac{a^2}{b^2} - 1}$$

由于厚壁圆筒是轴对称的，剪应力分量全部为零，σ_ρ、σ_z、σ_θ 为主应力。假设 $\sigma_1 \geqslant \sigma_2 \geqslant \sigma_3$，则 $\sigma_1 = \sigma_\theta$，$\sigma_2 = \sigma_z$，$\sigma_3 = \sigma_\rho$。

弹性状态的等效应力为

$$\sigma_i = \frac{1}{\sqrt{2}}\sqrt{(\sigma_1 - \sigma_2)^2 + (\sigma_2 - \sigma_3)^2 + (\sigma_3 - \sigma_1)^2} = \frac{\sqrt{3}\,b^2}{\dfrac{b^2}{a^2} - 1} \cdot \frac{p}{r^2}$$

易知最大的应力强度产生于筒的内壁,即

$$(\sigma_i)_{max} = \frac{\sqrt{3}\,b^2}{\dfrac{b^2}{a^2} - 1} \cdot \frac{p}{a^2}$$

根据米塞斯屈服准则,当$(\sigma_i)_{max}$达到屈服应力σ_s时,内壁进入塑性状态,此时相应的内压力为

$$p = \left(1 - \frac{a^2}{b^2}\right)\frac{\sigma_s}{\sqrt{3}}$$

(2)同理可得弹性状态下应力分量为

$$\sigma_\rho = -\frac{p}{\dfrac{b^2}{a^2} - 1}\left(\frac{b^2}{r^2} - 1\right)$$

$$\sigma_\theta = \frac{p}{\dfrac{b^2}{a^2} - 1}\left(\frac{b^2}{r^2} + 1\right)$$

$$\sigma_z = 0$$

最大的应力强度

$$(\sigma_i)_{max} = \frac{p}{\dfrac{b^2}{a^2} - 1} \cdot \sqrt{3\left(\frac{b^2}{a^2}\right)^2 + 1}$$

内壁进入塑性状态时,相应的内压力为

$$p = \frac{\sigma_s\left(\dfrac{b^2}{a^2} - 1\right)}{\sqrt{3}\sqrt{\left(\dfrac{b^2}{a^2}\right)^2 + \dfrac{1}{3}}} = \frac{\sigma_s\left(1 - \dfrac{a^2}{b^2}\right)}{\sqrt{3}\sqrt{1 + \dfrac{a^2}{3b^2}}}$$

【例 6.2】 一圆柱形 45 号钢件,尺寸为直径 500 mm、高 200 mm,室温下 $\sigma_s = 300$ MPa。将其在平行板间镦粗至高 160 mm,设 $f = 0.06$。求出所需的总压力。

解 镦粗时钢件的受力分析如图 6.4 所示。

沿 r 向列力平衡方程为

$$(\sigma_r + d\sigma_r)(r + dr)d\theta h - \sigma_r d\theta h r - 2\sigma_\theta \sin\frac{d\theta}{2}drh + 2\tau r d\theta dr = 0$$

整理并略去高次项,得平衡微分方程

$$\frac{d\sigma_r}{dr} + \frac{2\tau}{h} + \frac{\sigma_r - \sigma_\theta}{r} = 0$$

实心圆柱镦粗的径向应变为

$$\varepsilon_r = \frac{dr}{r}$$

切向应变为

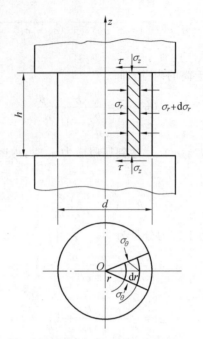

$$\text{图 6.4} \quad \text{钢件受力分析图}$$

$$\varepsilon_\theta = \frac{2\pi(r + \mathrm{d}r) - 2\pi r}{2\pi r} = \frac{\mathrm{d}r}{r}$$

两者相等,根据应力应变关系理论必然有 $\sigma_r = \sigma_\theta$。故平衡微分方程可写为

$$\frac{\mathrm{d}\sigma_r}{\mathrm{d}r} + \frac{2\tau}{h} = 0$$

将边界摩擦条件 $\tau = f\sigma_s$ 带入上式,得

$$\frac{\mathrm{d}\sigma_r}{\mathrm{d}r} = -\frac{2f\sigma_s}{h}$$

由屈服准则知

$$(-\sigma_r) - (-\sigma_z) = \sigma_s$$

即

$$\sigma_z - \sigma_r = \sigma_s$$

将上式微分,可得

$$\frac{\mathrm{d}\sigma_z}{\mathrm{d}r} = \frac{\mathrm{d}\sigma_r}{\mathrm{d}r}$$

联立如下方程式

$$\frac{\mathrm{d}\sigma_r}{\mathrm{d}r} = -\frac{2f\sigma_s}{h}$$

$$\frac{\mathrm{d}\sigma_z}{\mathrm{d}r} = \frac{\mathrm{d}\sigma_r}{\mathrm{d}r}$$

可求得

$$\mathrm{d}\sigma_z = -\frac{2f\sigma_s}{h}\mathrm{d}r$$

将上式积分,得

$$\sigma_z = -\frac{2f\sigma_s}{h}r + C$$

当 $r = d/2$ 时,$\sigma_r = 0$,可得

$$\sigma_z = \sigma_s$$

则

$$C = \sigma_s + \frac{2f\sigma_s}{h} \cdot \frac{d}{2}$$

将 C 值代入 $\sigma_z = -\frac{2f\sigma_s}{h}r + C$,故可得圆柱体镦粗时的压力分布公式

$$\sigma_z = \sigma_s\left[1 + \frac{2f}{h}\left(\frac{d}{2} - r\right)\right]$$

总压力为

$$p = \int_0^{0.5d} \sigma_z 2\pi r \mathrm{d}r =$$
$$\int_0^{0.5d} \sigma_s\left[1 + \frac{2f}{h}\left(\frac{d}{2} - r\right)\right] 2\pi r \mathrm{d}r =$$
$$\frac{\pi d^2}{4}\sigma_s\left(1 + \frac{fd}{3h}\right)$$

根据体积不变条件,圆柱体压缩后直径为

$$d/\mathrm{mm} = \sqrt{\frac{h_0 d_0{}^2}{h}} = \sqrt{\frac{200 \times 500^2}{160}} = 559.0$$

总压力为

$$p/\mathrm{kN} = \frac{3.14 \times 559.0^2}{4} \times 300 \times \left(1 + \frac{0.06 \times 559.0}{3 \times 160}\right) =$$
$$7.9 \times 10^4$$

【例 6.3】 用主应力法求出平行板镦粗无限长矩形料时接触面上的正应力 σ_z 和单位变形力 p。已知高为 h,宽为 a,如图 6.5 所示(设接触面上摩擦应力 $\tau = f\sigma_s$)。

解 材料无限长,故长度方向应变近似为零,因此可看作平面应变问题。

矩形料镦粗时按切块法受力分析如图 6.5 所示。

基元块 x 方向力平衡方程为

$$\sigma_x h - (\sigma_x + \mathrm{d}\sigma_x)h - 2\tau\mathrm{d}x = 0$$

即

$$\frac{\mathrm{d}\sigma_x}{\mathrm{d}x} + \frac{2\tau}{h} = 0$$

将接触面上摩擦应力 $\tau = f\sigma_s$ 代入上式,得

$$\mathrm{d}\sigma_x = -2f\sigma_s\frac{\mathrm{d}x}{h}$$

根据 Mises 屈服准则,有

$$\sigma_z - \sigma_x = \beta\sigma_s$$

对于平面应变问题(图 6.5)$\beta = \frac{2}{\sqrt{3}}$,代入上式,得

$$\sigma_z - \sigma_x = \frac{2}{\sqrt{3}}\sigma_s$$

将上式微分,得

$$\mathrm{d}\sigma_x = \mathrm{d}\sigma_z$$

即

$$\mathrm{d}\sigma_z = -2f\sigma_s\frac{\mathrm{d}x}{h}$$

将上式积分,得

$$\sigma_z = -2f\sigma_s\frac{x}{h} + C$$

当 $x = \dfrac{a}{2}$ 时,$\sigma_x = 0$,代入 $\sigma_z - \sigma_x = \dfrac{2}{\sqrt{3}}\sigma_s$,得

$$\sigma_z = \frac{2}{\sqrt{3}}\sigma_s$$

将上式代入 $\sigma_z = -2f\sigma_s\dfrac{x}{h} + C$,得

$$C = \frac{2}{\sqrt{3}}\sigma_s + \frac{af\sigma_s}{h}$$

将 C 值代入 $\sigma_z = -2f\sigma_s\dfrac{x}{h} + C$,得

$$\sigma_z = \frac{2}{\sqrt{3}}\sigma_s + \frac{f\sigma_s}{h}(a - 2x)$$

单位变形力为

$$p = \frac{1}{la}\int\sigma_z\mathrm{d}x = \frac{2}{la}\int_0^{\frac{a}{2}}\left[\frac{2}{\sqrt{3}}\sigma_s + \frac{f\sigma_s}{h}(a - 2x)\right]\mathrm{d}x =$$

$$\frac{2}{\sqrt{3}}\sigma_s + \frac{fa\sigma_s}{2h}$$

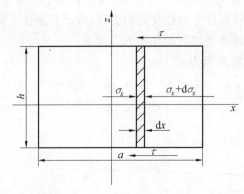

图 6.5　无限长矩形料受力分析图

【**例 6.4**】　按单一黏着区考虑,用主应力法推导出粗糙平砧压缩矩形薄板(图 6.6)

时的变形应力公式 $\sigma_y = -K_f\left(1+\dfrac{W-2x}{2h}\right)$（已知 $\tau_k = -\dfrac{K_f}{2}$）。

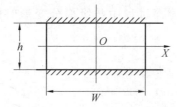

图 6.6　粗糙平砧压缩矩形薄板

解　x 方向力平衡方程为

$$\sigma_x \cdot h - (\sigma_x - \mathrm{d}\sigma_x) \cdot h - 2\tau_k \cdot \mathrm{d}x = 0 \tag{a}$$

屈服准则为

$$\begin{cases} \sigma_x - \sigma_y = 0 \\ \sigma_x - \sigma_y = 2k \end{cases} \rightarrow \mathrm{d}\sigma_x - \mathrm{d}\sigma_y = 0 \tag{b}$$

联立式(a)、式(b)，可得

$$\frac{\mathrm{d}\sigma_x}{\mathrm{d}x} + \frac{2\tau_k}{h} = 0$$

由已知条件可知

$$\tau_k = -\frac{K_f}{2}$$

将上式代入 $\dfrac{\mathrm{d}\sigma_x}{\mathrm{d}x} + \dfrac{2\tau_k}{h} = 0$，得

$$\frac{\mathrm{d}\sigma_x}{\mathrm{d}x} - \frac{K_f}{h} = 0$$

由 $\mathrm{d}\sigma_x - \mathrm{d}\sigma_y = 0$ 可得

$$\frac{\mathrm{d}\sigma_y}{\mathrm{d}x} - \frac{K_f}{h} = 0$$

将上式积分，得

$$\sigma_y = \frac{K_f}{h}x + C$$

应力边界条件，当 $x = \dfrac{W}{2}$ 时，$\sigma_x = 0$，代入屈服方程 $\sigma_x - \sigma_y = K_f$，得

$$\sigma_y = -K_f$$

即

$$-K_f = \frac{K_f}{h} \cdot \frac{W}{2} + C$$

得

$$C = -K_f\left(1 + \frac{W}{2h}\right)$$

将 C 值代入 $\sigma_y = \dfrac{K_f}{h}x + C$，得

$$\sigma_y = -K_f\left(1 + \frac{W-2x}{2h}\right)$$

6.3.2 主应力法在板材成形中的应用

【例 6.5】 试求板料在拉深过程中凸缘部分变形时的应力,其尺寸和受力如图 6.7(a) 所示。

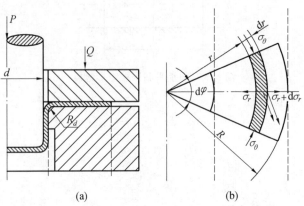

(a)   (b)

图 6.7 板料凸缘部分的拉深

解 在变形区内板料半径 r 处截取一宽度为 dr,夹角为 $d\varphi$ 的扇形基元体,如图 6.7(b) 所示。

沿径向列基元体的力平衡方程为

$$(\sigma_r + d\sigma_r)(r + dr)d\varphi h - \sigma_r r d\varphi h + 2\sigma_\theta dr h \sin\frac{d\varphi}{2} = 0$$

由于 $\sin\dfrac{d\varphi}{2} \approx \dfrac{d\varphi}{2}$,展开上式并忽略高阶无穷小量,得

$$d\sigma_r = -(\sigma_r + \sigma_\theta)\frac{dr}{r}$$

由 Mises 屈服准则知 $\sigma_r - (-\sigma_\theta) = \beta\sigma_s$,与上式联解并积分,得

$$\sigma_r = -\beta\sigma_s \ln Cr$$

式中,β 为中间主应力影响系数,对于平面应力问题 $\beta = 1.1$,可得

$$\sigma_r = -1.1\sigma_s \ln Cr$$

利用边界条件确定积分常数 C,当 $r = R$ 时,$\sigma_r = 0$,代入上式,可得

$$C = \frac{1}{R}$$

故求得塑性圆筒的应力解为

$$\sigma_r = 1.1\sigma_s \ln \frac{R}{r}$$

$$\sigma_\theta = 1.1\sigma_s \left(1 - \ln \frac{R}{r}\right)$$

【例 6.6】 试求无硬化宽板大塑性变形弯曲时的外层和内侧主应力的大小,如图 6.8 所示。

解 在变形区内外层半径 r 处,沿截面厚度方向分别切取一厚度为 dr、中心角为 $d\alpha$、

单位宽度的扇形基元体,如图 6.8 所示。

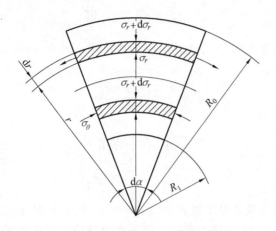

图 6.8 无硬化宽版大塑性变形弯曲

沿厚度方向列基元体的力平衡方程为

$$\sigma_r r \mathrm{d}\alpha - (\sigma_r + \mathrm{d}\sigma_r)(r + \mathrm{d}r)\,\mathrm{d}\alpha - 2\sigma_\theta \mathrm{d}r\sin\frac{\mathrm{d}\alpha}{2} = 0$$

由于 $\sin\dfrac{\mathrm{d}\varphi}{2} \approx \dfrac{\mathrm{d}\varphi}{2}$,展开上式并忽略高阶无穷小量,得

$$\mathrm{d}\sigma_r = -(\sigma_r + \sigma_\theta)\frac{\mathrm{d}r}{r}$$

由 Mises 屈服准则知 $\sigma_r - (-\sigma_\theta) = \beta\sigma_s$,与上式联解积分得

$$\sigma_r = -\beta\sigma_s \ln Cr$$

式中,β 为中间主应力影响系数,对于平面应变问题 $\beta = \dfrac{2}{\sqrt{3}}$,代入上式,得

$$\sigma_r = -\frac{2}{\sqrt{3}}\sigma_s \ln Cr$$

利用边界条件确定积分常数 C,当 $r = R_0$ 时,$\sigma_r = 0$,代入上式,可得

$$C = \frac{1}{R_0}$$

则

$$\sigma_r = \frac{2}{\sqrt{3}}\sigma_s \ln\frac{R_0}{r}$$

将上式代入 Mises 屈服准则 $\sigma_r - (-\sigma_\theta) = \beta\sigma_s$,并利用 σ_B 为平面应变状态的中间主应力,可得 3 个主应力为

$$\sigma_r = \frac{2}{\sqrt{3}}\sigma_s \ln\frac{R_0}{r}$$

$$\sigma_\theta = \frac{2}{\sqrt{3}}\sigma_s\left(1 - \ln\frac{R_0}{r}\right)$$

$$\sigma_B = \frac{2}{\sqrt{3}}\sigma_s\left(0.5 - \ln\frac{R_0}{r}\right)$$

同理可知,内层基元体的微分方程为

$$\mathrm{d}\sigma_r = (\sigma_\theta - \sigma_r)\frac{\mathrm{d}r}{r}$$

内层金属应力状态为同号,根据 Mises 屈服准则 $\sigma_r - (-\sigma_\theta) = \beta\sigma_s$,代入边界条件,整理后得

$$\sigma_r = \frac{2}{\sqrt{3}}\sigma_s\ln\frac{r}{R_1}$$

$$\sigma_\theta = \frac{2}{\sqrt{3}}\sigma_s(1 + \ln\frac{r}{R_1})$$

$$\sigma_B = \frac{2}{\sqrt{3}}\sigma_s(0.5 + \ln\frac{r}{R_1})$$

【例 6.7】 正挤压模的基本形式如图 6.9 所示,图 6.9 中 Ⅰ 为已变形的圆柱形出口部分,Ⅱ 为锥形变形区,Ⅲ 为待变形的凸模下直筒部分。假设各区与凹模接触面上摩擦系数分别为 f_1、f_2、f_3,各区的流动应力为 σ_{s1}、σ_{s2}、σ_{s3}。求取圆柱形出口部分的单位变形力。

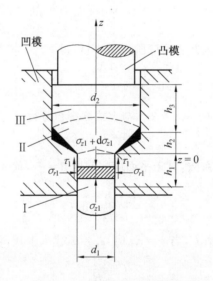

图 6.9 正挤压模的基本形式

解 对变形力有影响的是图 6.9 中高度为 h_1 的材料,该区处于弹性变形状态,为便于计算,假设该区域处于临界弹塑性状态,各应力分量满足屈服条件。在区域 Ⅰ 切取直径为 d_1,厚度为 $\mathrm{d}z$ 的基元体。

沿单元体轴向方向列力平衡方程为

$$(\sigma_{z1} + \mathrm{d}\sigma_{z1})\frac{\pi d_1{}^2}{4} - \sigma_{z1}\frac{\pi d_1{}^2}{4} - \tau_1\pi d_1 d_z = 0$$

化简得

$$\mathrm{d}\sigma_{z1} = \frac{4\tau_1}{d_1}\mathrm{d}z$$

在凹模出口处,$z = -h_1$,$\sigma_{z1} = 0$,在不同摩擦条件下根据边界条件和塑性屈服条件求出的积分常数和轴向应力表达式相同,即

$$\sigma_{z1} = \frac{4f_1\sigma_{s1}}{d_1}(h_1 + z)$$

当 $z = 0$ 时，位于 Ⅰ、Ⅱ 区交界处，σ_{z1} 为最大值，代入上式得

$$\sigma_{z1} = 4f_1\sigma_{s1}\frac{h_1}{d_1}$$

即圆筒形出口部分所需施加的单位变形力为

$$p_1 = 4f_1\sigma_{s1}\frac{h_1}{d_1}$$

【例 6.8】 试求例 6.7 中锥形变形区（图 6.10）部分的单位变形力。

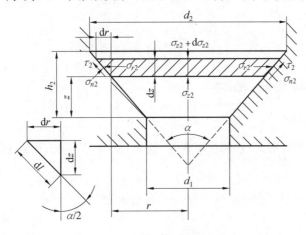

图 6.10 正挤压模的锥形变形区

解 为了简化计算，将变形区 Ⅱ 与 Ⅰ、Ⅲ 两区的球面分界面近似以平面代替。在变形区高度为 z 处截取厚度为的基元体，如图 6.10 所示。

基元体沿 z 轴方向上的力平衡方程为

$$(\sigma_{z2} + d\sigma_{z2})\pi(r + dr)^2 - \sigma_{z2}\pi r^2 - 2\pi r\left(\tau_2 + \sigma_{n2}\tan\frac{\alpha}{2}\right)dz = 0$$

化简并忽略高阶无穷小量，整理得

$$2\left(\tau_2 + \sigma_{n2}\tan\frac{\alpha}{2}\right)dz - rd\sigma_{z2} - 2\sigma_{z2}dr = 0 \qquad (a)$$

由图 6.10 中的几何关系可得

$$\left. \begin{array}{l} dr = dz\tan\frac{\alpha}{2} \\[2mm] r = \frac{d_1}{2} + z\tan\frac{\alpha}{2} \end{array} \right\} \qquad (b)$$

列出基元体在径向的力学平衡条件，化简得

$$\sigma_{n2} = \sigma_{r2} + \tau_2\tan\frac{\alpha}{2} \qquad (c)$$

将式(b)、式(c)代入式(a)，整理得

$$d\sigma_{z2} = \frac{2\left[\tau_2\left(1 + \tan^2\frac{\alpha}{2}\right) + (\sigma_{r2} - \sigma_{z2})\tan\frac{\alpha}{2}\right]}{\dfrac{d_1}{2} + z\tan\frac{\alpha}{2}}dz$$

变形区的塑性屈服条件为 $\sigma_{r2} - \sigma_{z2} = \sigma_{s2}$，设凹模锥角处满足常摩擦条件 $\tau_2 = f_2\sigma_{s2}$，代入上式得

$$d\sigma_{z2} = \frac{2\sigma_{s2}\left[f_2\left(1 + \tan^2\frac{\alpha}{2}\right) + \tan\frac{\alpha}{2}\right]}{\dfrac{d_1}{2} + z\tan\frac{\alpha}{2}}dz$$

将上式积分，得

$$\sigma_{z2} = 2K\sigma_{s2}\ln\left(\frac{d_1}{2} + z\tan\frac{\alpha}{2}\right) + C$$

式中，$K = \dfrac{f_2\left(1 + \tan^2\frac{\alpha}{2}\right) + \tan\frac{\alpha}{2}}{\tan\frac{\alpha}{2}}$。

当 $z=0$ 时，位于变形区 Ⅰ 和变形区 Ⅱ 边界，$\sigma_{z1} = \sigma_{z2} = p_1$，代入上式，可求得积分常数 C 为

$$C = p_1 - 2K\sigma_{s2}\ln\frac{d_1}{2}$$

将 C 值代入 $\sigma_{z2} = 2K\sigma_{s2}\ln\left(\frac{d_1}{2} + z\tan\frac{\alpha}{2}\right) + C$，得

$$\sigma_{z2} = p_1 + 2K\sigma_{s2}\ln\left(\frac{d_1 + z\tan\frac{\alpha}{2}}{d_1}\right)$$

当 $z = h_2$ 时，得到变形区 Ⅱ 与直筒部分交界处的轴向应力为

$$p_2 = p_1 + 2K\sigma_{s2}\ln\left(\frac{d_1 + 2h_2\tan\frac{\alpha}{2}}{d_1}\right)$$

由图 6.10 所示几何关系可知，$d_2 = d_1 + 2h_2\tan\frac{\alpha}{2}$，代入上式，得

$$p_2 = p_1 + 2K\sigma_{s2}\ln\frac{d_2}{d_1}$$

习　　题

6.1　主应力法的求解原理是什么？为什么说是一种近似计算法？

6.2　图 6.11 为一圆柱体在平砧间镦粗的示意图，侧面有均匀作用力 σ_0，试用主应力法求接触面上压力 σ_z 及单位压力 p_m。

6.3　薄壁圆筒两端约束受内压 p 的作用，尺寸为直径 50 cm、厚度 5 mm，其屈服极限为 300 N/mm²，试用米塞斯和屈雷斯加屈服条件求出圆筒的屈服应力，若考虑 σ_r 时，求

其结果。

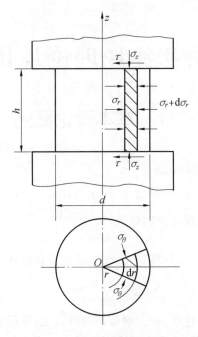

图 6.11　圆柱体平砧间镦粗

6.4　平砧间压缩圆柱体,如图 6.12 所示。已知几何尺寸直径 D、高 H,设接触面上的摩擦应力 $\tau_k = mk$,求载荷 P,由此说明与实验中的载荷因子 m 的关系。

6.5　试用主应力法推导出全黏合摩擦条件下平砧均匀压缩带包套圆柱体(图 6.13)时的接触正应力 σ_z 的表达式,并比较包套与不包套条件下哪种接触面正压力 $|\sigma_z|$ 更大?已知 $|\tau_k| = |\sigma_\tau/\sqrt{3}|$,包套径向力为 $|\sigma_a|$。

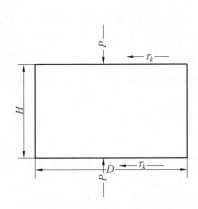

图 6.12　平砧间压缩圆柱体

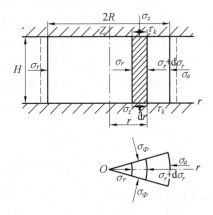

图 6.13　带包套圆柱体的平砧均匀压缩

第 7 章　滑移线场理论及其解析应用

7.1　基本理论概述

7.1.1　滑移线与滑移线场

1. 滑移线
塑性变形体内各点最大切应力的轨迹线。

2. 滑移线场
由于最大切应力成对出现,并且相互正交,因此滑移线在变形体内成两族互相正交的线网,组成所谓滑移线场。

3. 滑移线法
针对具体的工艺和变形过程,建立对应的滑移线场,然后利用滑移线的某些特性来求解塑性成形问题,如计算变形力、确定塑性变形区内的应力分布和速度分布、分析变形、确定毛坯的合理外形与尺寸等。严格地说这种方法仅适用于处理理想刚塑性体的平面应变问题,但在一定条件下,也可推广到主应力互为异号的平面应力问题和某些轴对称问题以及硬化材料。与塑性加工力学的其他方法相比,该方法在数学上比较严谨,理论上比较完整,计算精度较高。

7.1.2　塑性平面应变状态下的应力莫尔圆与物理平面

对于塑性平面应变状态下的变形体,如果与某个方向相关的应变值为零(如与 z 方向相关的应变 $\varepsilon_z = \gamma_{zx} = \gamma_{zy} = 0$),塑性流动仅发生在与该方向垂直的坐标平面内(如 xOy 平面),该坐标平面称为塑性流动平面。此时塑性变形体内任意一点的应力状态如图7.1(a)所示,应力莫尔圆如图 7.1(b) 所示,两个彼此正交的最大切应力面(即 α 点和 β 点所代表的物理平面)与塑性流动平面相垂直,最大切应力为

$$\tau_{\max} = \tau_{13} = \frac{1}{2}(\sigma_1 - \sigma_3) = K$$

其方向与主应力 σ_1 成 $\pm \dfrac{\pi}{4}$ 夹角,而作用于最大切应力面上的正应力 σ_{13} 恰等于平均应力 σ_m 或中间主应力 σ_2,即

$$\sigma_{13} = \sigma_m = \sigma_2 = \frac{1}{2}(\sigma_1 + \sigma_3) = \frac{1}{2}(\sigma_x + \sigma_y)$$

由应力状态和应力莫尔圆可知,各应力分量可以用 σ_m、K、ω 表示为

$$\left. \begin{array}{l} \sigma_x = \sigma_m - K\sin 2\omega \\ \sigma_y = \sigma_m + K\sin 2\omega \\ \tau_{xy} = \pm K\cos 2\omega \end{array} \right\} \tag{7.1}$$

式中，ω 为最大切应力平面与 x 轴的夹角

对于主应力状态有 $\omega = \pm \dfrac{\pi}{4}$，如图 7.1(c) 所示，所以塑性平面应变状态的 3 个主应力可以用平均应力 σ_m 与最大切应力 K 来表示，即

$$\left.\begin{array}{l} \sigma_1 = \sigma_m + K \\ \sigma_2 = \sigma_m \\ \sigma_3 = \sigma_m - K \end{array}\right\} \tag{7.2}$$

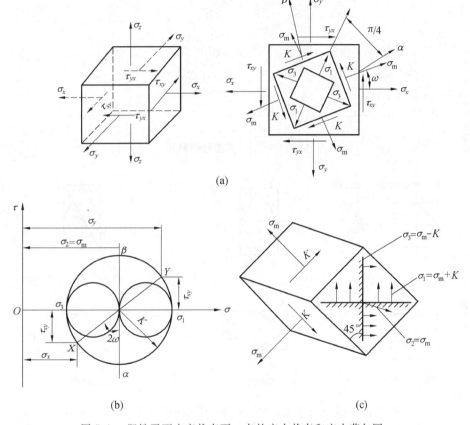

图 7.1　塑性平面应变状态下一点的应力状态和应力莫尔圆

在塑性变形体内，每一点都能找到一对正交的最大切应力方向，将无限接近的最大切应力方向连接起来，即得两族正交的曲线，线上任一点的切线方向即为该点的最大切应力方向。此两族正交的曲线称为滑移线，其中一族称为 α 族，另一族称为 β 族，它们布满于塑性区，形成滑移线场。

7.1.3　滑移线族别的确定原则

为了区别 α、β 两族滑移线，通常采用以下判断规则：当 α 线与 β 线形成右手坐标系时，代数值最大的主应力 σ_1 的作用线位于第一与第三象限，如图 7.2 所示。此时 α 线两侧的最大切应力组成顺时针方向，而 β 线两侧最大切应力组成逆时针方向。按应力边界条件

判断边界上某点 σ_1 与 σ_3 方向(σ_2 必垂直于物理平面),就能判断单元体的变形趋势,确定最大切应力 K 的方向,从而根据某滑移线两侧的最大切应力 K 所组成的时针转向来确定该线的族别,如图 7.3 所示。也可由 σ_1 的方向顺时针旋转 $\dfrac{\pi}{4}$ 后得到滑移线即为 α 线。

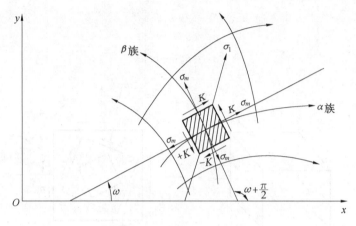

图 7.2 α、β 族滑移线判别

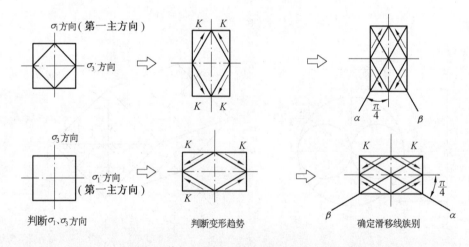

图 7.3 按最大切应力 K 的时针转向和 σ_1 的方向确定滑移线族别

α 线的切线方向与 Ox 轴的夹角以 ω 表示,并规定以 Ox 轴为 ω 角的度量起始线,逆时针旋转形成的 ω 角为正值,顺时针旋转形成的 ω 角为负值。而 β 滑移线的切线与 Ox 轴的夹角为 ω',其关系式为 $\omega' = \omega + \dfrac{\pi}{2}$。

7.1.4 滑移线的微分方程

根据图 7.2 可知,滑移线的微分方程为

$$\left.\begin{array}{l} \dfrac{\mathrm{d}y}{\mathrm{d}x} = \tan\omega \quad (\text{对 }\alpha\text{ 族}) \\[3mm] \dfrac{\mathrm{d}y}{\mathrm{d}x} = \tan\omega' = \tan\left(\omega + \dfrac{\pi}{2}\right) = -\cot\omega \quad (\text{对 }\beta\text{ 族}) \end{array}\right\} \qquad (7.3)$$

式中,ω 为 α 线的切线与 x 轴正向开始,逆时针扫过的角度为正,反之为负。

7.1.5 滑移线场的应力方程

1. 滑移线法求解平面塑性变形问题的实质

对于理想刚塑性材料中处于塑性平面应变状态下的各点,可知其应力分量完全可用 σ_m 和 K 来表示。各点处的最大切应力 K 为材料常数(无强化的塑性变形),各点应力状态不同,实质上只是各点的平均正应力 σ_m 不同。各点不同的应力状态反映在应力平面 $\sigma-\tau$ 上的几何图形是一系列直径均为 $2K$ 的应力莫尔圆。只是由于各点所对应的单元体上的平均正应力 σ_m 不同(即圆心不同),而使诸应力圆沿 σ 轴分布,如图 7.4 所示。故只要找到沿滑移线上 σ_m 的变化规律,即可求得整个变形区的应力分布。这就是应用滑移线法求解平面塑性变形问题的实质。

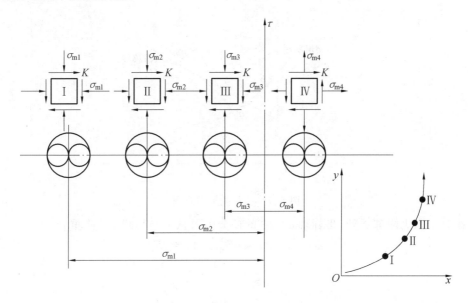

图 7.4 表示各点应力状态的应力莫尔圆分布

2. 亨盖(Hencky) 应力方程

亨盖在 1923 年首先提出了滑移线上各点平均正应力 σ_m 与滑移线转角 ω 的关系式,即亨盖应力方程,其推导如下:

已知平面应变时的平衡微分方程为

$$\left.\begin{array}{l} \dfrac{\partial \sigma_x}{\partial x} + \dfrac{\partial \tau_{xy}}{\partial y} = 0 \\[3mm] \dfrac{\partial \sigma_y}{\partial y} + \dfrac{\partial \tau_{xy}}{\partial x} = 0 \end{array}\right\}$$

式中,各应力分量 σ_x、σ_y、τ_{xy}、σ_m、ω 之间满足式(7.1),将满足屈服准则的式(7.1)代入平衡微分方程,即得

$$\left.\begin{array}{l} \dfrac{\partial \sigma_{\mathrm{m}}}{\partial x} - 2K\left(\cos 2\omega \dfrac{\partial \omega}{\partial x} + \sin 2\omega \dfrac{\partial \omega}{\partial y}\right) = 0 \\[3mm] \dfrac{\partial \sigma_{\mathrm{m}}}{\partial y} - 2K\left(\sin 2\omega \dfrac{\partial \omega}{\partial x} - \cos 2\omega \dfrac{\partial \omega}{\partial y}\right) = 0 \end{array}\right\} \tag{7.4}$$

这两个方程式只含有两个未知量 σ_{m} 和 ω，可以求解，但由于是偏微分方程组，求解比较困难。为了便于求解，取滑移线本身作为坐标轴，设为 α 轴与 β 轴。因此，滑移线场中任一点的位置可用坐标值 α 与 β 表示。当沿着坐标轴 α 从一点移动到另一点时，坐标值 β 不变；同理，当沿着坐标轴 β 从一点移动到另一点时，坐标值 α 也不变。

将 $x-y$ 坐标原点置于某两条滑移线的交点 a 上，并使坐标轴 x、y 分别与滑移线的切线 x' 和 y' 重合，如图 7.5 所示，此时方程(7.1)和(7.4)仍然有效。因为在推导式(7.2)时，坐标轴的方向是任意选取的。

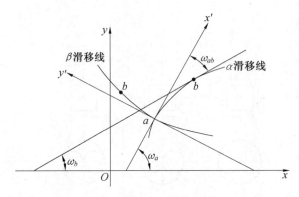

图 7.5　坐标变换示意图

在离 a 点无限邻近处，坐标轴 α 与 β 的微分弧可认为与切线 x'，y' 重合，故有

$$\omega = 0, \quad \mathrm{d}x = \mathrm{d}S_{\alpha}, \quad \mathrm{d}y = \mathrm{d}S_{\beta}$$

$$\frac{\partial}{\partial x} = \frac{\partial}{\partial S_{\alpha}}, \quad \frac{\partial}{\partial y} = \frac{\partial}{\partial S_{\beta}}$$

因 ω 是沿着曲线坐标方向改变的，所以 $\dfrac{\partial \omega}{\partial S_{\alpha}}$ 与 $\dfrac{\partial \omega}{\partial S_{\beta}}$ 并不为零。将这些关系代入式(7.4)得

$$\left.\begin{array}{ll} \dfrac{\partial \sigma_{\mathrm{m}}}{\partial S_{\alpha}} - 2K\dfrac{\partial \omega}{\partial S_{\alpha}} = 0 & （沿 \alpha 线） \\[3mm] \dfrac{\partial \sigma_{\mathrm{m}}}{\partial S_{\beta}} + 2K\dfrac{\partial \omega}{\partial S_{\beta}} = 0 & （沿 \beta 线） \end{array}\right\} \tag{7.5}$$

上式便是以滑移线为坐标轴并且恒满足塑性条件的平衡微分方程，它适用于塑性变形区内的任意点。将式(7.5)中的第一式对 α 积分，第二式对 β 积分，得

$$\left.\begin{array}{ll} \sigma_{\mathrm{m}} - 2K\omega = \xi & （沿 \alpha 线） \\[2mm] \sigma_{\mathrm{m}} + 2K\omega = \eta & （沿 \beta 线） \end{array}\right\} \tag{7.6}$$

式中，ξ、η 为积分常数。由亨盖方程可知，沿某 α 线(或 β 线)移动时，任一点平均正应力 σ_{m} 减去(或加上)该点的倾角同 $2K$ 的乘积为一常数。当从一条滑移线转到同族另一条滑移线上时，这一常数才改变。

式(7.6)为滑移线的积分式,由亨盖提出,故称为亨盖应力方程或简称亨盖方程。

7.1.6 滑移线场的速度方程

格林盖尔速度方程给出沿滑移线上速度分量的变化特性。通过此方程可以求解速度场,以便用来分析塑性变形区内的位移和应变问题,以及必要时校核滑移线场是否全部满足应力和速度边界条件。

1. 滑移线应变速率特点

根据增量理论有

$$\dot{\varepsilon_x} = \frac{\partial \dot{u}}{\partial x} = \lambda_0 (\sigma_x - \sigma_m)$$

$$\dot{\varepsilon_y} = \frac{\partial \dot{v}}{\partial y} = \lambda_0 (\sigma_y - \sigma_m)$$

若沿着滑移线网格取微元体(微元弧长分别为 dS_α、dS_β),且分别以滑移线 α、β 的切线代替 x、y 轴,则有

$$\sigma_x = \sigma_y = \sigma_m$$

于是有

$$\dot{\varepsilon_x} = \frac{\partial \dot{u}}{\partial x} = 0 \tag{7.7a}$$

$$\dot{\varepsilon_y} = \frac{\partial \dot{v}}{\partial y} = 0 \tag{7.7b}$$

这说明沿滑移线的线应变速率等于零,也即沿滑移线方向不产生相对伸长或压缩。基于这样的概念可导出速度方程式。

2. 格林盖尔(H. Geiringer)速度方程

设 P 点的速度为 V,沿 x、y 轴的速度分量为 $\dot{u}$、$\dot{v}$,沿滑移线 α、β 的切线方向的速度分量 V_α、V_β,α 线的切线方向与 x 轴的夹角 ω,如图 7.6 所示,于是有

$$\dot{u} = V_\alpha \cos \omega - V_\beta \sin \omega$$

$$\dot{v} = V_\alpha \sin \omega + V_\beta \cos \omega$$

将上面两式分别对 x、y 微分,得

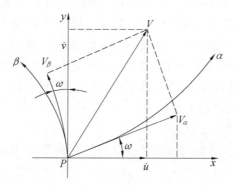

图 7.6 塑性变形区内一点的速度分量

$$\left.\begin{aligned}\frac{\partial \dot{u}}{\partial x} &= -V_a\sin \omega \frac{\partial \omega}{\partial x} + \cos \omega \frac{\partial V_a}{\partial x} - V_\beta\cos \omega \frac{\partial \omega}{\partial x} - \sin \omega \frac{\partial V_\beta}{\partial x} \\ \frac{\partial \dot{v}}{\partial y} &= V_a\cos \omega \frac{\partial \omega}{\partial y} + \sin \omega \frac{\partial V_a}{\partial y} - V_\beta\sin \omega \frac{\partial \omega}{\partial y} + \cos \omega \frac{\partial V_\beta}{\partial y}\end{aligned}\right\} \tag{7.8}$$

式(7.8)对任意直角坐标系都成立。现将 x、y 轴分别与 α、β 线相切,即 $\omega = 0$,则式(7.8)变为

$$\left(\frac{\partial \dot{u}}{\partial x}\right)_{\omega=0} = \frac{\partial v_a}{\partial S_a} - V_\beta\frac{\partial \omega}{\partial S_a} = 0$$

$$\left(\frac{\partial \dot{v}}{\partial y}\right)_{\omega=0} = \frac{\partial v_\beta}{\partial S_\beta} + V_a\frac{\partial \omega}{\partial S_\beta} = 0$$

或
$$\left.\begin{aligned}\mathrm{d}V_a - V_\beta\mathrm{d}\omega &= 0(沿 \ \alpha \ 线) \\ \mathrm{d}V_\beta + V_a\mathrm{d}\omega &= 0(沿 \ \beta \ 线)\end{aligned}\right\} \tag{7.9}$$

式(7.9)即表示沿滑移线的速度方程式,它是由格林盖尔首先导出的,故称为格林盖尔速度方程。

7.2　理论要点分析

7.2.1　滑移线场的应力场理论

1. 滑移线基本特性

(1)沿线特性。

如图 7.5 所示,在同一条 α 滑移线上,任取两点 a、b,按亨盖方程得

$$\sigma_{ma} - 2K\omega_a = \sigma_{mb} - 2K\omega_b = 常数$$

$$\sigma_{ma} - \sigma_{mb} = 2K(\omega_a - \omega_b) = 2K\omega_{ab} \tag{7.10a}$$

同理,沿 β 线按亨盖方程得

$$\sigma_{ma} + 2K\omega_a = \sigma_{mb} + 2K\omega_b = 常数$$

$$\sigma_{ma} - \sigma_{mb} = -2K(\omega_a - \omega_b) = -2K\omega_{ab} \tag{7.10b}$$

以上方程表明,同一条滑移线上任意两点间平均正应力 σ_m 的变化与这两点间 ω 角的变化成正比,这就是滑移线的沿线特性。根据这一特性可知,如已知某区域的滑移线场,即已知各点的 ω 值,则只要知道任一点的平均应力,就可以求得其余所有节点的平均应力值与应力状态。由这一特性还可推知,滑移线方向变化越剧烈(转角越大),则平均正应力变化也越大。如果滑移线为直线,滑移线上各点的 ω 与平均正应力 σ_m 为常数,由式(7.1)可知,各点的 σ_x、σ_y、τ_{xy} 也保持不变。

(2)跨线特性(亨盖第一定理)。

设 α 族的两条滑移线与 β 族的两条滑移线相交于 A、B、C、D 四个点,如图 7.7 所示,根据亨盖方程可得

沿 α_1 线从 A 至 B：　　　　$\sigma_{mA} - 2K\omega_A = \sigma_{mB} - 2K\omega_B$

沿 β_2 线从 B 至 C：　　　　$\sigma_{mB} + 2K\omega_B = \sigma_{mC} + 2K\omega_C$

得 $\qquad\qquad \sigma_{mC} - \sigma_{mA} = 2K(2\omega_B - \omega_A - \omega_C)$

沿 β_1 线从 A 至 D: $\qquad \sigma_{mA} + 2K\omega_A = \sigma_{mD} + 2K\omega_D$

沿 α_2 线从 D 至 C: $\qquad \sigma_{mD} - 2K\omega_D = \sigma_{mC} - 2K\omega_C$

得 $\qquad\qquad \sigma_{mC} - \sigma_{mA} = 2K(\omega_A + \omega_C - 2\omega_D)$

由于 $\sigma_{mC} - \sigma_{mA}$ 为定值,所以有

$$\left.\begin{array}{l} \omega_D - \omega_A = \omega_C - \omega_B \\[2mm] \sigma_{mD} - \sigma_{mA} = \sigma_{mC} - \sigma_{mB} \end{array}\right\} \tag{7.11}$$

这就是滑移线的跨线特性,即亨盖第一定理。它表明同一族的两条滑移线与另一族的任意一条滑移线相交,在两交点处切线间的夹角 $\Delta\omega$ 与平均正应力的变化 $\Delta\sigma_m$ 均为常数。根据这个特性,若已知滑移线场中 3 个节点上的 σ_m、ω 值,即可求得第四个节点上的 σ_m、ω 值,在给出的边界条件下,就能绘出滑移线网格和塑性区的应力分布。

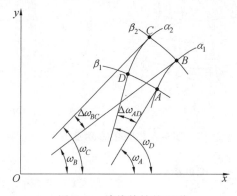

图 7.7　跨线特性的证明

根据亨盖第一定理可得出如下推论:

① 同族滑移线必定具有相同方向的曲率。

② 如果一族滑移线中某一线段是直线,则该族其余滑移线的相应线段也都是直线,而与其正交的另一族滑移线或是直线,或是直滑移线包络的渐开线,或是同心圆。如图 7.8 所示,若 β 滑移线中 A_1B_1 为直线段,则该线段与 α 滑移线在交点处切线夹角 $\Delta\omega_1$ 为零,根据亨盖第一定理,线段 A_2B_2 相应的 $\Delta\omega_2$ 也为零,故 A_2B_2 必定为直线,以此类推,$A_3B_3 \cdots\cdots$ 也必定为直线。

2. 应力边界条件

滑移线分布在整个塑性流动平面上,当其延伸至塑性变形区的边界或对称面时,应满足应力边界条件。通常应力边界条件是由边界上的正应力 σ_N 和切应力 τ 表示的,为适应滑移线场的求解要求,应将已知的边界条件 σ_N、τ 转化为边界处的 ω、σ_m。设边界线的切线与 x 轴一致,边界上一点处的切应力 $\tau_{xy} = \tau$,由式(7.1)可确定 ω 值:

$$\omega = \pm\frac{1}{2}\arccos\,(\tau/K) \tag{7.12}$$

在塑性加工中,常见的边界条件有以下 5 种:

(1) 自由表面。

自由表面上没有应力作用，故自由表面是主平面。由于 $\tau=0$，按式(7.12)求得 $\omega=\pm\dfrac{\pi}{4}$，即两族滑移线与自由表面相交成 $45°$ 角。分析自由表面上单元体的应力状态可知存在以下两种情况：

① $\sigma_1=2K$；$\sigma_3=0$，根据定族规则，其 α、β 滑移线如图 7.9(a) 所示。

② $\sigma_1=0$；$\sigma_3=-2K$，根据定族规则，其 α、β 滑移线如图 7.9(b) 所示。

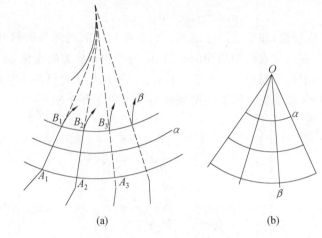

图 7.8　推论 ② 示意图

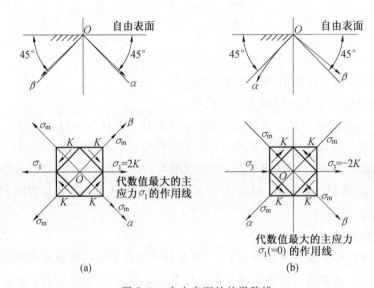

图 7.9　自由表面处的滑移线

（2）无摩擦的接触表面。

接触表面无摩擦，即 $\tau=0$，与不受力的自由表面情况一样，$\omega=\pm\dfrac{\pi}{4}$，两族滑移线与接触表面相交成 $45°$ 角，但此时接触面上的正应力通常不为零。在塑性加工中，通常是施加压力，且绝对值最大，即 $\sigma_N=\sigma_3$，根据定族规则，其 α、β 滑移线如图 7.10 所示。

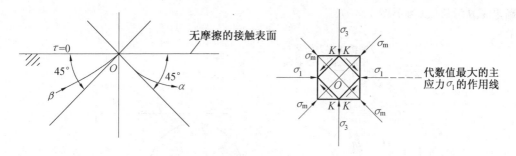

图 7.10 无摩擦时接触表面的滑移线

（3）摩擦切应力达到最大值 K 的接触表面。

根据 $\tau = K$，可解得 $\omega = 0$ 或 $\omega = \dfrac{\pi}{2}$，这表明一族滑移线与接触表面相切，另一族滑移线的切线与接触表面垂直。此时的 α、β 滑移线如图 7.11 所示。

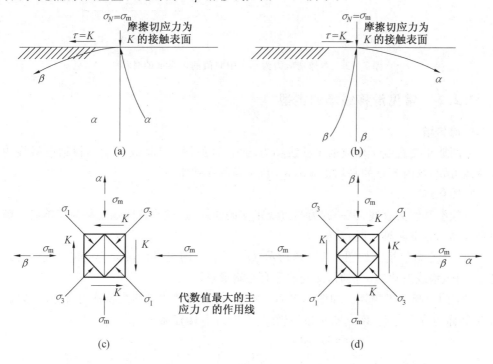

图 7.11 切应力为 K 接触表面上的滑移线

（4）摩擦切应力为某一中间值的接触表面。

此情况介于上述（2）、（3）两种情况之间。接触表面上的应力 $0 < |\tau_{xy}| < K$，$\sigma_N \neq 0$，由于 $\tau = \tau_{xy}$，由式（7.12）可求得 ω 的两个解。它的正确解需要根据 σ_x、σ_y 的代数值并利用应力莫尔圆来确定，如图 7.12 所示。求得 ω 后，即确定了 α、β 滑移线。

（5）变形体的对称轴。

在对称轴上切应力为零，$\omega = \pm \dfrac{\pi}{4}$，故滑移线与对称轴相交成 45° 角，根据定族规则，

确定 α、β 滑移线(参照图 7.10)。

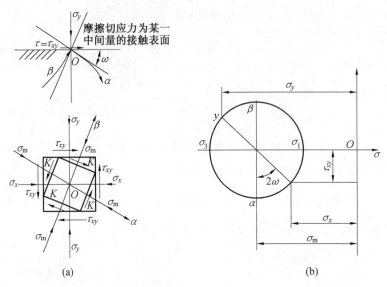

(a)　　　　　　　　　　　　　(b)

图 7.12　摩擦切应力为某一中间值的边界上的滑移线

7.2.2　常见滑移线场的类型

1. 均匀场

由两族正交直线所构成的滑移线场为均匀场,如图 7.13(a) 所示。根据滑移线的基本特性可知,场内各点的平均正应力 σ_m 和 ω 角都保持常数。

2. 简单场

一族滑移线为直线,另一族为与直线正交的曲线,这类滑移线场就称为简单场。简单滑移线场有以下两种情况:

(1) 无心扇形场。如图 7.13(b) 所示,$O'O$ 为 β 族的包络线,α 族为该包络线的等距渐开线,当包络线退化为一点时,即变成了有心扇形场。

(2) 同心圆与半径族。如图 7.13(c) 所示,这一类型的滑移线场称为有心扇形场,中心点 O 称为应力奇点,该点的 ω 角不确定,其应力不具有唯一值。

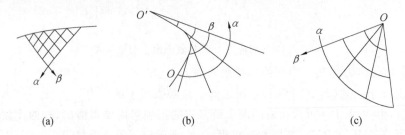

(a)　　　　　　　　(b)　　　　　　　　(c)

图 7.13　正交直线场和扇形滑移线场

3. 均匀场与简单场的组合

通过对均匀场和简单场的分析可知,与均匀场相邻的区域,滑移线场必定为简单场,即其中一族滑移线由直线组成。如图 7.14(a) 所示,区域 A 为均匀场,滑移线 SL 为其边界,同时,SL 也是相邻区域 B 中的一条滑移线。由于 SL 为直线,则区域 B 中与 SL 同族的滑移线也必定全部都是直线。图 7.14(b) 为一个更复杂的情况,在这种场中,区域 A、C、E 是均匀场,A、C 之间由有心扇形场 B 连接,C、E 之间由有心扇形场 D 连接。

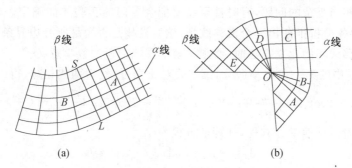

图 7.14 均匀场与简单场的组合

4. 由两族相互正交的光滑曲线构成的滑移线场

属于由两族相互正交的光滑曲线构成的滑移线场的主要有:

(1) 当圆形界面为自由表面或其上作用有均布的法向应力时,滑移线场为正交的对数螺线网,如图 7.15(a) 所示。

(2) 粗糙平行刚性板间塑性压缩时,相对应于接触面上摩擦切应力达到最大值的那一段塑性变形区,滑移线场为正交的圆摆线,如图 7.15(b) 所示。

(3) 两个等半径圆弧所构成的滑移线场,如图 7.15(c) 所示,也称为扩展的有心扇形场。

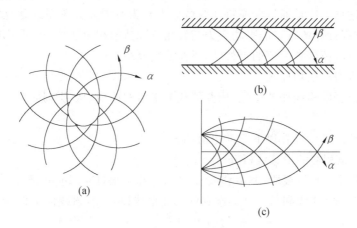

图 7.15 两族正交曲线构成的滑移线场

在塑性加工中,由于情况比较复杂,整个变形区的滑移线场很少是属于同一类型的。通常可根据变形区各部分的边界条件与应力状态,分别建立相应的滑移线场,再根据滑移线场的性质将其组合起来,构成完整的滑移线场,最终实现问题的求解。

7.2.3 滑移线场的绘制方法

1. 滑移线方程的数学意义

用滑移线法求解塑性成形问题时,首先需要建立变形体(或变形区)内的滑移线场,这通常是一个相当复杂的问题,有时甚至需要配合专门的实验才能确定。对于某一具体问题,有时需要先分析推断出一个滑移线场,然后校核是否满足所有边界条件。

在讨论滑移线场的建立方法时,必须了解滑移线方程的数学意义。

将式(7.4)中的第一式对 y 微分,第二式对 x 微分,然后两式相减,得

$$-\frac{\partial^2 \omega}{\partial x^2} + 2\cot 2\omega \frac{\partial^2 \omega}{\partial x \partial y} + \frac{\partial^2 \omega}{\partial y^2} - 4\frac{\partial \omega}{\partial x}\frac{\partial \omega}{\partial y} + 2\cot 2\omega \left[\left(\frac{\partial \omega}{\partial y}\right)^2 - \left(\frac{\partial \omega}{\partial x}\right)^2 \right] = 0 \quad (7.13)$$

上式为一个二阶线性偏微分方程,其特征方程为

$$-\mathrm{d}y^2 - 2\cot 2\omega \mathrm{d}x\mathrm{d}y + \mathrm{d}x^2 = 0 \quad (7.14)$$

其解即特征线。该特征方程有两个实根为

$$\left. \begin{array}{l} \left(\dfrac{\mathrm{d}y}{\mathrm{d}x}\right)_1 = -\cot 2\omega + \sqrt{\cot^2 2\omega + 1} = \tan \omega \\[3mm] \left(\dfrac{\mathrm{d}y}{\mathrm{d}x}\right)_2 = -\cot 2\omega - \sqrt{\cot^2 2\omega + 1} = -\cot \omega \end{array} \right\} \quad (7.15)$$

式(7.15)即为两族特征线的微分方程,恰与滑移线的微分方程式(7.3)完全相同。这说明两族特征线与两族滑移线相重合,数学上的特征线就是滑移线。因此,从数学意义上说,滑移线法就是在一定边界条件下,解塑性平衡微分方程特征线的方法。

研究表明,只有在特别简单的边界条件下,才能从特征方程求解中给出滑移线的数学表达式。数学上通常利用特征方程的数值积分法,根据给定的边界条件逐点递推,求得近似滑移线场。这种方法是通过变换特征线微分方程为有限差分关系式建立滑移线场,此后,利用亨盖方程计算各节点的平均应力与转角。除数值积分法外,还可用图解法建立滑移线场。这些方法都带有一定的近似性,下面分别介绍。

2. 图解法求滑移线场原理

图解法是根据滑移线场的特性,用弦线代替平滑的曲线,从已知边界开始绘制出滑移线场的方法。

在建立滑移线场中存在以下三类边值问题:

(1)已知两条相交的滑移线(Rieman 问题)。

(2)已知沿某一光滑线段(非滑移线)上的 σ_m 和 ω 值(Cauchy 问题)。

(3)已知一条滑移线和另一并非滑移线的光滑线段相交,该线段上的 ω 值已知(混合问题)。

下面针对这三类边值问题分别叙述滑移线场的图解方法。

(1)第一类边值问题。

设两条已知的正交滑移线分别为 OA 和 OB,如图 7.16(a)所示。现在图解法作出该两条滑移线所包围的塑性流动区域 $OACB$ 内的滑移线场,这里 AC 和 BC 分别为通过 A 点与 B 点的滑移线,其形状待定。

在 OA 线(α 线)和 OB 线(β 线)上适当地选取若干个基点 $(0,1)$、$(0,2)$、$\cdots$、$(0,n)$ 及

$(1,0)$、$(2,0)$、$\cdots$、$(m,0)$，通过这些点的滑移线将构成网格，如能找出网格的各节点，那么滑移线也就确定了。

由亨盖第一定理可知，$OACB$ 区域内任意点处的 ω 值为

$$\omega_{m,n} = \omega_{m,0} + \omega_{0,n} - \omega_{0,0} \tag{7.16}$$

式中，等号右边的各 ω 值均为已知。

为了确定节点 $(1,1)$，把连接点 $(0,1)$ 与点 $(1,1)$ 以及连接点 $(1,0)$ 与点 $(1,1)$ 的微弧近似地用弦代替，该弦的倾角取其两端点微弧倾角的平均值（其他各节点亦按此处理）。现由点 $(1,0)$ 引直线，如图 7.16(b) 所示，它与 x 轴的倾角取为

$$\frac{\pi}{2} + \frac{1}{2}(\omega_{1,0} + \omega_{1,1}) = \frac{\pi}{2} + \frac{1}{2}(2\omega_{1,0} + \omega_{0,1} - \omega_{0,0})$$

式中，$\omega_{1,1}$ 值由式 (7.16) 确定。

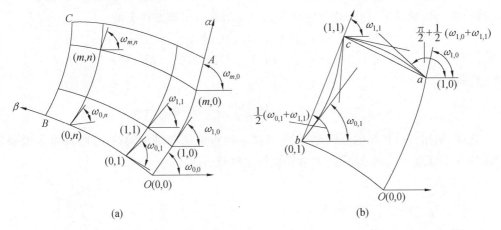

图 7.16 第一类边值问题

再由点 $(0,1)$ 引直线，它与 x 轴的倾角取为

$$\frac{1}{2}(\omega_{1,0} + \omega_{1,1}) = \frac{1}{2}(2\omega_{1,0} + \omega_{0,1} - \omega_{0,0})$$

两直线的交点给出节点 $(1,1)$，其次，由点 $(0,2)$ 引直线，它与 x 轴的倾角取为

$$\frac{1}{2}(\omega_{0,2} + \omega_{1,2}) = \frac{1}{2}(2\omega_{0,2} + \omega_{1,0} - \omega_{0,0})$$

再由点 $(1,1)$ 引直线，它与 x 轴的倾角取为

$$\frac{\pi}{2} + \frac{1}{2}(\omega_{1,1} + \omega_{1,2}) = \frac{\pi}{2} + \frac{1}{2}(2\omega_{1,0} + \omega_{0,1} + \omega_{0,2} - 2\omega_{0,0})$$

其交点即为所求的节点 $(1,2)$。重复这样的程序，便可以依次求得网络各节点 $(1,3)$、$(2,1)$、$\cdots$，区域 $OACB$ 内的滑移线场也就确定了。

在实际作图中，按一定的角度间隔 $\Delta\omega$ 选取基点最为方便，即取

$$\omega_{0,1} = \omega_{0,0} + \Delta\omega, \omega_{0,2} = \omega_{0,0} + 2\Delta\omega, \cdots, \omega_{0,n} = \omega_{0,0} + n\Delta\omega$$

$$\omega_{1,0} = \omega_{0,0} + \Delta\omega, \omega_{2,0} = \omega_{0,0} + 2\Delta\omega, \cdots, \omega_{m,0} = \omega_{0,0} + m\Delta\omega$$

于是，可得出区域内任一点的 ω 值为

$$\omega_{1,1} = \omega_{0,0} + 2\Delta\omega, \omega_{2,1} = \omega_{0,0} + 3\Delta\omega, \omega_{1,2} = \omega_{0,0} + 3\Delta\omega$$

其普遍式为

$$\omega_{m,n} = \omega_{0,0} + (m+n)\Delta\omega \tag{7.17}$$

这样作出的网络称为等角网络，$\Delta\omega$ 的选取视精度要求而定，一般取 $\Delta\omega = 5°$ 已足够精确。

第一类边值问题的退化情况：

所有 α（或 β）线汇集在一点，应力在 O 点发生间断，如图 7.17 所示。这时，$\angle AOC$ 是已知的，可将该角分为若干角度间隔，式(7.16)中的 $\omega_{0,n}$ 即为滑移线 On 在 O 点处的倾角，此外，滑移线场的作图步骤都与前述相同。

（2）第二类边值问题。

已知沿光滑曲线 AB（AB 本身不是滑移线）上的 σ_{m} 和 ω，在通过 A 点的滑移线与通过 B 点的滑移线所包围的区域 ABC 内，滑移线场被唯一确定，AC 与 BC 是待定的滑移线。

在 AB 线上适当地选取基点 $(1,1)$、$\cdots$、(m,m)、$\cdots$、(n,n)（图 7.18），设 AC 为 α 线，BC 为 β 线，那么区域 ABC 内任意点 (n,m) 上的 ω 值可由亨盖方程求得

$$(\sigma_{\mathrm{m}})_{m,m} + 2K\omega_{m,m} = (\sigma_{\mathrm{m}})_{n,m} + 2K\omega_{n,m} \quad （沿 \alpha 线）$$

$$(\sigma_{\mathrm{m}})_{n,n} - 2K\omega_{n,n} = (\sigma_{\mathrm{m}})_{n,m} - 2K\omega_{n,m} \quad （沿 \beta 线）$$

联立解得

$$\omega_{n,m} = \frac{1}{4K}\left[(\sigma_{\mathrm{m}})_{m,m} - (\sigma_{\mathrm{m}})_{n,n}\right] + \frac{1}{2}(\omega_{m,m} + \omega_{n,n}) \tag{7.18}$$

这样，根据以弦代弧的原则，采用与求第一类边值问题时相同的步骤，即可求得整个网络的各个节点。区域 ABC 内的滑移线场也就被确定了。

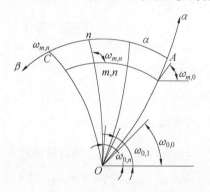

图 7.17　退化的第一类边值问题

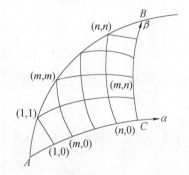

图 7.18　第二类边值问题

需要指出，在塑性加工中，上述的边界 AB 通常即为物体表面的一部分，如自由表面或受力表面（接触面）等。对于受力表面，一般给出的是法向应力和切向应力，这时在将它们转变成 σ_{m} 和 ω 时，由于解的非唯一性，故还需要考虑第三个应力分量，即作用在与表面垂直的面上的法向应力，这通常是根据整个物体的受力情况来判断的。

（3）混合问题。

设给定滑移线 OA 及与其相交的非滑移线光滑线段 OB，在线段 OB 上 ω 值为已知，如图 7.19 所示，此时，区域 OAB 内的滑移线场可被唯一地确定，AB 为通过点 A 和点 B 的滑移线 β，其形状待定。

对于该类问题,只是确定节点 $(1,1)$、$(2,2)$、$\cdots$ 的方法与前不同,其余则完全相同。当将滑移线段 Oa 看作为圆弧时,弦 ab 在点 a 与其切线(即 a 的法线)的夹角应等于 $\frac{1}{2}(\omega_b - \omega_a)$。据此可以采用如下的逐次逼近法确定点 b 的位置,如图 7.20 所示。

过 a 点作滑移线 a 的法线,交 OB 线与点 b_1,此为第一次逼近。再过点 a 作直线 ab_2,使其与直线 ab_1 的夹角为 $\frac{1}{2}(\omega_{b_1} - \omega_a)$,直线 ab_2 与曲线 OB 的交点 b_2 给出第二次逼近。接着再作与直线 ab_1 的夹角为 $\frac{1}{2}(\omega_{b_2} - \omega_a)$ 的直线 ab_3,其与曲线 OB 的交点 b_3 即为第三次逼近。重复利用这种方法,直到达到精度要求为止,最后点 b,即点 $(1,1)$ 便被确定。该点确定后,重复利用这种方再利用求解第一类边值问题时所述的方法,求出节点 $(2,1)$、$(3,1)$、$\cdots$。曲线 OB 上节点 $(2,2)$ 可用求点 $(1,1)$ 同样的方法确定,然后再确定点 $(3,2)$、$(4,2)$、$\cdots$,重复这种方法,即可最终将区域 OAB 内的滑移线场确定。

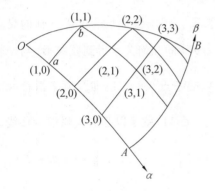

图 7.19 第三类边值问题

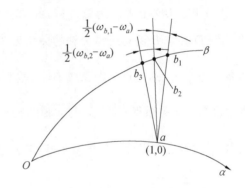

图 7.20 求节点 b 的逐次逼近法

以上介绍了三类边界条件下绘制滑移线网络的图解方法,这种方法直观简便,并能达到实用的精度。

3. 图解法应用实例:粗糙平板间压缩长坯料

粗糙平板间压缩长坯料的滑移线场是典型的有心扇形场,假定接触面之间的摩擦切应力为最大值 K,由于对称性,取 $\frac{1}{4}$ 来讨论。

如图 7.21 所示,OC 为对称轴,AC 为自由边界,故滑移线与这两线都成 $\frac{\pi}{4}$ 交角。分析可知,$\triangle ABC$ 为均匀场,场内滑移线为两族正交的平行直线,与 OC 和 AC 都成 $\frac{\pi}{4}$ 交角;根据亨盖第一定理的推论可得,与 $\triangle ABC$ 相邻的 ABD 区只能是简单场,是由同心圆和直径族组成的有心扇形场,点 A 为圆心,也是应力奇点。下面介绍绘制以弧 $\overset{\frown}{BD}$ 和对称轴 OC 为边界的变形区内滑移线场的步骤:

(1)将张角 $\angle BAD$ 等分为 n 个 γ 角(通常可取 $\gamma = 5° \sim 15°$),由点 A 引一系列半径线与圆弧 $\overset{\frown}{BD}$ 相交于点 1、2、3…。这些半径线都是滑移线,与弧 $\overset{\frown}{BD}$ 正交,其延伸与 x 轴(对

称轴 OC）的夹角大小又必须为 $\dfrac{\pi}{4}$。如线 A1 原与 x 轴向交角为 $\dfrac{\pi}{4}-\gamma$，延伸到点 $1'$ 时则应与 x 成 $\dfrac{\pi}{4}$ 交角，即需旋转 γ 角。

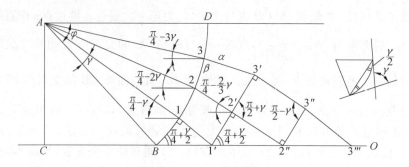

图 7.21　有心扇形的图解法

（2）将弧 $\overset{\frown}{BD}$ 上各点用弦连接，并取代原来的弧段。现求线 A1 延伸到 x 轴的交点 $1'$。弧 $\overset{\frown}{BD}$ 在点 B 的切线与 x 轴的夹角为 $\dfrac{\pi}{4}$，根据 $\Delta BA1$ 的几何关系得到弦线 $B1$ 与 x 轴的夹角为 $\dfrac{\pi}{4}+\dfrac{\gamma}{2}$，过点 1 做弦线 $B1$ 的垂直线与 x 轴交于点 $1'$，点 $1'$ 即为所求滑移线节点。根据三角关系得直线 $11'$ 与 x 轴的夹角为 $\dfrac{\pi}{4}-\dfrac{\gamma}{2}$，线 $11'$ 就是以弦取代弧的滑移线。同理，以后所有的以弦代弧的滑移线均与 x 轴负向交成 $\dfrac{\pi}{4}-\dfrac{\gamma}{2}$ 角，与其正向成 $\dfrac{\pi}{4}+\dfrac{\gamma}{2}$ 角。

（3）现已知线 12 和线 $11'$，求点 $2'$。过点 $1'$ 作线 $11'$ 的垂线，过点 2 作线 12 的垂线，两垂线相交于一点，即为所求的节点 $2'$。

（4）重复以上方法，便可绘制出整个滑移线场。在组成滑移线场的每个四边形中，其两个对角等于 $\dfrac{\pi}{2}$，另两个对角分别为 $\dfrac{\pi}{2}+\gamma$ 和 $\dfrac{\pi}{2}-\gamma$；而与对称轴相交的弦线其夹角分别为 $\dfrac{\pi}{4}+\dfrac{\gamma}{2}$ 和 $\dfrac{\pi}{4}-\dfrac{\gamma}{2}$。显然，当扇形等分角 γ 取得越小时，滑移线场的精度越高。

4. 数值积分法求解滑移线场原理

所谓数值积分法，就是利用滑移线的有限差分方程来计算网络节点坐标值的方法。其实质仍然是用弦来代替滑移线的微小弧，并取弦的斜率等于两端节点斜率的平均值。

如图 7.22 所示，已知滑移线微分方程为

$$\left.\begin{array}{l}\dfrac{\mathrm{d}y}{\mathrm{d}x}=\tan\omega\quad（对 \alpha 族）\\[3mm]\dfrac{\mathrm{d}y}{\mathrm{d}x}=\tan\omega'=\tan\left(\omega+\dfrac{\pi}{2}\right)=-\cot\omega\quad（对 \beta 族）\end{array}\right\}$$

用有限差分表示，上式可写作

$$\dfrac{\Delta y}{\Delta x}=\dfrac{y_{m,n}-y_{m-1,n}}{x_{m,n}-x_{m-1,n}}=\tan\dfrac{1}{2}(\omega_{m,n}+\omega_{m-1,n})$$

$$\frac{\Delta y}{\Delta x} = \frac{y_{m,n} - y_{m,n-1}}{x_{m,n} - x_{m,n-1}} = -\cot\frac{1}{2}(\omega_{m,n} + \omega_{m,n-1})$$

解以上联立方程得

$$\left.\begin{array}{l} x_{m,n} = \dfrac{y_{m,n-1} - y_{m-1,n} + x_{m-1,n}\tan\dfrac{1}{2}(\omega_{m,n} + \omega_{m-1,n}) + x_{m,n-1}\cot\dfrac{1}{2}(\omega_{m,n} + \omega_{m,n-1})}{\tan\dfrac{1}{2}(\omega_{m,n} + \omega_{m-1,n}) + \cot\dfrac{1}{2}(\omega_{m,n} + \omega_{m,n-1})} \\[4mm] y_{m,n} = y_{m-1,n} + (x_{m,n} - x_{m-1,n})\tan\dfrac{1}{2}(\omega_{m,n} + \omega_{m-1,n}) \end{array}\right\}$$

$$(7.19)$$

上式中的 $\omega_{m,n}$ 可根据不同的边界条件,用式(7.16)或式(7.17)、式(7.18)等确定,又点 $(m-1,n)$ 和点 $(m,n-1)$ 的坐标值 $(x_{m-1,n},y_{m-1,n})$ 和 $(x_{m,n-1},y_{m,n-1})$ 为已知,α 滑移线与 x 轴的交角沿 $\omega_{m-1,n}$ 和 $\omega_{m,n-1}$ 也已知,这样,节点 (m,n) 的坐标值 $(x_{m,n},y_{m,n})$ 即可算出。以此类推,便可算出所限定的整个塑变区内各节点的坐标值。

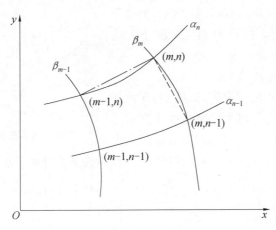

图 7.22　滑移线网格上的节点坐标

7.2.4　滑移线场的速度场理论

1. 塑变区内各点速度的求解方法

由格林盖尔速度方程可知,若滑移线场为正交直线族,即 $\omega =$ 常数,$\mathrm{d}\omega = 0$,则 $v_a =$ 常数,$v_\beta =$ 常数。此速度场称为均匀速度场,这时塑变区做刚性运动。对于中心场,则速度分量为 ω 的函数。对于一般情况,要用有限差分进行数值计算,下面介绍这种方法。

对于第一类边值问题,如图 7.16 所示,如果已知滑移线 OA、OB 上的法向速度 v_β 和 v_a,则由式(7.6)可求得切向速度 V_a 和 V_β。

沿 α 线(OA)：
$$V_a = \int V_\beta \mathrm{d}\omega + C_1$$

沿 β 线(OB)：
$$V_\beta = -\int V_a \mathrm{d}\omega + C_2$$

积分常数 C_1、C_2 由 O 点的连续条件确定。至于滑移线场各节点的速度,则可由式(7.9)的有限差分方程求得。

在图 7.23 中,设点 $(m-1,n)$ 和点 $(m,n-1)$ 的速度为已知,则对于滑移线 α 上的点 $(m-1,n)$ 和点 (m,n),有如下差分方程

$$(V_\alpha)_{m,n} - (V_\alpha)_{m-1,n} = \bar{V}_\beta(\omega_{m,n} - \omega_{m-1,n}) \qquad (7.20)$$

式中,$\bar{V}_\beta = \dfrac{1}{2}\left[(V_\beta)_{m,n} + (V_\beta)_{m-1,n}\right]$。同样,对于滑移线 β 上的点 $(m,n-1)$ 和点 (m,n),有

$$(V_\beta)_{m,n} - (V_\beta)_{m,n-1} = -\frac{1}{2}\left[(V_\alpha)_{m,n} + (V_\alpha)_{m,n-1}\right](\omega_{m,n} - \omega_{m,n-1}) \qquad (7.21)$$

联立式(7.20)和式(7.21),即可求得点 (m,n) 的速度 $(V_\alpha)_{m,n}$ 和 $(V_\beta)_{m,n}$。整个计算可从节点 $(1,1)$ 开始,递推进行,最终求得区域 OACB 内各点的速度。

对于第二类边值问题,如图 7.18 所示,如果给定 AB 上的 V_α、V_β,则可利用式(7.20)、式(7.21)就可以求出区域 ABC 内任一点的速度。

对于第三类边值问题,如图 7.19 所示,如果沿 OA 给定法向速度分量,并沿 OB 给定速度分量 V_α 和 V_β 的关系式

$$f(V_\alpha, V_\beta) = 0$$

在 O 点不是奇异点的情况下,区域 OAB 内任一点的速度均可被确定。因为按照这些速度边界条件,可先考虑求得 $(V_\alpha)_{0,0}$,又 $\omega_{0,0}$ 按 α 线 OA 上 O 点的倾角考虑,则由式(7.20)可求得 $(V_\alpha)_{1,0}$,然后按下式计算节点 $(1,1)$ 的速度分量

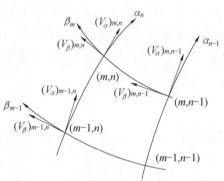

图 7.23　滑移线网络节点的速度分量

$$\left.\begin{aligned} (V_\beta)_{1,1} - (V_\beta)_{1,0} &= -\frac{1}{2}\left[(V_\alpha)_{1,0} + (V_\alpha)_{1,1}\right](\omega_{1,1} - \omega_{1,0}) \\ f\left[(V_\alpha)_{1,1}, (V_\beta)_{1,1}\right] &= 0 \end{aligned}\right\} \qquad (7.22)$$

联立求得 $(V_\alpha)_{1,1}$ 和 $(V_\beta)_{1,1}$ 后,利用式(7.20)、式(7.21)递推求解点 $(2,1)$、$(3,1)$、$\cdots$ 的 V_α、V_β 值,再重复应用式(7.22)求得节点 $(2,2)$ 的解等。

综上所述,在已知滑移线场(即各点 ω 值)的情况下,可按给定的速度边界条件,利用格林盖尔速度方程式或其差分方程式(7.20)、式(7.21),求解塑性变形区内各点的速度。

2. 关于速度间断的概念

在刚塑性体中,由于忽略材料的弹性变形,速度分布会有不连续现象,即相邻两区之间有相对滑动,此现象称为速度间断。速度间断线必然是滑移线或者是滑移线的包络线,在此类线的两边,法向速度分量相等,否则将出现裂缝或重叠,而切向速度分量有间断式的变化。

图 7.24 所示是一 β 间断线上的一点 A,该线的两边分别用符号"+"或"−"表示。在"+"边,A 点的速度为 V_{A+},法向速度和切向速度分量分别为 $V_{\alpha+}$ 和 $V_{\beta+}$,而在"−"边,A 点的速度为 V_{A-},法向和切向速度分量为 $V_{\alpha-}$ 和 $V_{\beta-}$。

由于物体的连续性和不可压缩性,必须满足 $V_{\alpha+} = V_{\alpha-}$,从速度方程式(7.6)可写出

$$dV_{\beta+} + V_{\alpha+}d\omega = 0$$

$$dV_{\beta-} + V_{\alpha-}\,d\omega = 0$$

上两式相减得

$$dV_{\beta+} - dV_{\beta-} = 0 \text{ 或 } V_{\beta+} - V_{\beta-} = \Delta V_{\beta} = 常数$$

ΔV_{β} 即为沿 β 线的速度间断值。上式表明,沿同一条速度间断线(α 线或 β 线)的速度间断值为定值。

在实际变形体中,速度的间断可以看作是过渡薄层 Δt 内速度的连续变化,如图 7.25 所示,当此薄层厚度 $\Delta t \to 0$ 时,即成为图 7.24 所示的情况。

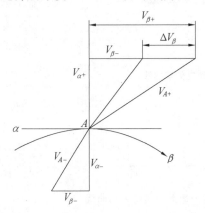 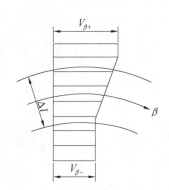

图 7.24　沿滑移线两边的速度间断　　　图 7.25　速度间断的过渡层

3. 速度矢端图(速端图)

除了上述数值积分法外,在工程上还常用图解法求解塑变区内的速度分布。为此,在速度坐标平面 $V_x V_y$ 上,由坐标原点出发,将位于同一条滑移线上各点的速度矢量以同一比例绘出,再将各矢量端点连成一曲线,该曲线称为所研究的滑移线的速度矢端曲线。对于滑移线场的各条滑移线,都可作出这样的矢端曲线,从而构成一曲线网络,称为该滑移线场的速度矢端图,简称速端图。速端图和滑移线场相配合,可以直观地表示出塑变区的应变状态和流动趋向。下面研究用图解法绘制速端图的有关问题。

(1)滑移线和速度矢端曲线的关系。

在图 7.26 中,设点 P_1、P_2、P_3 为 α 滑移线上相邻的 3 个节点,这些点的速度矢量为 V_1、V_2、V_3,现在将这些速度矢量以点 O 为原点,以同一比例画在速度平面 $V_x V_y$ 上,分别以线 OP'_1、OP'_2、OP'_3 表示。当点 P_1、P_2、P_3 彼此无穷靠近时,则微弧 $\overparen{P_1 P_2}$ 和 $\overparen{P_2 P_3}$ 可用相应的弦来代替。已知沿滑移线方向不产生相对伸长或压缩,故 V_1 和 V_2 在弦 $\overline{P_1 P_2}$ 上的投影必然相等,也即线 OP'_1 和线 OP'_2 在与弦 $\overline{P_1 P_2}$ 相平行的线 OQ 上的投影必然相等,因而速度平面上速度矢量 OP'_1 和 OP'_2 的端点的连线 $\overline{P'_1 P'_2}$ 必然垂直于弦 $\overline{P_1 P_2}$。同理,连线 $\overline{P'_2 P'_3}$ 亦垂直于弦 $\overline{P_2 P_3}$。事实上,$P_1 P_2 P_3$ 为一光滑曲线,故速度平面上的 $P'_1 P'_2 P'_3$ 亦必然为一光滑曲线,该曲线即为滑移线 $P_1 P_2 P_3$ 的速度矢端图。

通过以上分析可以看出,滑移线和速度平面上的速度矢端曲线在相应点上彼此垂直。由于两族滑移线彼此正交,故它们的速度矢端曲线也必然彼此正交。

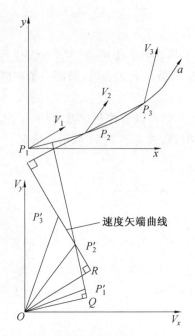

图 7.26   沿滑移线和速度平面上的速度矢端曲线

（2）几种速度间断线的速度矢端曲线。

① 滑移线 ab（图 7.27）为一速度间断直线，该直线的一侧为刚性区，作刚性平移（移动速度为 V_-），而另一侧为塑性区，速度间断值为 ΔV。在这种情况下，由于滑移线两侧各点分别具有同一速度，故速度平面上的速度矢端曲线分别归缩为一个点，两点之间的连线平行于速度间断线，两点之间的距离即为速度间断值（在图 7.27 中，"$-$"号表示刚性区一侧，"$+$"号表示塑性区一侧）。

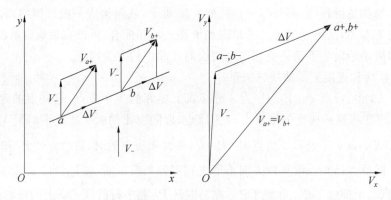

图 7.27   一侧为刚性区的速度间断直线在速度平面上的映象

② 滑移线 $\overset{\frown}{ab}$（图 7.28）为一速度间断曲线，该曲线的一侧为刚性区，作刚性平移（移动速度为 V_-），而另一侧为塑性区，速度间断值为 ΔV（前已说明沿速度间断线的速度间断值为一常数）。在这种情况下，滑移线 $\overset{\frown}{ab}$ 的刚性区一侧在速度平面上归缩为一点，而塑性区一侧则变成一半径等于速度间断值的圆弧 $\overset{\frown}{a_+ b_+}$，圆弧的中心角等于滑移线 $\overset{\frown}{ab}$ 在 a、b 点

之间的转角 ω_{ab}，此圆弧即为滑移线 $\overset{\frown}{ab}$（塑性区一侧）的速度矢端曲线。

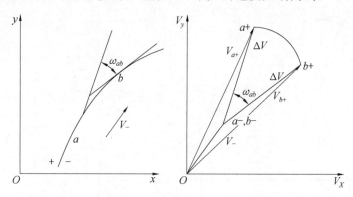

图 7.28　一侧为刚性区的速度间断曲线在速度平面上的映象

③ 滑移线 $\overset{\frown}{ab}$（图 7.29）为速度间断曲线，其两侧均为塑性区，速度间断值为 ΔV。在这种情况下，根据前述可知，滑移线在速度平面上将有两条速度矢端曲线 $\overset{\frown}{a_- b_-}$ 和 $\overset{\frown}{a_+ b_+}$ 与其相对应，此两条曲线均与滑移线 $\overset{\frown}{ab}$ 在相应点上彼此垂直。两条曲线的法向距离相等，等于速度间断值，连线 $\overline{a_- a_+}$、和 $\overline{b_- b_+}$ 与滑移线在点 a、点 b 的切线相平行。

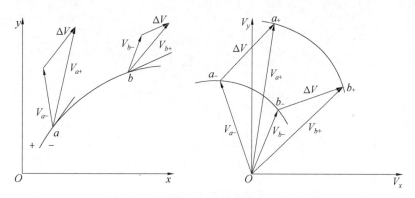

图 7.29　速度间断线在速度平面上的映象

④ 设滑移线 $\overset{\frown}{ab}$ 和 $\overset{\frown}{ac}$ 均为速度间断线，正交于点 a（图 7.30），交点附近的变形平面分成 4 个区域，分别用 1、2、3、4 表示，各个区域内的间断线交点 a 分别用 a_1、a_2、a_3、a_4 表示，区域 1 作刚性平移（移动速度为 V_-）。于是根据前述，区域 1 的滑移线在速度平面上归缩为一点 a_1，区域 2 的滑移线在速度平面的速度矢端曲线为等半径圆弧 $\overset{\frown}{a_2 b_+}$，半径的大小即为滑移线 $\overset{\frown}{ab}$ 上的速度间断值。同理，区域 4 的滑移线在速度平面的速度矢端曲线为等半径圆弧 $\overset{\frown}{a_4 c_+}$，半径的大小即为滑移线上 $\overset{\frown}{ac}$ 的速度间断值。由于区域 3 内的点 a_3 相对于点 a_2、点 a_4 都有速度间断，故该点在速度平面上为过点 a_2、点 a_4 所引 $\overline{a_1 a_2}$ 和 $\overline{a_1 a_4}$ 的平行线的交点 a_3。归纳起来，交点 a 在速度平面上映射为 4 个点（a_1、a_2、a_3、a_4）。

上述各项对于绘制速端图非常有用，下面举例说明。

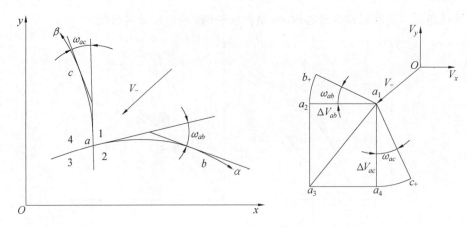

图 7.30　两相交速度间断线在速度平面上的映象

4. 绘制速端图实例

图 7.31 为光滑平底模平面挤压($h/H < 0.5$)时的滑移线场,现根据该滑移线场绘制速端图。

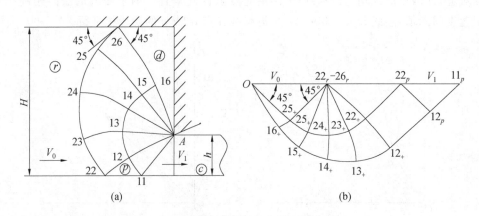

图 7.31　光滑平底模平面挤压($h/H < 0.5$)

显而易见,d 区为死区,r 区和 c 区为刚性区,滑移线 $\overline{22-26}$,$\overline{26-A}$ 和 $\overline{22-A}$ 均为速度间断线,但后者两侧均为塑性区。现设 r 区的移动速度为 V_0,则出口侧 c 区的移动速度 $V_1 = V_0 \dfrac{H}{h}$,由速度平面坐标原点 O 出发,沿水平方向按一定比例截取速度矢量 V_0、V_1,速度矢端图最终必须在速度矢量 V_1 的端点闭合。点 O 代表所有固定点,死区 d 亦映射在该点上。

滑移线 $\overline{26-16}$ 的塑性区一侧在速度平面上为一等半径圆弧 $\overset{\frown}{26_+ - 16_+}$,滑移线 $\overline{16-A}$ 在速度平面上归缩为一点 16_+,又滑移线 $\overline{22-26}$ 的刚性区一侧在速度平面上归缩为一点 $(22_r - 26_r)$,而塑性区一侧在速度平面上为一等半径圆弧 $\overset{\frown}{22_+ - 26_+}$,点 26_+ 是由点 O 和 $(22_r - 26_r)$ 各作45°斜线相交而定,塑性区 $12-16-22-26$ 的速度图可以上述两等半径圆弧 $\overset{\frown}{26_+ - 16_+}$ 和 $\overset{\frown}{22_+ - 26_+}$ 作为起始线,根据滑移线与速度矢端曲线在相应点上彼此垂直或两族滑移线的速度矢端曲线彼此正交的原理,用作图法绘出。图 7.31(b) 中的

$\overline{16_+ - 12_+}$ 即为滑移线 $\overline{16-12}$ 的速度矢端曲线，$\overline{16_+ - 12_+}$ 即为滑移线 $\overline{16-26}$ 的速度矢端曲线，…，对照该区的滑移线场和速端图可以看出，该区内的点 22 的速度矢量为 $O-22_+$，但由对称条件出发，可确定该点在区 p 内沿水平方向流动。这样，只有当滑移线 $\overline{22-A}$ 为速度间断线时才有可能。既然 $\overline{22-A}$ 为速度间断线，而其两侧又均为塑性区，根据前述可知，该间断线在速度平面上将有两条法向距离相等的速度矢端曲线 $\overline{22_+ - 12_+}$ 和 $\overline{22_p - 12_p}$ 与其相对应，由点 22_+ 所做的 45° 斜线 $\overline{22_+ - 22_p}$ 即为 $\overline{22-A}$ 的速度间断值。余下的 p 区可用相类似的滑移线场图解法绘出其速端图。在本例中，点 22 相当于图 7.30 中的点 a，该点在速度平面上映射为三点 22_r、22_+、22_p（因只画出一半滑移线场，故第四点未示出）。

7.3 理论解析应用

应用滑移线法求解刚塑性体平面变形问题，其实质就是根据应力边界条件求解滑移线和应力状态，并根据速度边界条件求出和滑移线场相匹配的速度场。滑移线理论本身是严密的、精确的，但在应用该理论处理具体问题时，却往往需要做出各种简化假设，而且在建立滑移线场时也往往采用近似方法，因此，用滑移线求解的最后结果也带有近似性。下面应用滑移线场的相关理论分析自由锻造、拉深、挤压等主要塑性成形工序。

7.3.1 滑移线法在体积成形中的应用

1. 冲头压入半无限体

（1）平冲头压入半无限体。

在大型自由锻造中，剁刀切断大钢坯或用压铁在锻件上局部压入等锻造工步的金属变形状态，可以看作是平冲头压入半无限体内的塑性成形问题。由于钢坯尺寸很大，且冲头长度远大于宽度，故此时的变形可以认为是平面应变状态，可以用滑移线法来求解单位变形力。

设冲头宽度为 $2b$，冲头长度 $L \gg$ 宽度 $2b$，冲头表面光滑，冲头与坯料的接触摩擦力为 0。

这一问题有普朗特（Prandtl）解和希尔（Hill）解，普朗特场如图 7.32 所示，希尔场如图 7.33 所示，两种解法求解过程相似，求解结果相同，本书只介绍希尔解。

① 建立滑移线场。

如图 7.33 所示，冲头压入时，不仅冲头下面的金属压缩要产生塑性变形，而且靠近冲头两侧附近自由表面的金属因受挤压后也会凸起而产生塑性变形。冲头两侧的自由表面上没有外力作用，根据滑移线特性和应力边界条件可知，此处的 $\omega = \dfrac{\pi}{4}$，$\sigma_{\mathrm{m}} = -K$，$\triangle ACD$ 是均匀应力状态的正交直线场，按照定族规则，对 D 点进行分析，判断出 CD 线为 α 族滑移线，AC 线为 β 族滑移线。

冲头下方 $\tau = 0$，根据边界条件可知，滑移线与接触表面夹角 $\omega = -\dfrac{\pi}{4}$。若接触面的单

位压力 p 均匀分布,则 $\triangle OBA$ 也是均匀场,对 O 点进行分析,判断出 OB 为 α 族滑移线,AB 为 β 族滑移线。$\triangle OBA$ 和 $\triangle ACD$ 区域尽管都是均匀场,但应力状态不同,按照滑移线性质,这两均匀场必然由扇形场相连接,故 ABC 区域为有心扇形场,圆弧为 α 族滑移线,半径为 β 族滑移线,A 点是应力奇点。

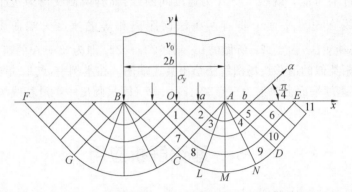

图 7.32 平冲头压入半无限体的普朗特解

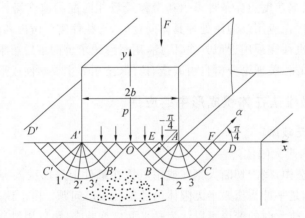

图 7.33 平冲头压入半无限体的希尔解

冲头压入时,首先在 A、A' 两点附近产生变形,然后逐步扩展,直到整个 AA' 边界都达到塑性状态后,冲头才能开始压入。$D'C'B'OBCD$ 为塑性变形区,其下方为刚性区,显然,整个滑移线场以冲头的中心线为基准对称。

② 求平均单位压力。

由于整个模型的对称性,只取右半部分进行分析。在滑移线场中任取一条连接自由表面和冲头接触面的 α 线 EF,对 F 点进行受力分析,F 点位于自由表面,$\sigma_1 = 0$,根据屈服准则 $\sigma_1 - \sigma_3 = 2K$,解得 $\sigma_3 = -2K$,F 点的平均正应力 $\sigma_{mF} = -K$,$\omega_F = \dfrac{\pi}{4}$。

对 E 点进行受力分析,E 点位于接触表面上,$\sigma_3 = -p$,根据屈服准则 $\sigma_1 - \sigma_3 = 2K$,解得 $\sigma_1 = 2K - p$,E 点平均正应力 $\sigma_{mE} = -p + K$,$\omega_E = -\dfrac{\pi}{4}\left(\text{或}\dfrac{3\pi}{4}\right)$。

EF 为 α 族滑移线,沿其列亨盖方程可得

$$\sigma_{mF} - 2K\omega_F = \sigma_{mE} - 2K\omega_E$$

即
$$\sigma_{mF} - \sigma_{mE} = 2K(\omega_F - \omega_E)$$

解得
$$p = K(\pi + 2) \tag{7.23a}$$

单位长度上冲头的压力为
$$F = 2bp = 2bK(\pi + 2) \tag{7.23b}$$

（2）楔形冲头压入半无限体。

锥顶角为 2φ 的楔形冲头压入刚塑性半无限体的情况如图 7.34(a) 所示，金属被楔体从两旁挤出，形成突起，区域 $ABCDE$ 处于塑性状态，边界线 AE 成为倾斜的自由表面，可认为是直线。随着切入深度的增加，塑性变形区按比例扩大。

① 建立滑移线场。

设冲头的表面压力为 p 且均匀分布，摩擦切应力 $\tau = fp$，根据边界条件及滑移线的性质，可知 $\triangle ADE$ 区的滑移线是由正交直线组成的均匀场，与 AE 边界成 $\pm 45°$ 角的直线。$\triangle ABC$ 区也是均匀应力场，其滑移线与 AB 边界分别成 $(90° - \psi)$ 和 ψ 交角，其 ψ 角可根据摩擦切应力的大小由式(7.12)确定。根据亨盖第一定理及其推论可知，处于 $\triangle ADE$ 和 $\triangle ABC$ 之间的滑移线场是中心角为 λ 的有心扇形场，组成的整个滑移线场如图 7.34(b) 所示。A 点时应力奇点。并按判断规则可确定相应的 α 线和 β 线。

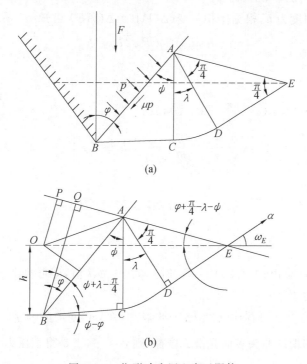

图 7.34　楔形冲头压入半无限体

② 求 AB 面上的平均单位压力。

已知滑移线场后，就可以求解接触表面上的单位流动压力 p 及冲头的总压力 F。取一条 α 线 $BCDE$ 进行分析。在边界 AE 上的 E 点，有 $\omega_E = \psi - \varphi + \lambda$，$\sigma_{mE} = -K$。在接触面 AB 上的 B 点，有 $\omega_B = \psi - \varphi$。沿其列亨盖方程有
$$\sigma_{mB} - 2K\omega_B = \sigma_{mE} - 2K\omega_B$$

则

$$\sigma_{mB} = \sigma_{mE} - 2K(\omega_E - \omega_B) = -K - 2K(\psi - \varphi + \lambda - \psi + \varphi) = -K(1 + 2\lambda)$$

按式(7.1)第二式,得楔面上 B 点的正应力

$$\sigma_y = \sigma_{mB} + K\sin 2\omega'_B = -K(1 + 2\lambda) + K\sin 2(\frac{\pi}{2} - \psi) =$$

$$-K(1 + 2\lambda + \sin 2\psi)$$

所以

$$p = -\sigma_y = K(1 + 2\lambda + \sin 2\psi) \tag{7.24}$$

另外,根据式(7.1)中第三式,得接触面上摩擦切应力为

$$\tau = \pm K\cos 2\omega'_B = \pm K\cos 2(\frac{\pi}{2} - \psi) = \pm K\cos 2\psi$$

由于摩擦系数 f 不能为负值,所以

$$f = \frac{\tau}{p} = \frac{\cos 2\psi}{1 + 2\lambda + \sin 2\psi} \tag{7.25}$$

为了解出 λ 和 ψ 值,还必须根据几何关系得出其他方程。

设 $AB = l$,则 $AE = \sqrt{2}\,l\cos\psi$。

取冲头压入深度为 h,根据体积不变($\triangle OAB = \triangle OAE$)可知

$$lh\sin\varphi = \overline{OP}\sqrt{2}\,l\cos\psi$$

$$\overline{OP} = \frac{h\sin\varphi}{\sqrt{2}\cos\psi}$$

因 $\overline{BQ} = \overline{OP} + h\cos(\varphi + \frac{\pi}{4} - \lambda - \psi)$,故有

$$l\cos(\psi + \lambda - \frac{\pi}{4}) = \frac{h\sin\varphi}{\sqrt{2}\cos\psi} + h\cos(\varphi + \frac{\pi}{4} - \lambda - \psi) \tag{7.26}$$

并有

$$\overline{AB}\cos\varphi - \overline{AE}\sin(\varphi + \frac{\pi}{4} - \lambda - \psi) = h$$

$$l\cos\varphi - \sqrt{2}\,l\cos\psi\sin(\varphi + \frac{\pi}{4} - \lambda - \psi) = h \tag{7.27}$$

已知 φ、f 和 h,可由式(7.25)~(7.27)求出 λ、ψ、l 值,即可算出 p 值。

冲头的总压力 F 为

$$F = 2(pl\sin\varphi + \mu pl\cos\varphi) = 2pl(\sin\varphi + \mu\cos\varphi) \tag{7.28}$$

如果 $\mu = 0$,即楔形冲头表面光滑无摩擦,则 $\psi = \frac{\pi}{4}$,于是得正压力 p 为

$$p = 2K(1 + \lambda)$$

如果 $\tau = K$,即冲头表面完全粗糙,此时 $\psi = 0$,与冲头接触的三角形 ABC 区消失,λ 角增大,于是得正压力 p 为

$$p = K(1 + 2\lambda)$$

如果 $\tau = K$,且 $2\varphi = \frac{\pi}{2}$,则问题将与平冲头压入半无限体的普朗特解一致;但当 $2\varphi >$

$\dfrac{\pi}{2}$ 时,楔形冲头下面将存在金属流动死区(金属不发生塑性流动,成为刚性区)。

(3)圆弧冲头压入半无限体。

圆弧冲头或半圆冲头压入半无限体时的情况如图 7.35 所示,它也是一种平面变形问题,可以运用滑移线场理论求解。

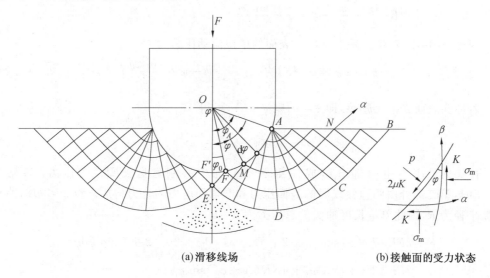

(a)滑移线场　　　　　　　(b)接触面的受力状态

图 7.35　圆弧冲头压入半无限体

① 建立滑移线场。

当接触面上存在滑动摩擦时,塑性变形区由 4 个不同部分组成:在冲头正中下部为刚性区 FEF';$AFED$ 为无心扇形场,与冲头圆弧表面接触的滑移线和圆弧表面成 ψ 角,ψ 角可根据摩擦系数按式(7.12)确定;ADC 为有心扇形场;$\triangle ABC$ 为自由边界的均匀应力场。滑移线和冲头中心轴线相交于点 E,成 $\dfrac{\pi}{4}$ 角。设线 OF 与中心轴夹角为 φ_0,根据三角形关系可知

$$\varphi_0 = \frac{\pi}{4} - \psi$$

α 和 β 线可根据边界 AB 的受力状态及前述判定规则确定。

② 求接触面上的平均单位压力和冲头的总压力。

取 α 族中任意一滑移线 MN,相应的中心角为 φ。由边界条件可知在 M 点有

$$\omega_M = -\left[\frac{\pi}{2} - (\psi - \varphi)\right]$$

N 点在自由边界上,故可得

$$\omega_N = \frac{\pi}{4}, \sigma_{mN} = -K$$

根据亨盖方程式,对线 MN(α 线)有

$$\sigma_{mM} - 2K\omega_M = \sigma_{mN} - 2K\omega_N$$

所以　　　$$\sigma_{mM} = \sigma_{mN} - 2K(\omega_N - \omega_M) = -K - 2K\left(\frac{\pi}{4} + \frac{\pi}{2} - \psi - \varphi\right) =$$

$$-2K\left(\frac{3\pi}{4}+\frac{1}{2}-\psi-\varphi\right)$$

按式(7.1)第二式,作用于点 M 且垂直于冲头表面的正应力(图 7.35(b))为

$$\sigma_y = \sigma_{mM} + K\sin 2\omega'_M = -2K\left(\frac{3\pi}{4}+\frac{1}{2}-\psi-\varphi\right)+K\sin 2\left(\frac{\pi}{2}-\psi\right)=$$

$$-2K\left(\frac{3\pi}{4}+\frac{1}{2}-\psi-\varphi+\frac{\sin 2\psi}{2}\right)$$

因此,作用于点 M 且垂直于冲头表面的单位流动压力为

$$p = -\sigma_y = -2K\left(\frac{3\pi}{4}+\frac{1}{2}-\psi-\varphi+\frac{\sin 2\psi}{2}\right) \tag{7.29}$$

若冲头表面光滑无摩擦,即 $\tau=0$,则 $\psi=\frac{\pi}{4}$,可得

$$p = -2K\left(1+\frac{\pi}{2}-\varphi\right) \tag{7.30}$$

冲头的总压力由两部分组成。第一部分为中心刚性区 FEF' 的压力,参见式(7.23b),第二部分由两边弧线段的表面压力和摩擦切应力的合力构成。设 $\tau=2\mu K$,冲头圆弧半径为 R,因此单位长度冲头的总压力为

$$F = 2RK(2+\pi)\sin\varphi_0 + 2\int_{\varphi_0}^{\varphi_A} pR\cos\varphi\mathrm{d}\varphi + 2\int_{\varphi_0}^{\varphi_A} 2\mu KR\sin\varphi\mathrm{d}\varphi =$$

$$2RK(2+\pi)\sin\varphi_0 + 4KR(A-\varphi_A)\sin\varphi_A -$$

$$4KR(A-\varphi_0)\sin\varphi_0 + 4K(1+\mu)R(\cos\varphi_0 - \cos\varphi_A) \tag{7.31}$$

式中,$A=\frac{3\pi}{4}+\frac{1}{2}-\psi+\frac{\sin 2\psi}{2}$;$\varphi_A$ 为线 OA 和中心轴所交成夹角,它随冲头的压入而逐渐增大。

对圆球形冲头压入半无限体本应该属于轴对称问题,但当假设圆周方向不产生变形时,子午面上的变形与平面变形相似,也可以运用滑移线场理论进行求解。所得接触面上压力与式(7.29)一致,但冲头的总压力则是根据式(7.29)沿球面积分而得。

2. 平砧压缩高坯料

前面所讨论的冲头压入半无限体,其塑性变形只发生在冲头下方和两侧较浅的区域内。但当冲头压缩有限高的坯料时,塑性变形将出现不同形式,如图 7.36(a) 所示,设冲头的有效工作宽度为 $2b$,坯料高度为 $2h$。当冲头开始压缩时,首先在冲头的 4 个角处产生塑性变形;随着冲头的压入,两边变形区逐步向坯料中心发展,形成有心扇形场。试验研究表明,当坯料的相对高度为 $1\leqslant\frac{h}{b}\leqslant 8.6$ 时,两边变形区将在坯料中心处相接,塑性变形发展到坯料的整个高度;此时,冲头两侧金属左右分开,而不再向上凸起。根据应力边界条件,可以解出滑移线场。由于塑性变形区上下左右相互对称,因此只要取 $\frac{1}{4}$ 求解即可。

(1)滑移线场的建立。

设冲头和坯料接触面之间的压力 p 为均匀分布,冲头和坯料无相对滑动,则可以认为冲头下方的金属为均匀场,滑移线为两族正交直线,如图 7.36(b) 中的 $\triangle AOC$。

现以 A 为中心、AC 为半径,作中心扇形 ACD,并等分中心角,现取 $\Delta\omega=\theta\approx10°$,得节点 $(0,0),(0,1),\cdots,(0,m)$;并以弦线代替相邻节点之间的弧线。

从点 $(0,1)$ 起,作 $(0,0)-(0,1)$ 弦线的垂线,与 y 轴交于点 $(1,1)$。再从点 $(0,2)$ 开始,作 $(0,1)-(0,2)$ 弦线的垂线,并从点 $(1,1)$ 作 $(1,1)-(0,1)$ 线的垂线,两直线相交得点 $(1,2)$。再从点 $(1,2)$ 开始,作 $(1,1)-(1,2)$ 线的垂线,与 y 轴交于点 $(2,2)$。再从点 $(0,3)$ 点开始,作 $(0,2)-(0,3)$ 线的垂线,又由点 $(1,2)$ 开始,作 $(1,2)-(0,2)$ 线的垂线,两线相交得点 $(1,3)$。如此继续,直到塑性变形区的中心点 M 为止,即得出满足应力边界条件的滑移线场。

所有滑移线网格都是四边形,四边形的内角分别为 $\frac{\pi}{2}$、$\frac{\pi}{2}+\theta$、$\frac{\pi}{2}$ 和 $\frac{\pi}{2}-\theta$。

每条滑移线可用直线段连成的折线代替。在 CDM 区域内,滑移线每通过一个节点,直线将转动 $\theta(=\Delta\omega)$ 角。如所取 θ 角足够小,折线和曲线将非常接近。当 $\theta=5°$ 时,误差不超过 3%。

(2) 数值积分法求解滑移线场内各点应力。

已知滑移线场后,可以根据 ΔAOC 内的应力边界条件和定族原则确定出 AC 为 α 线、CD 为 β 线。现以 n 表示 α 族滑移线的顺序,$n=0,1,2,\cdots$;以 m 表示 β 族滑移线顺序,$m=0,1,2,\cdots$;则任意一节点的编号即可由两族线的顺序数 (m,n) 表示。根据亨盖方程就可以计算出各节点的应力,计算从点 $(0,0)$ 开始,在点 $(0,0)$,$\omega_{0,0}=-\frac{\pi}{4}$,$\sigma_3=\sigma_y=-p$,由屈服准则得

$$\sigma_1-\sigma_3=\sigma_x-\sigma_y=2K,\quad \sigma_1=\sigma_x=-p+2K$$

则平均应力为

$$\sigma_{m(0,0)}=\frac{\sigma_x+\sigma_y}{2}=-p+K$$

从点 $(0,0)$ 到点 $(0,n)$ 沿 β_0 线,每节点转一个 θ 角,α 线与 x 轴的倾角均增加一个 $-\theta$,所以

$$\omega_{0,n}=\omega_{0,0}+(-n\theta)=-\frac{\pi}{4}-n\theta$$

沿 β_0 线节点的平均应力为

$$\sigma_{m(0,n)}=\sigma_{m(0,0)}+2K(\omega_{0,0}-\omega_{0,n})=-p+2K(\frac{1}{2}+n\theta)$$

再从点 $(0,n)$ 到点 (m,n) 沿 α_n 滑移线,每从一个节点移到下一个节点时,α 线与 x 轴的倾角均减小一个 $-\theta$,所以

$$\omega_{m,n}=\omega_{0,n}-(-m\theta)=-\frac{\pi}{4}-n\theta+m\theta=-\frac{\pi}{4}+(m-n)\theta$$

沿 α_n 线节点的平均应力为

$$\sigma_{m(m,n)}=\sigma_{m(0,n)}-2K(\omega_{0,n}-\omega_{m,n})=-p+K[1+2\theta(m+n)]$$

于是便得到计算各节点平均应力和倾角的计算公式为

$$\left.\begin{array}{l} \sigma_{m(m,n)} = -p + K[1 + 2\theta(m+n)] \\ \omega_{m,n} = -\dfrac{\pi}{4} + (m-n)\theta \end{array}\right\} \quad (7.32)$$

任意一点的应力为

$$\left.\begin{array}{l} \sigma_{x(m,n)} = \sigma_{m(m,n)} - K\sin 2\omega_{m,n} \\ \sigma_{y(m,n)} = \sigma_{m(m,n)} + K\sin 2\omega_{m,n} \\ \tau_{xy(m,n)} = K\cos 2\omega_{m,n} \end{array}\right\} \quad (7.33)$$

由以上分析可知,只要绘出滑移线场并给定出各节点的编号(m,n),即可算出任意一点的应力,而不必逐点依次计算。由式(7.32)的第一式可以看出,当节点编号之和 $m+n$ 等于常数,其平均应力不变,这些节点是滑移线网格的对角点,连接这些节点的折线,将成为滑移线场内的等压线,如图7.36(b)中的点画线所示。由式(7.32)第二式可以看出,当节点编号之差 $m-n$ 为常数,其 ω 角不变,这些节点是滑移线网格的另一对角点,根据式(7.33)的第三式,其切应力值不变,将这些节点连接起来,就会成为滑移线场内的等倾角线,如图7.36(b)的虚线所示。

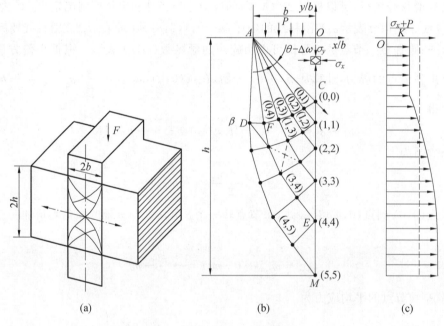

图 7.36　平砧头压缩有限高坯料

(3) 确定单位流动压力 p。

由式(7.33)第一式可计算出中心轴 OM 线上各点的值,将$\dfrac{\sigma_x + p}{K}$值的变化沿 y 轴绘成曲线如图7.36(c)所示。由于坯料水平方向不受外力作用,根据力的平衡条件 $\sum F_x = 0$,得

$$\int_0^h \sigma_x \mathrm{d}y = 0 \quad (7.34)$$

沿对称轴 Oy，有 $m=n$、$\omega=\dfrac{\pi}{4}$，所以

$$\sigma_{x(m,n)}=-p+2K(1+2\theta m)$$

代入式(7.34)有

$$\int_0^h \sigma_{x(m,n)}\mathrm{d}y=\int_0^h[-p+2K(1+2\theta m)]\mathrm{d}y=0$$

最终得

$$\frac{p}{2K}=\frac{\int_0^h(1+2\theta m)\mathrm{d}y}{h} \tag{7.35}$$

上式表明 $\dfrac{p}{2K}$ 相当于图 7.36(c)中虚线所示的平均高度。

图 7.37 表示平砧锻轴时截面上的塑性变形区和应力分布情况。如坯料内部材料存在缺陷，造成应力集中现象，中心区的拉应力就可能超过材料的抗拉强度，导致坯料中心开裂。在实际生产中要注意避免发生此类现象。

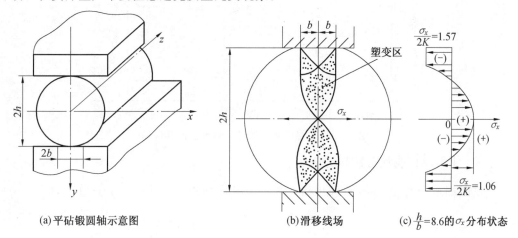

图 7.37　平砧锻圆轴时截面上的滑移线场与应力分布情况

3. 粗糙平板间压缩长坯料

长板坯料在平砧上压缩时，可近似为平面变形。假定平砧完全粗糙，则接触面上的摩擦切应力 $\tau=K$。由于变形体上下左右对称，故只取四分之一分析即可。为了便于分析，取坯料宽度与厚度之比 $\dfrac{b}{h}$ 为3.64。此时，变形区分布如图7.38(a)所示，坯料两侧的自由表面附近为均匀应力区Ⅰ，砧面接触部分为刚性Ⅳ，中心部分为塑性变形区Ⅱ和Ⅲ。

(1) 建立滑移线场。

假定自由表面 AB 为直线，根据应力边界条件，在 $\triangle ABC$ 内滑移线场为均匀场。线 BF 为对称轴，滑移线与该线的夹角大小都为 $\dfrac{\pi}{4}$。根据亨盖定理和边界条件，区域 ACE 为以点 A 为中心的有心扇形场。现以给定的等分角度($\theta=5°\sim15°$)将扇形区域 CAE 等分，等分线将圆弧 $\overgroup{CE}$ 分为微小线段，并得到圆弧上的相应节点，节点编号为$(0,0),(0,1),\cdots$；

以弦线代替弧线连接各相邻节点。采用图解法，可以绘制出塑性变形区滑移线场，并得到相应的节点，如图 7.38 所示。根据 $\triangle ABC$ 内的应力状态，可确定 AC 为 α 线，CE 为 β 线，以 n 表示 α 族滑移线的顺序，$n = 0, 1, 2, \cdots$；现以 m 表示 β 族滑移线的顺序，$m = 0, 1, 2, \cdots$；则任意一节点的编号可由 (m, n) 表示。已知滑移线场和节点标号后，即可根据边界条件算出各节点的应力。

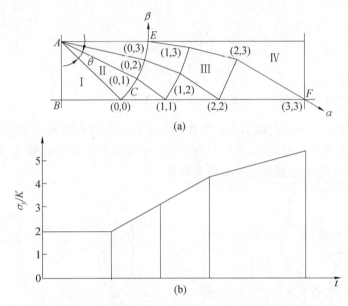

图 7.38　粗糙平板间压缩长坯料的滑移线场

（2）求解滑移线场内各节点应力。

根据屈服准则和边界条件可得，在点 $(0, 0)$，倾角 $\omega_{0,0} = -\dfrac{\pi}{4}$，平均应力 $\sigma_{m(0,0)} = \dfrac{\sigma_x + \sigma_y}{2} = -K$。

从滑移线场的形状可得：沿 β_0 滑移线从 $(0, 0)$ 到点 $(0, n)$，每过一个节点，α 线与 x 轴的倾角均较小一个 $-\theta$，所以

$$\omega_{0,n} = \omega_{0,0} - n(-\theta) = -\frac{\pi}{4} + n\theta$$

根据亨盖方程可得

$$\sigma_{m(0,n)} = \sigma_{m(0,0)} + 2K(\omega_{0,0} - \omega_{0,n}) = -K(1 + 2n\theta)$$

再沿 α_n 滑移线从点 $(0, n)$ 到点 (m, n)，每顺移一个节点，α 线与 x 轴的倾角均增加一个 $-\theta$，所以

$$\omega_{m,n} = \omega_{0,n} + m(-\theta) = -\frac{\pi}{4} + n\theta - m\theta = -\frac{\pi}{4} - (m - n)\theta$$

沿 α_n 线，再由式亨盖方程有

$$\sigma_{m(m,n)} = \sigma_{m(0,n)} - 2K(\omega_{0,n} - \omega_{m,n}) = -K(1 + 2n\theta) - 2Km\theta = -K[1 + 2(m + n)\theta]$$

因此，便得到计算各节点平均应力和倾角的计算公式为

$$\left.\begin{aligned}\sigma_{m(m,n)} &= -K[1+2(m+n)\theta]\\\omega_{m,n} &= -\frac{\pi}{4}-(m-n)\theta\end{aligned}\right\} \tag{7.36}$$

式(7.36)的形式与(7.32)相似。同样的，$m+n$ 为常数的各节点可连成等压线；$m-n$ 等于常数的各节点可连成等倾角线。已知各节点的平均应力和倾角后，根据式(7.1)便可以求出各节点的应力分量。

$$\left.\begin{aligned}\sigma_{x(m,n)} &= -K[1+2(m+n)\theta]+K\cos 2(m-n)\theta\\\sigma_{y(m,n)} &= -K[1+2(m+n)\theta]-K\cos 2(m-n)\theta\\\tau_{xy(m,n)} &= K\sin 2(m-n)\theta\end{aligned}\right\} \tag{7.37}$$

由以上两式可知，塑性变形区内的 σ_m、σ_x、σ_y 都是压应力。

（3）求解总压力 F。

已知各点的应力后，压缩所需要总压力 F 可由任意一条贯穿横截面的滑移线上的应力沿作用力方向的投影对垂直面上的积分求得。设坯料长度为 L，则单位长度坯料的总压力为

$$\frac{F}{L} = 2\int_{\overset\frown{AEF}} \sigma_m ds\cos\omega + 2\int_{\overset\frown{AEF}} K ds\sin\omega = 2\int_0^{\frac{b}{2}} \sigma_m dx + 2\int_0^{\frac{h}{2}} K dy =$$

$$2\int_0^{\frac{b}{2}} \sigma_m dx + Kh = 2\int_{\overset\frown{AEF}} \sigma_y dx + 2\int_{\overset\frown{AEF}} \tau_{xy} dy \tag{7.38}$$

另外，总压力 F 还可按下面的方法计算：沿对称轴线 BF，$\tau_{xy}=0$，根据力的平衡原理，总压力也是等于沿 BF 线的应力分量 σ_y 对面积的积分，如图 7.38(b) 所示。即

$$\frac{F}{L} = 2\int_{BF} \sigma_y dx \tag{7.39}$$

在 BF 线上 $m=n$，由式(7.38)和式(7.39)，且压力取正值，则得

$$\frac{F}{L} = 2\int_{BF} 2K(1+2m\theta)dx \tag{7.40}$$

4. 平面变形挤压

挤压可分为正挤压、反挤压和复合挤压等形式。在挤压变形时，坯料横截面积缩小，长度增加。如果挤压前后的宽度不变，只是长度增加，则是平面变形挤压。挤压的变形程度一般用挤压前后的面积比来表示，称为挤压比。对于平面变形挤压，变形程度可由挤压前后料厚之比（即挤压比 $=\dfrac{H}{h}$）表示，也可由截面缩减率 $R(=\dfrac{H-h}{h})$ 表示。不同挤压比和不同方式的挤压，其变形区不同，以下分别讨论用滑移线场理论求解部分挤压变形问题。

（1）平底模无摩擦正挤压。

① 挤压比为 2 时。

假定挤压筒内壁光滑，即挤压时接触面无摩擦切应力作用。现设坯料高为 H，凹模出口高为 h，$H=2h$。此时，可建立滑移线场如图 7.39 所示，是由对称于中心线的两个扇形场 AOB 和 $A'OB'$ 组成。直径线 AB、$A'B'$ 与挤压筒壁和中心线的夹角均为 $\dfrac{\pi}{4}$，AO、

$A'O$ 与对称中心线也成 $\dfrac{\pi}{4}$ 夹角。$\triangle ABC$ 和 $\triangle A'B'C'$ 是不产生塑性变形的刚性区,是均匀应力场;AA' 以外是已变形完了只做刚体运动的区域,故 AA' 可认为是自由表面;圆弧 $\overset{\frown}{BO}$、$\overset{\frown}{B'O}$ 以外则是未变形的刚性区。由于对称性,故分析上半部即可。根据判断规则可得圆弧方向为 α 线,直径方向为 β 线。

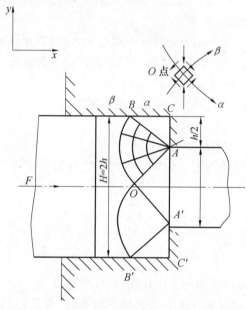

图 7.39   平面变形正挤压($H = 2h$)

工作时挤压力全部作用于刚性区的边界 AB 和 $A'B'$ 上。O 点的平均应力和倾角可由边界条件和屈服准则求得

$$\sigma_x = 0, \quad \sigma_y = -2K, \quad \sigma_{mO} = -K, \quad \omega_0 = \frac{3\pi}{4}$$

沿 α 线,在 B 点倾角 $\omega_B = \dfrac{\pi}{4}$,根据亨盖方程式(7.6)得

$$\sigma_{mO} - 2K\omega_O = \sigma_{mB} - 2K\omega_B$$

$$\sigma_{mB} = -k(1 + \pi)$$

由式(7.1)即可求得 B 点的应力分量为

$$\sigma_{xB} = \sigma_{mB} - K\sin 2\omega_B = -K(2 + \pi)$$

$$\sigma_{yB} = \sigma_{mB} + K\sin 2\omega_B = -K\pi$$

$$\tau_{xy(B)} = K\cos 2\omega_B = 0$$

所需挤压力 F 可由以下积分求得

$$F = 2\int_0^{\frac{h}{2}} \sigma_{xB} B \, \mathrm{d}y = K(2 + \pi)hB \tag{7.41}$$

单位流动力

$$p = \frac{F}{HB} = K\left(1 + \frac{\pi}{2}\right) = 2.57K \tag{7.42}$$

② 挤压比不等于 2 时。

不同挤压比，塑性变形区和滑移线场也不一样。图 7.40 所示为 $\dfrac{H}{h}=1.45<2$ 时的滑移线场，它由有心扇形场、均匀场及由有心扇形场扩展的部分组成。用图解法绘制滑移线场时从 AE 开始，AE 与筒壁的交角为 $\dfrac{\pi}{4}$；同时，总可找到一条滑移线 AB（为便于分析，本例中取 $\omega_B=-\dfrac{\pi}{6}$），其延长线与中心轴交角为 $\dfrac{\pi}{4}$。由于挤压力全部作用在 AE 上，所以只要通过滑移线场的性质求出 E 点的平均应力，就能求出单位流动压力。

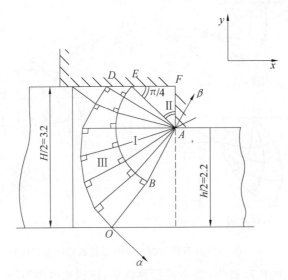

图 7.40　平面变形正挤压（$H<2h$）

首先由 O 点沿 β 线求 B 点平均应力，由边界条件、屈服准则及亨盖方程可得

$$\sigma_{mB}=\sigma_{mO}+2K(\omega_O-\omega_B)=-K+2K\left[-\dfrac{\pi}{4}-\left(-\dfrac{\pi}{6}\right)\right]=-K\left(1+\dfrac{\pi}{6}\right)$$

然后由 B 点沿 α 线求 E 点平均应力为

$$\sigma_{mE}=\sigma_{mB}+2K(\omega_E-\omega_B)=-K\left(1+\dfrac{\pi}{6}\right)+2K\left[-\dfrac{3\pi}{4}-\left(-\dfrac{\pi}{6}\right)\right]=-K\left(1+\dfrac{4\pi}{3}\right)$$

再求作用于 AE 上的水平应力及单位流动压力，因为 $\triangle AEF$ 为均匀场，E 点的水平应力就代表了该场任意点的水平应力。E 点的水平应力根据式(5.1)得

$$\sigma_{xE}=\sigma_{mE}-K\sin 2\omega_E=-K\left(1+\dfrac{4\pi}{3}\right)-K\sin\left(-\dfrac{3\pi}{2}\right)=-K\left(2+\dfrac{4\pi}{3}\right)$$

故单位流动应力为

$$p=\dfrac{F}{HB}=\dfrac{\sigma_{xE}(H-h)B}{HB}=\dfrac{\sigma_{xE}(6.4-4.4)}{6.4}=\dfrac{1}{3.2}\sigma_{xE}=1.93K<2K \tag{7.43}$$

比较式(7.42)、式(7.43)可知，挤压比减小，挤压时的单位流动压力也减小，即挤压力与挤压比成比例关系。

(2) 锥形凹模正挤压。

在光滑无摩擦的锥形凹模上正挤压时,对不同锥角的大小,其塑性变形区不同,一般有三种典型的情况,对应三种滑移线场,如图 7.41 所示。设凹模锥顶角为 2γ,则在图 7.41(b) 所示的情况下,由于 $\overline{AB} = \overline{AA'} = h$,所以截面缩减率 R 与锥角的关系为

$$R = \frac{H-h}{H} = \frac{2\overline{AB}\sin\gamma}{2\,\overline{AB}\sin\gamma + h} = \frac{2\overline{AB}\sin\gamma}{2\,\overline{AB}\sin\gamma + \overline{AB}} = \frac{2\sin\gamma}{2\sin\gamma + 1} \tag{7.44}$$

上式表明,当截面缩减率为 $R = \frac{1}{2}$ 时,γ 必定等于 $\frac{\pi}{6}$。现以截面缩减率为 $\frac{1}{2}$ 的锥形凹模为例,说明用滑移线法求单位挤压力的方法和步骤。

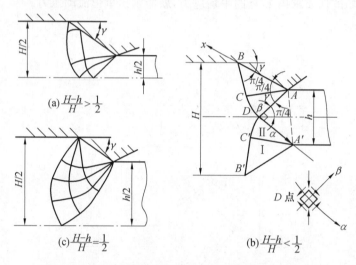

图 7.41　锥形凹模不同截面缩减率正挤压时的滑移线场

用图解法可建立如图 7.41(b) 所示的滑移线场,该场是由均匀场 Ⅰ 和顶角为 γ 的有心扇形场 Ⅱ 组成。ADA' 右侧是已变形的刚性区,故 ADA' 可认为是自由表面;BCD 左侧也为刚性区。AD 与中心轴交角为 $\frac{\pi}{4}$,AC、BC 与筒壁的交角也为 $\frac{\pi}{4}$。根据定族规则可得 BCD 为 α 线,DA 为 β 线。由于整个模型对称于中心轴,所以只需研究上半部分的滑移线场。

在边界 D 点,$\sigma_{xD} = 0$,$\sigma_{yD} = -2K$,$\sigma_{ND} = -K$,$\omega_D = -\frac{\pi}{4}$,在 B 点,$\omega_B = -(\frac{\pi}{4} + \gamma)$,沿 α 线根据亨盖方程式(7.6) 得

$$\sigma_{NB} = \sigma_{ND} + 2K(\omega_B - \omega_D) = \sigma_{ND} - 2K\gamma = -K(1 + 2\gamma)$$

为便于计算,将 x 轴放在 AB 面上,然后按式(7.1) 可求得 AB 面上的正应力

$$\sigma_N = \sigma_{NB} + 2K\sin 2\omega_B = -K(1 + 2\gamma) + K\sin\left[2 \times (-\frac{\pi}{4})\right] = -2K(1 + \gamma)$$

单位长度的总挤压力就是作用于 AB 面上的正应力在 x 轴方向的投影,即

$$F = \sigma_N AB\sin\gamma = 2K(1 + \gamma)h\sin\gamma = 2K(1 + \gamma)\frac{H-h}{2} \tag{7.45}$$

所以,无摩擦时单位挤压力为

$$p = \frac{F}{\frac{H}{2}} = \frac{2K(1+\gamma)(H-h)}{H} = 2K(1+\gamma)R = \frac{4K(1+\gamma)\sin\gamma}{1+2\sin\gamma} \tag{7.46}$$

如果锥形凹模壁粗糙,则必须考虑摩擦的影响。但是,由于摩擦系数 μ 对正应力 σ_n 的影响不大,故可以不需另作滑移线场而直接按以下简便的方法求单位挤压力。

设沿 AB 线同时作用有 σ_N 和 $\tau = \mu\sigma_N$,则单位长度总挤压力为

$$F' = \sigma_N \overline{AB}\sin\gamma + \mu\sigma_N\cos\gamma\,\overline{AB} = \sigma_N\,\overline{AB}(\sin\gamma + \mu\cos\gamma) =$$
$$\sigma_N\,\overline{AB}\sin\gamma(1+\mu\cot\gamma) = (1+\mu\cot\gamma)F \tag{7.47}$$

设有摩擦时的单位挤压力为 p',由于 $F' = p'(H-h) = p'H/2$,由式(7.46)和式(7.47)得

$$p' = (1+\mu\cot\gamma)\frac{F}{\frac{H}{2}} = p(1+\mu\cot\gamma) \tag{7.48}$$

(3)反挤压。

图 7.42 是截面缩减率 R 为 50% 的反挤压示意图。假设凹模内壁和凸模工作表面都很光滑,不存在摩擦。在凸模压力作用下,金属将向上流动。根据边界条件和滑移线性质可得,凸模表面下的滑移线场将是以 A、B 为中心的两个对称的扇形场。现取 BCD 场来分析,因无摩擦,BD 与凹模壁成 $\frac{\pi}{4}$ 夹角,BC 则与凸模表面成 $\frac{\pi}{4}$ 夹角。$\triangle ABC$ 是均匀场,像一个楔形的刚性区挤入金属,但并不是不产生塑性变形。AD' 和 BD 以上的金属只做向上的刚体运动,故 AD' 和 BD 为不受力的自由表面。DCD' 以下为刚性区。对 C 点进行应力分析后,根据判断规则得 BC ,BD 等半径线为 β 线,圆弧 $\overset{\frown}{CD}$ 为 α 线。

现分析 BD 边界,在 D 点,由于模壁没有摩擦阻力,所以 $\sigma_{yD}=0$,$\sigma_{xD}=-2K$,$\sigma_{ND}=-K$,$\omega_D=\frac{\pi}{4}$,而 $\omega_C=-\frac{\pi}{4}$。于是根据式(7.6),得

$$\sigma_{NC} = \sigma_{ND} + 2K(\omega_C - \omega_D) = -K - 2K\left(\frac{\pi}{4}+\frac{\pi}{4}\right) = -K(1+\pi)$$

又利用式(7.1),可求得 C 点的应力分量

$$\sigma_{xC} = \sigma_{NC} - K\sin 2\omega_C = -K(1+\pi) + K = -\pi K$$
$$\sigma_{yC} = \sigma_{NC} + K\sin 2\omega_C = -K(1+\pi) - K = -(\pi+2)K$$

因为 $\triangle ABC$ 为均匀场 ,各点的平均应力及应力分量均相同,故接触面上的正应力 σ_N 为

$$\sigma_N = \sigma_{yC} = -2K\left(1+\frac{\pi}{2}\right)$$

σ_N 也就是反挤压时凸模作用于金属上的单位挤压力,即

$$p = \sigma_N = 2K\left(1+\frac{\pi}{2}\right) = 5.14K \tag{7.49}$$

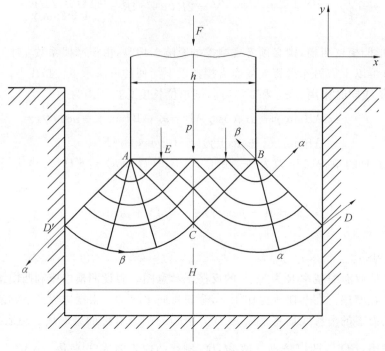

图 7.42　无摩擦反挤压时的滑移线场

7.3.2　滑移线法在板材成形中的应用

1. 圆筒件拉深

由应力边界条件可知,圆形的自由表面或在表面上作用有均布的法向应力时,塑性变形区内的滑移线场是正交的对数螺旋线场。这一类的典型问题有圆筒形零件的拉深和受内压厚壁圆筒的塑性变形。现以圆筒形零件拉深为例说明该类问题的解法。

图 7.43 所示为圆筒形零件的拉深工艺,坯料的变形主要集中在凹模表面与压板之间的凸缘部分,若不考虑压边力的影响,可认为是主应力异号的平面应力状态;再忽略板厚的变化,则可近似看作平面变形状态。可以用滑移线法来解。凸缘部分可简化为受内压 p 作用的圆环。

如图 7.43 所示,$\tau_{\varphi r} = \tau_{r\varphi} = 0$,凸缘上任一点的径向正应力和切向正应力都是主应力,主应力迹线为一系列的同心圆与径向线,滑移线与其相交成 $\pm\left(\dfrac{\pi}{4}\right)$。

取扇形单元体进行受力分析,根据几何条件

$$\mathrm{d}r/r\mathrm{d}\varphi = \tan\frac{\pi}{4} = 1$$

对上式进行积分可得

$$\varphi = \ln r + C$$

由于

$$\omega = \varphi + \frac{\pi}{4} + \frac{\pi}{2}$$

可得滑移线表达式为

$$\omega = \ln r + C \tag{7.50}$$

式(7.50)所表示的滑移线是两族正交的对数螺旋线,其滑移线场如图7.43所示。对 a 点进行分析,判断出曲线 ac 为 α 族滑移线,曲线 ab 为 β 族滑移线。

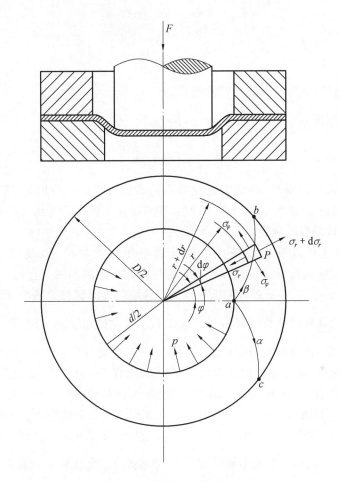

图 7.43　圆筒件拉深的滑移线场

任取一条 β 线 ab,对内表面 a 点进行受力分析: $r = r_0 = \dfrac{d}{2}$, $\sigma_1 = p$,根据屈服准则

$$\sigma_1 - \sigma_3 = 2K$$

解得

$$\sigma_3 = p - 2K$$

a 点平均正应力

$$\sigma_{ma} = p - K, \quad \omega_a = \ln r_0 + C = -\frac{\pi}{4}$$

对外表面 b 点进行受力分析: $r = R = \dfrac{D}{2}$, $\sigma_1 = 0$,根据屈服准则

$$\sigma_1 - \sigma_3 = 2K$$

解得
$$\sigma_3 = -2K$$

点 b 的平均正应力

$$\sigma_{mB} = -K, \omega_b = \ln R + C$$

沿 ab 线列亨盖方程可得

$$\sigma_{ma} + 2K\omega_a = \sigma_{mb} + 2K\omega_b$$

解得

$$p = 2K\ln\frac{D}{d} \tag{7.51}$$

式中，d 为凸模直径；D 为拉深时凸缘的直径。

屈雷斯加屈服准则：
$$K = \frac{\sigma_s}{2}, p = \sigma_s\ln\frac{D}{d}$$

米塞斯屈服准则：
$$K = \frac{\sigma_s}{\sqrt{3}}, p = \frac{2\sigma_s}{\sqrt{3}}\ln\frac{D}{d}$$

对于形状复杂的拉深件，凸缘各处滑移线的形状及转角互不相同，需要根据具体情况，分段求单位拉力 p，求得 p 的分布规律后，即可确定出拉深力及压力中心。

2. 盒形件合理坯料的确定

运用滑移线法可以确定拉深成形的合理毛坯形状和尺寸，现以长盒形拉深件（7.44(a)）为例说明其过程。该拉深件的轮廓包括两个半圆和两个直边。通过分析拉深件板坯的变形情况可知，半圆部分附近板坯的滑移线场为对数螺旋线场，图 7.44(b) 中的Ⅰ区，而直边附近板坯的滑移线场为与直边成 $\pm\frac{\pi}{4}$ 交角的正交直线族（Ⅱ区），在Ⅰ区和Ⅱ区之间的过渡区，滑移线场可近似地认为是由一族直线与另一族平行的对数螺旋线组成（Ⅲ区），在边远区，也可近似地认为是正交直线族（Ⅳ区）。于是，由拉深件轮廓出发所绘制的滑移线场如图 7.44(b) 所示（图中仅给出半个滑移线场）。

由于拉深时板坯周边上的切应力为零，即板坯周边代表着切向主应力的轨迹。因此，只要在滑移线场中根据拉深件的几何尺寸确定一点（如图 7.44(b) 中的 x 点），以该点出发作一曲线，使该曲线每一处与滑移线都成 $\pm\frac{\pi}{4}$ 交角，该曲线就是拉深件板坯的合理周边。至于需预先确定的 x 点，可选在直边部分的中垂线 mm 上，亦可选在圆弧部分圆心角的平分线 nn 上；第一种情况下，该点与直边的距离 B 可按弯曲件的展开公式计算；第二种情况下，该点与半圆圆心的距离 R，可按圆筒件拉深的展开公式计算。

图 7.44(b) 中的曲线 xx_1x_2 就是该长盒形拉深件板坯的合理周边（仅给出 $\frac{1}{4}$）。对于轮廓更为复杂的拉深件，绘制滑移线场时，可将轮廓分解成直线和各种不同半径的圆弧段，然后分别绘制滑移线场，过渡区的滑移线场可在分析的基础上用假设的曲线来代替，其余步骤与上例相同。

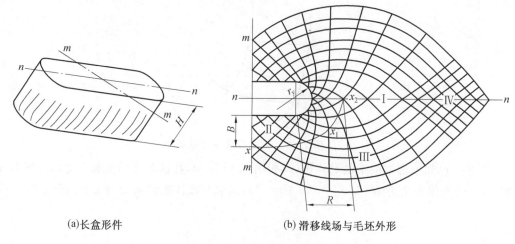

(a)长盒形件　　　　　　　(b)滑移线场与毛坯外形

图 7.44　长盒形拉深件毛坯合理外形的确定

习　　　　题

7.1　何为滑移线、滑移线法,其应用条件是什么?

7.2　为什么说滑移线法在理论上只适用于求解理想刚塑性材料的平面变形问题? 在什么情况下平面应力问题也可以用滑移线法求解? 应注意什么?

7.3　根据平面应变状态应力莫尔圆的特点,试分析滑移线场中各点应力变化与莫尔圆坐标之间的联系。

7.4　亨盖应力方程有什么意义?

7.5　什么是滑移线的沿线特性和跨线特性? 它们有什么意义?

7.6　滑移线法有哪些应力边界条件? 如何判断边界上的滑移线族别?

7.7　已知某刚性材料处于平面应变状态,其滑移线场如图 7.45 所示,β 族是一族同心圆,α 族为直线。若已知 $\sigma_C = -60 \text{ MPa}$,$C_{\beta_2} = -138.5 \text{ MPa}$,试求 D 点的应力状态,并给出 σ_D、ω_D、σ_x、σ_y、τ_{xy}、σ_1、σ_2、σ_3、$\tan 2\omega$ 的值。

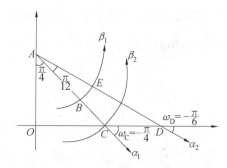

图 7.45　平面应变状态滑移线场

7.8　如图 7.46 所示,两族滑移线的交点为 A、B、C、D,如已知 AB 之间与 AD 之间的 ω 角之差相等,证明应有 $\sigma_A = \sigma_C$,$\sigma_B = \sigma_D$。

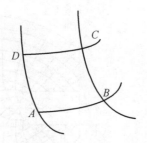

图 7.46　两族滑移线相交

7.9　已知顶部被削平的对称楔体,如图 7.47 所示,在被削平的平面上受均匀压力 q 的作用,若楔体夹角为 $2\delta(2\delta < 90°)$,$AB = 2a$,试求此楔体能够承受的极限载荷 q 值。

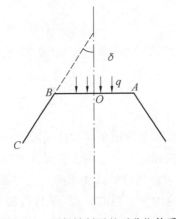

图 7.47　顶部被削平的对称楔体受压

7.10　在宽 100 mm、长 300 mm 的厚铝坯上压制 8 条平行槽,槽宽 6 mm,间隔 6 mm。若材料经过预锻,屈服强度 $\sigma_s = 150$ MPa,试求:

(1) 用平冲头在水压机开始压入和压入 6 mm 深时的压力;

(2) 用具有 $2\gamma = 60°$ 楔角的冲头压入 6 mm 深时的压力。

7.11　有一截面为 $1\,000$ mm × 165 mm 的板坯,试作出平面应变压缩时的滑移线场,假定(1) 接触面无摩擦;(2) 接触面粗糙($\tau = K$,分度角取 $\Delta\omega = 15°$,在对称中心若不相交,最后可取适当分度角,使滑移线场正好对称于中心),并求出此时的平均单位压力。

7.12　如图 7.48 所示的楔体,两面受压力 p,已知 $2\gamma = \dfrac{3\pi}{4}$,试用滑移线法求极限载荷。

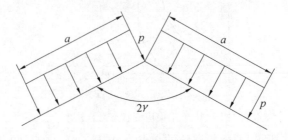

图 7.48　楔体两面受压

7.13　如图 7.49 所示的楔体，两侧压力为 p，顶部压力为 q，求：当(1)$p = q$ 时；(2)$p > q$ 时的极限载荷值。

7.14　已知具有角形切口的板条，如图 7.50 所示，试求此板条的极限载荷。

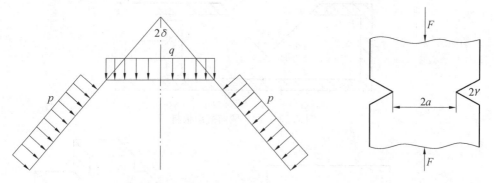

图 7.49　楔体三面受压　　　　　图 7.50　具有角形切口的板条

7.15　试求如图 7.51 所示的双边切口试件的极限载荷，试件厚度为 B。

7.16　已知两边具有对称角形深切口的厚板，如图 7.52 所示，试求该板条所能承受的弯矩值。

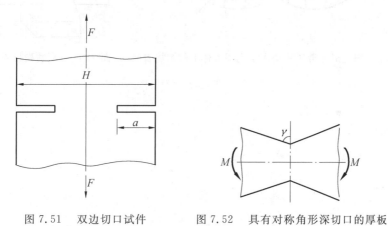

图 7.51　双边切口试件　　　　图 7.52　具有对称角形深切口的厚板

7.17　如图 7.53 所示为一冲头将材料从一粗糙模筒作侧向挤压的滑移线场，试计算：

(1) 冲头所需压力；

(2) 材料与筒壁间的摩擦系数。

7.18　圆柱形光滑压头的曲面压入半无限大体上的半圆坑表面，压入开始时设想滑移线场如图 7.54 所示，滑移线与压头表面及自由表面成 45° 交角，试求压入时冲头表面的单位压力。

7.19　一对刚性楔，正好楔入板料的凹槽中，如图 7.55 所示，现对刚性楔施加压力，使板料正好足以发生无约束的塑性流动，试建立可能的滑移线场（设楔面光滑、无摩擦）。

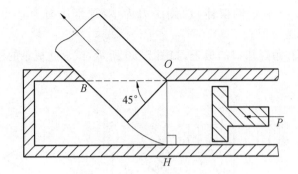

图 7.53　冲头侧向挤压板料

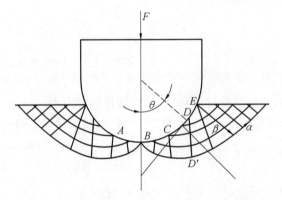

图 7.54　圆柱形光滑压头压入半无限大体上的圆坑表面

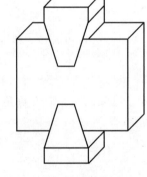

图 7.55　刚性楔压入板料

附录Ⅰ 金属塑性变形基本实验方法

附录 A 金属材料拉伸实验

材料的弹性、强度、塑性、应变、硬化和韧性等许多重要的力学性能指标统称为拉伸性能,它是材料的基本力学性能。根据拉伸性能可预测材料的其他力学性能,如疲劳、断裂等。在工程应用中,拉伸性能是结构静强度设计的主要依据。

拉伸实验是标准拉伸试样在静态轴向拉伸力不断作用下以规定的拉伸速度拉至断裂,并在拉伸过程中连续记录力与伸长量,从而求出其强度判据和塑性判据的力学性能实验。

1. 实验目的

(1)测定低碳钢(塑性材料)的屈服强度 σ_{eH}、σ_{eL},抗拉强度 σ_b,断后伸长率 A 和断面收缩率 Z。

(2)测定铸铁(脆性材料)的抗拉强度 σ_b 和断后伸长率 A。

(3)观察并分析两种材料在拉伸过程中的各种现象(包括屈服、强化、冷作硬化和颈缩等现象),并绘制拉伸过程的力－位移曲线、应力－应变曲线。

(4)比较低碳钢与铸铁拉伸机械性能的特点。

2. 实验术语

(1)原始标距(L_0):施力前的试样标距长度。

(2)断后标距(L_u):试样断裂后,将断口对接在一起时,试样的标距长度。

(3)上屈服强度(σ_{eH}):试样发生屈服而力首次下降前的最高应力。

(4)下屈服强度(σ_{eL}):在屈服期间,不计初始瞬时效应时的最低应力。

(5)抗拉强度(σ_b):相应最大力 F_m 的应力。

(6)断后伸长率(A):断后标距的残余伸长($L_u - L_0$)与原始标距(L_0)之比的百分率。

(7)断面收缩率(Z):试样断裂后,颈缩处横截面积的最大缩减量与原始横截面比值的百分率。

3. 实验设备和器材

设备:万能材料试验机。

仪器:PC 微机、位移与拉力传感器、引伸计。

工具:游标卡尺。

4. 实验试样

为了便于比较实验结果,按国家标准 GB 228—76 中的有关规定,实验材料要按上述标准做成比例试样,即

（1）圆形截面试样。

$$L_0 = 10d_0（长试样）\tag{A.1}$$

式中　L_0——试样的初始计算长度，即试样的标距；

　　　d_0——试样在标距内的初始直径。

实验室里使用的金属拉伸试样通常制成标准圆形截面试样，如图 A.1 所示。

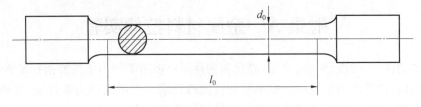

图 A.1　圆形截面试样

（2）矩形截面试样。

试样的夹持头部一般应比其平行长度部分宽，试样头部与平行长度之间应有过渡半径 r 至少为 12 mm 的过渡弧相连接，如图 A.2 所示。头部宽度应至少为 20 mm，但不超过 40 mm。通过协议，也可以使用不带头部试样，对于这类试样，两夹头间的自由长度应等于 $L_0 + 3b$。对于宽度等于或小于 20 mm 的产品，试样宽度可以相同于产品的宽度。

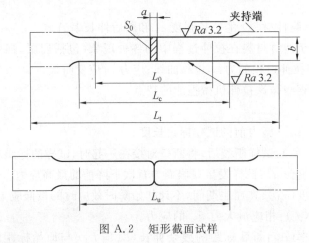

图 A.2　矩形截面试样

5. 实验原理概述

将试样安装在万能材料试验机的夹头中，然后开动试验机，使试样受到缓慢增加的拉力（应根据材料性能和实验目的确定拉伸速度），直到拉断为止，并利用试验机的自动绘图装置绘出材料的拉伸曲线图，如图 A.3 所示。应当指出，试验机自动绘图装置绘出的拉伸变形 ΔL 主要是整个试样（不只是标距部分）的伸长，还包括机器的弹性变形和试样在夹头中的滑动等因素。由于试样开始受力时，头部在夹头内的滑动较大，故绘出的拉伸图最初一段是曲线。

（1）低碳钢。

当拉力较小时，试样伸长量与力成正比增加，保持直线关系，拉力超过 F_p 后拉伸曲线将由直变曲。保持直线关系的最大拉力就是材料比例极限的力值 F_p。

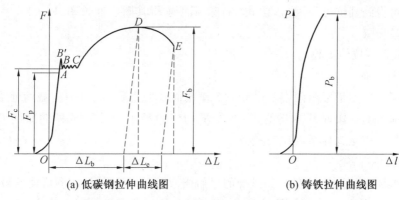

图 A.3　由试验机绘图装置绘出的拉伸曲线图

在 F_p 的上方附近有一点是 F_c，若拉力小于 F_c 而卸载时，卸载后试样立刻恢复原状，若拉力大于 F_c 后再卸载，则试样只能部分恢复，保留的残余变形即为塑性变形，因而 F_c 是代表材料弹性极限的力值。

低碳钢的屈服阶段常呈锯齿状，其上屈服点 B' 受变形速度及试样形式等因素的影响较大，而下屈服点 B 则比较稳定（因此工程上常以其下屈服点 B 所对应的力值 F_{eL} 作为材料屈服时的力值）。上屈服强度 σ_{eH} 和下屈服强度 σ_{eL} 的计算式为

$$\sigma_{eH} = F_{eH}/S_0 \tag{A.2}$$

$$\sigma_{eL} = F_{eL}/S_0 \tag{A.3}$$

屈服阶段过后，虽然变形仍继续增大，但力值也随之增加，拉伸曲线又继续上升，这说明材料又恢复了抵抗变形的能力，这种现象称为材料的强化。在强化阶段内，试样的变形主要是塑性变形，比弹性阶段内试样的变形大得多，在达到最大力 F_m 之前，试样标距范围内的变形是均匀的，拉伸曲线是一段平缓上升的曲线，这时可明显地看到整个试样的横向尺寸在缩小。此最大力 F_m 为材料的抗拉强度力值，材料的抗拉强度 σ_b 的计算式为：

$$\sigma_b = F_m/S_0 \tag{A.4}$$

当荷载达到最大力 F_b 后，示力指针由最大力 F_b 缓慢回转时，试样上某一部位开始产生局部伸长和颈缩，在颈缩发生部位，横截面面积急剧缩小，继续拉伸所需的力也迅速减小，拉伸曲线开始下降，直至试样断裂。此时通过测量试样断裂后的标距长度 L_u 和断口处最小直径 d_u 来计算断后最小截面积（S_u）。试样的断后伸长率 A 和断面收缩率 Z 计算式为：

$$A = \frac{L_u - L_0}{L_0} \times 100\% \tag{A.5}$$

$$Z = \frac{S_0 - S_u}{S_0} \times 100\% \tag{A.6}$$

（2）铸铁。

脆性材料是指断后伸长率 $A < 5\%$ 的材料，其从开始承受拉力直至试样被拉断，变形都很小。而且，大多数脆性材料在拉伸时的应力－应变曲线上都没有明显的直线段，几乎没有塑性变形，也不会出现屈服和颈缩等现象。铸铁试样在承受拉力、变形极小时，就达到最大力 F_m 而突然发生断裂，其抗拉强度也远小于低碳钢的抗拉强度。同样，由式

（A. 4）即可得到其抗拉强度 σ_b，由式（A. 5）则可求得其断后伸长率 A。

6. 实验步骤

（1）低碳钢拉伸实验。

① 试样准备。

用游标卡尺测量标距两端和中间三个横截面处的直径，在每一横截面处沿相互垂直的两个方向各测一次取其平均值，用三个平均值中最小者计算试样的原始横截面面积 S_0（计算时 S_0 应至少保留四位有效数字）。

② 试验机准备。

根据低碳钢的抗拉强度 σ_b 和试样的原始横截面面积 S_0 估计实验所需的最大荷载，并据此选择合适的量程，设置好拉伸参数，做好试验机的调零（注意：应消除试验机工作平台的自重）。

③ 装夹试样。

先将试样安装在试验机的上夹头内，再移动试验机的上夹头（或工作平台、或试验机横梁）使其达到适当位置，并把试样下端夹紧（注意：应尽量将试样的夹持段全部夹在夹头内，并且上下要对称。完成此步操作时切忌在装夹试样时对试样加上了荷载）。

④ 装载电子引伸计。

将电子引伸计装载在低碳钢试样上，注意电子引伸计要在比例极限处卸载。

⑤ 进行实验。

首先在试验机操作板上按下预载荷清零按钮，使电脑记录版面上载荷从零开始加载。然后按下万能材料试验机的加载按钮，施加载荷。观察电脑版面上的加载曲线，当加载曲线达到最大值断裂后，同时试验机操作板显示实验结束后，保存电脑加载曲线及数据，并取下试样。

⑥ 试样断后尺寸测定。

取出试样断体，观察断口情况和位置。将试样在断裂处紧密对接在一起，并尽量使其轴线处于同一直线上，测量断后标距 L_u 和颈缩处的最小直径 d_u（应沿相互垂直的两个方向各测一次取其平均值），计算断后最小横截面面积 S_u。

注意：在测定 L_u 时，若断口到最临近标距端点的距离不小于 $1/3L_0$，则直接测量标距两端点的距离；若断口到最临近标距端点的距离小于 $1/3L_0$，则按图 A.4 所示的移位法测定：符合图（a）情况的，$L_u = AC + BC$，符合图（b）情况的，$L_u = AC_1 + BC$。若断口非常靠近试样两端，而其到最临近标距端点的距离还不足两等份，且测得的断后伸长率小于规定

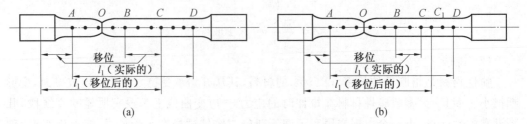

（a）

（b）

图 A. 4　移位法测量 L_u

值,则实验结果无效,必须重做。此时应检查试样的质量和夹具的工作状况,以判断是否属于偶然情况。

⑦ 归整实验设备。

取下绘记录图纸,请教师检查实验记录,经认可后清理实验现场和所用仪器设备,并将所用的仪器设备全部恢复原状。

(2) 铸铁拉伸实验。

① 测量试样原始尺寸。

测量方法要求同前。

② 试验机准备。(要求同前)

③ 安装试样。(方法要求同前)

④ 检查试验机工作是否正常。(检查同前,但勿需试车)

⑤ 进行实验。

开动试验机,保持试验机两夹头在力作用下的分离速率使试样平行长度内的应变速率不超过 0.008/s 的条件下对试样进行缓慢加载,直至试样断裂为止。停机并记录最大力 F_m。

⑥ 试样断后尺寸测定。

取出试样断体,观察断口情况。然后将试样在断裂处紧密对接在一起,并尽量使其轴线处于同一直线上,测量试样断后标距 L_u(直接用游标卡尺测量标距两端点的距离)。

⑦ 归整实验设备。

取下绘记录图纸,请教师检查实验记录,经认可后清理实验现场和所用仪器设备,并将所使用的仪器设备全部复原。

⑧ 结束实验。

7. 数据处理

(1) 根据拉伸曲线确定材料的弹性模量 E、屈服强度 σ_s、抗拉强度 σ_b、断后伸长率 A、断面收缩率 Z。

(2) 工程应力－应变曲线绘制方法。万能拉伸试验机拉伸完成后在电脑上生成力－位移曲线,然后用相应的力除以试样原始截面积求出工程应力,位移除以原始标距长度求出工程应变,即可得到工程应力－应变曲线。

(3) 真应力－真应变曲线绘制方法。将处理得到的相应的工程应力－应变进行数据处理。

真应力: $\sigma_t = \sigma(1+\varepsilon)$

真应变: $\varepsilon_t = \ln(1+\varepsilon)$

根据上式就可以由工程应力－应变关系得到真应力－应变关系,继而画出真应力－应变曲线。

8. 实验报告要求

(1) 实验目的,实验内容,实验主要仪器设备。

(2) 试样材料、形状和尺寸。

(3) 实验步骤。

（4）数据处理：①绘制工程应力－应变曲线和真应力－真应变曲线；②按公式计算材料的力学性能：E、σ_s、σ_b、A、Z。

【思考题】

（1）什么是比例试样？它应满足什么条件？国家为什么要对试样的形状、尺寸、公差和表面粗糙度等做出相应的规定？

（2）参考试验机自动绘图仪绘出的拉伸图，分析低碳钢试样从加力至断裂的过程可分为哪几个阶段？相应于每一阶段的拉伸曲线各有什么特点？

（3）为什么不顾试样断口的明显缩小，仍以原始截面积 S_0 计算低碳钢的抗拉强度 σ_b 呢？

（4）有材料和直径均相同的长试样和短试样各一个，用它们测得的断后伸长率、断面收缩率、下屈服强度和抗拉强度是否基本相同？为什么？

（5）低碳钢试样拉伸断裂时的荷载比最大荷载 F_m 要小，按公式 $\sigma = F/S_0$ 计算，断裂时的应力比 σ_b 小。为什么应力减小后试样反而断裂？

（6）铸铁试样拉伸实验中，断口为何是横截面？又为何大多在根部？

附录 B 金属材料压缩实验

压缩性能是指材料在压应力作用下抗变形和抗破坏的能力。压缩实验是对试样施加轴向压力，在其变形和断裂过程中测定材料的强度和塑性。实际上，压缩与拉伸仅仅是受力方向相反。因此，金属拉伸实验时所定义的力学性能指标和相应的计算公式，在压缩实验中基本都能适用。

1. 实验目的

（1）测定低碳钢（塑性材料）压缩时的屈服强度 σ_{eL}。

（2）测定铸铁（脆性材料）压缩时的抗压强度 σ_{bc}。

（3）观察并比较低碳钢和铸铁在压缩时的缩短变形和破坏现象。

（4）比较低碳钢与铸铁拉伸机械性能的特点。

2. 实验术语

（1）试样原始标距（L_0）：用以测量试样变形的那一部分原始长度，此长度应不小于试样原始宽度或试样原始直径。

（2）实际压缩力（F）：压缩过程中作用在试样轴线方向上的力；对夹持在约束装置中进行实验的板状试样，是标距中点处扣除摩擦力后的力。

（3）摩擦力（F_f）：被约束装置夹持的试样，在加力时两侧面与夹板之间产生的摩擦力。

（4）压缩应力（σ）：实验过程中试样的实际压缩力 F 与其原始横截面面积 S_0 的比值。

（5）压缩屈服强度：当金属材料呈现屈服现象时，试样在实验过程中达到力不再增加而仍继续变形时所对应的压缩应力，包括上压缩屈服强度和下压缩屈服强度。

（6）上压缩屈服强度（σ_{eHc}）：试样发生屈服而力首次下降前的最高压缩应力。

（7）下压缩屈服强度（σ_{eLc}）：屈服期间不计初始瞬时效应时的最低压缩应力。

(8) 抗压强度(σ_{bc})：对于脆性材料，试样压至破坏过程中的最大压缩应力。对于在压缩中不以粉碎性破裂而失效的塑性材料，则抗压强度取决于规定应变和试样的几何形状。

3. 实验设备和器材

设备：万能材料试验机。

仪器：力导向装置、引伸计、约束装置。

工具：游标卡尺、调平垫块。

4. 实验试样

(1) 侧向无约束试样(包括圆柱体试样和正方形柱体试样)。

对于低碳钢和铸铁类金属材料，按照 GB 7314—1987《金属压缩实验方法》的规定，金属材料的压缩试样多采用圆柱体，如图 B.1 所示。试样的长度 L 一般为直径 d 的 $2.5 \sim 3.5$ 倍，其直径 $d = 10 \sim 20$ mm。也可采用正方形柱体试样，如图 B.2 所示。要求试样端面应尽量光滑，以减小摩擦阻力对横向变形的影响。

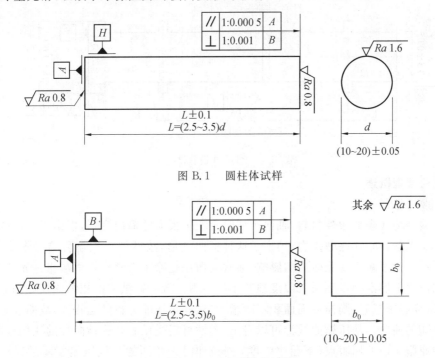

图 B.1　圆柱体试样

图 B.2　正方形柱体试样

(2) 板状试样(包括矩形板状和带凸耳板状试样)。

实验时需加持在约束装置内进行实验。矩形板状试样如图 B.3 所示，带凸耳板状试样如图 B.4 所示。

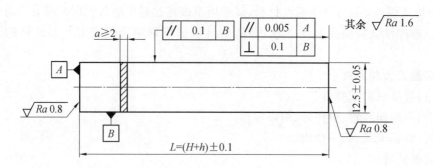

图 B.3　矩形板状试样

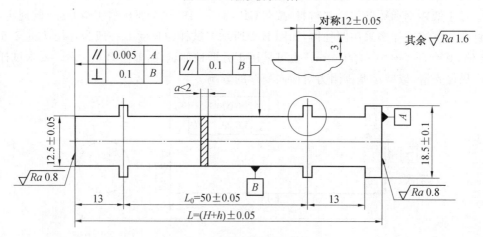

图 B.4　带凸耳板状试样

5. 实验原理概述

（1）低碳钢。

以低碳钢为代表的塑性材料,轴向压缩时会产生很大的横向变形,但由于试样两端面与试验机支承垫板间存在摩擦力,约束了这种横向变形,故试样出现显著的膨胀效应,如图 B.5 所示。为了减小膨胀效应的影响,通常的做法是除了将试样端面制作得光滑以外,还可在端面涂上润滑剂以利最大限度地减小摩擦力。低碳钢试样的压缩曲线如图 B.6 所示,由于试样越压越扁,则横截面面积不断增大,试样抗压能力也随之提高,故曲线是持续上升为很陡的曲线。从压缩曲线上可以看出,塑性材料受压时在弹性阶段的比例极限、弹性模量和屈服阶段的屈服点（下屈服强度）同拉伸时是相同的。但压缩实验过程中到达屈服阶段时不像拉伸实验时那样明显,因此要认真仔细观察才能确定屈服荷载 F_{eL},从而得到压缩时的屈服点强度（或下屈服强度）$\sigma_{eL} = F_{eL}/S_0$。由于低碳钢类塑性材料不会发生压缩破裂,因此,一般不测定其抗压强度（或强度极限）σ_{bc},而通常认为抗压强度等于抗拉强度。

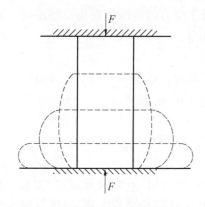

图 B.5　低碳钢压缩时的膨胀效应

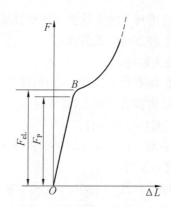

图 B.6　低碳钢压缩曲线

（2）铸铁。

对铸铁类脆性金属材料，压缩实验时利用试验机的自动绘图装置，可绘出铸铁试样压缩曲线，如图 B.7 所示，由于轴向压缩塑性变形较小，呈现出上凸的光滑曲线，压缩图上无明显直线段、无屈服现象，压缩曲线较快达到最大压力 F_m，试样就突然发生破裂。将压缩曲线上最高点所对应的压力值 F_m 除以原试样横截面面积 S_0，即得铸铁抗压强度 $\sigma_{bc} = F_m / S_0$。在压缩实验过程中，当压应力达到一定值时，试样在与轴线 $45° \sim 55°$ 的方向上发生破裂，如图 B.8 所示，这是由于铸铁类脆性材料的抗剪强度远低于抗压强度，从而使试样被剪断所致。

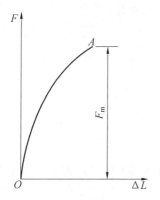

图 B.7　铸铁压缩曲线

图 B.8　铸铁压缩破坏示意图

6. 实验步骤

（1）试样准备。

用游标卡尺在试样两端及中间三处两个相互垂直方向上测量直径，并取其算术平均值，选用三处中的最小直径来计算原始横截面面积 S_0。

（2）试验机准备。

根据低碳钢屈服荷载和铸铁最大实际压力的估计值（它应是满量程的 $40\% \sim 80\%$），选择试验机及其示力度盘，并调整其指针对零。对试验机的基本要求，经国家计量部门定期检验后应达到 1 级或优于 1 级准确度,实验时所使用力的范围应在检验范围内。调整好试验机上的自动绘图装置。

(3)装夹试样。

将试样端面涂上润滑剂后,再将其准确地置于试验机活动平台的支承垫板中心处。对上下承压垫板的平整度,要求每 100 mm 应小于 0.01 mm。

(4)装载电子引伸计。

将电子引伸计装载在低碳钢试样上,注意电子引伸计要在比例极限处卸载。

(5)进行实验。

调整好试验机夹头间距,当试样端面接近上承压垫板时,开始缓慢、均匀加载。在加载实验过程中,其实验速度总的要求应是缓慢、均匀、连续地进行加载,具体规定速度为 $0.5 \sim 0.8$ MPa/s。

对于低碳钢试样,若将试样压成鼓形即可停止实验。对于铸铁试样,加载到试样破裂时(可听见响声)立即停止实验,以免试样进一步被压碎。

做铸铁试样压缩时,注意在试样周围安放防护网,以防试样破裂时碎碴飞出伤人。

7. 数据处理

(1)低碳钢的屈服强度(或屈服极限 σ_s)指标。

在自动绘制的力－变形($F - \Delta L$)曲线图上,判读力首次下降前的最高实际压缩力 F_{eHc}、不计初始瞬时效应时屈服阶段中的最低实际压缩力或屈服平台的恒定实际压缩力 F_{eLc}。

上压缩屈服强度和下压缩屈服强度按下式计算:

上屈服强度

$$\sigma_{eHc} = \frac{F_{eHc}}{S_0} \tag{B.1}$$

下屈服强度

$$\sigma_{eLc} = \frac{F_{eLc}}{S_0} \tag{B.2}$$

(2)铸铁的抗压强度指标。

试样压至破坏,从力－变形($F - \Delta L$)曲线图上确定最大实际压缩力 F_{mc},或从测力度盘读取最大力值。

抗压强度按下式计算

$$\sigma_{bc} = \frac{F_{mc}}{S_0} \tag{B.3}$$

8. 实验报告要求

(1)实验目的、实验内容、实验主要仪器设备。

(2)试样材料、形状和尺寸。

(3)实验步骤。

(4)数据处理:① 绘制低碳钢和铸铁压缩 $F - \Delta L$ 曲线;② 按公式计算材料的力学性能:σ_s、σ_{bc}。

【思考题】

比较低碳钢、铸铁的压缩力学性能和断口形状,分析破坏原因。

附录 C　金属材料弯曲实验

弯曲性能指材料承受弯曲载荷时的力学性能。用脆性材料制造的刀具和机器零件,在使用过程中都受到不同程度的弯曲载荷,对它们来说,弯曲实验具有特别重要的意义。此外,淬硬的工具钢、硬质合金、铸铁等进行实验时,由于试样太硬或者太小,难于加工成拉伸试样,或由于过脆,实验时试样中心轴线略有偏差就会影响实验结果的准确性,都不宜作拉伸实验。脆性材料的弯曲实验,一般在弹性变形范围内仅产生少量塑性变形即破断。生产上常用弯曲实验评定上述材料的抗弯强度及塑性变形的大小。

弯曲实验和拉伸实验相比,能明显地显示脆性材料或低塑性材料的塑性。因为脆性材料在作拉伸实验时变形很小就断裂了,因而塑性指标不易测定,但在弯曲实验时,用挠度表示塑性,就能明显地显示脆性材料和低塑性材料的塑性。

弯曲实验不受试样偏斜的影响,可以较好地测定脆性材料和低塑性材料的抗弯强度。进行弯曲实验时,试样表面上的应力分布不均匀,表面应力最大,对表面缺陷较敏感。因此,常用弯曲实验来比较和鉴定渗碳热处理及高频感应淬火等表面处理工件的表面质量和缺陷。

1. 实验目的

(1) 测定矩形截面梁在只受弯矩作用的条件下,横截面上正应力的大小随高度变化的分布规律,并与理论值进行比较,以验证平面假设的正确性,即横截面上正应力的大小沿高度线性分布。

(2) 测定弯曲弹性模量以及抗弯强度 σ_{bb}。

2. 实验术语

(1) 跨距(L_s):弯曲实验装置上试样两支承点间的距离。

(2) 挠度计跨距(L_e):用挠度计测量试样挠度时,在试样上两测点间的距离。

(3) 力臂(L):四点弯曲实验中弯曲力作用平面或作用线与最近支承点间的距离。

(4) 弯曲力(F 或 $F/2$):垂直于试样两支承点间连线的横向集中力。

(5) 最大弯曲应力:弯曲力在试样弯曲外表面产生的最大正应力。

(6) 最大弯曲应变:弯曲力在试样弯曲外表面产生的最大拉应变。

(7) 弯曲弹性模量(E_b):弯曲应力与弯曲应变呈线性比例关系范围内的弯曲应力与弯曲应变之比。

(8) 抗弯强度(σ_{bb}):试样弯曲至断裂,断裂前所达到的最大弯曲力。

(9) 挠度(f):试样弯曲时,其中性线偏离原始位置的最大距离。

3. 实验仪器

设备:贴有电阻应变片的矩形截面钢梁实验装置。

仪器:挠度计。

工具:游标卡尺等。

4. 实验试样

(1) 圆形横截面试样和矩形横截面试样。

采用圆形横截面试样和矩形横截面试样时,试样的形状、尺寸、公差及表面要求按表 C.1 或表 C.2 中的规定。

表 C.1 常用尺寸的要求   mm

试 样	试样直径 d	试样高度×试样宽度 $h \times b$	三点弯曲 跨距 L_s	三点弯曲 试样长度 L	四点弯曲 跨距 L_s	四点弯曲 试样长度 L	支承滚柱直径 D_s 施力滚柱直径 D_a
圆形横截面	5						10
	10			$L_s + 20$			
	13		$\geqslant 16d$				
	20						20 或 30
	30			$L_s + d$			30
	45						
圆形横截面 (硬金属用)		5×5	30	35			5
		5.25×6.5	14.5	20			
		5×5				$L_s + 20$	
		5×7.5					
		10×10		$L_s + 20$	$\geqslant 16h$		10
		10×15					
		13×13	$\geqslant 16d$				
		13×19.5					
		20×20					20 或 30
		20×30		$L_s + h$		$L_s + h$	
		30×30					30
		30×40					

表 C.2 薄板尺寸的要求   mm

薄板试样横截面尺寸 产品宽度 $\leqslant 10$	薄板试样横截面尺寸 产品宽度 > 10	试样高度 h	跨距 L_s	试样长度 L	刀刃半径 R
试样宽度×试样高度 $(b \times h)$	$10 \times$ 试样高度 $(10 \times h)$	$0.25 \sim 0.5$	$100h \sim 150h$	$250h$	$0.10 \sim 0.15$
		$0.5 \sim 1.5$	$50h \sim 100h$	$160h$	
		$1.5 \sim 5$	$80 \sim 120$	$110 \sim 150$	2.5

（2）金属管试样。

金属管试样应是金属直管的一部分，外径不超过 $\phi 65\ \mathrm{mm}$，并能在弯管试验机上进行实验。

（3）金属线材反复弯曲试样。

① 线材试样应尽可能平直。但实验时，在其弯曲平面内允许有轻微的弯曲。

② 必要时试样可以用手矫直。在用手不能矫直时，可在木材、塑性材料或铜的平面上用相同材料的锤头矫直。

③ 在矫直过程中，不得损伤线材表面，且试样也不得产生任何扭曲。

④ 有局部硬弯的线材应不矫直。

5. 实验原理概述

（1）三点弯曲实验装置。

① 两支承滚柱的直径应相同，如图 C.1 所示，施力滚柱的直径一般与支承滚柱的直径相同。滚柱的长度应大于试样直径或宽度。

② 两支承滚柱的轴线应平行，施力滚柱的轴线应与支承滚柱的轴线平行。

③ 施力滚柱的轴线至两支承滚柱的轴线的距离应相等，偏差不大于 $\pm 0.5\%$，如图 C.1 所示。实验时，力的作用方向应垂直于两支承滚柱的轴线所在平面。

④ 实验时，滚柱应能绕其轴线转动，但不发生相对位移。两支承滚柱间的距离应可调节，应带有指示距离的标记。

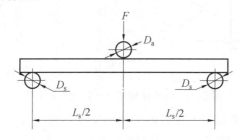

图 C.1　三点弯曲实验装置

L_s — 挠度计跨度，mm；D_s — 支承滚柱直径，mm；D_a — 施力滚柱直径，mm

（2）四点弯曲实验装置。

① 两支承滚柱和两施力滚柱的直径应分别相同，前者与后者的直径一般相同。滚柱的长度应大于试样的直径或宽度。

② 两支承滚柱的轴线和两施力滚柱的轴线应相互平行，前两者所在平面应与后两者所在平面平行，如图 C.2 所示。

③ 两力臂应相等，且一般不小于跨距的 $1/4$，力臂应精确到 $\pm 0.5\%$。实验时，施力滚柱的力作用方向应垂直于支承滚柱的轴线所在平面。

④ 实验时，滚柱应能绕其轴线转动，但不应发生相对位移。两支承滚柱间和两施力滚柱间的距离应分别可调节，应带有指示距离的标记，跨距应精确到 $\pm 0.5\%$。

（3）薄板试样用三点弯曲实验装置。

① 支承刀和施力刀的刀刃半径应为 $0.10 \sim 0.15\ \mathrm{mm}$，刀刃角度为 $60° \pm 2°$，其中一个

支承刀刃和施力刀刃均为平直刀刃,刀刃长度应大于试样宽度;另一支承刀刃呈圆拱形,其半径为(13 ± 1)mm,如图 C.3 所示。

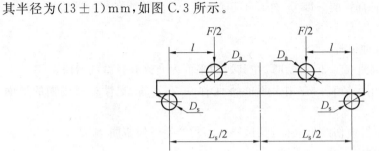

图 C.2　四点弯曲实验装置

L_s—挠度计跨度,mm;D_s—支承滚柱直径,mm;D_a—施力滚柱直径,mm;

l—力臂,mm;F—弯曲力,N

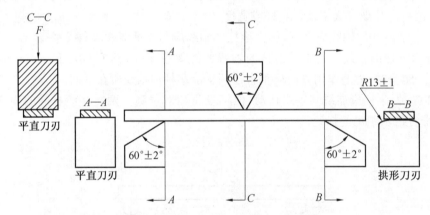

图 C.3　薄板试样用三点弯曲实验装置

② 施力刀的刃线应平行于支承刀的刃线及支承刀的刃线与另一支承点所在平面。施力刀刃的力作用方向应垂直于支承刀的刃线与另一支承点所在平面。

③ 施力刀刃应位于两支承刀刃间的中点,偏差不大于$\pm0.5\%$。两支承刀刃之间的距离应可调节,应带有指示距离的标记,跨距应精确到$\pm0.5\%$。

④ 支承刀和施力刀的硬度应不低于试样的硬度,刀刃表面应光滑。

(4) 薄板试样用四点弯曲实验装置。

① 两支承刀和两施力刀的刀刃半径应为$0.10\sim0.15$mm,刀刃角度为$60°\pm2°$。其中一施力刀刃呈圆拱形,其半径应为(13 ± 1)mm,其余刀刃均为平直刀刃,其刃线的长度应大于试样宽度,如图 C.4 所示。

② 两支承刀的刃线和平直施力刀的刃线应相互平行。平直施力刀的刃线和拱形刀刃的施力点所在平面应平行于两支承刀的刃线所在平面。两力臂应相等,且一般不小于跨距的 1/6。力臂应精确到$\pm0.5\%$,实验时,施力刀刃的力作用方向应垂直于两支承刀的刃线所在平面。

③ 两施力刀刃间和两支承刀刃间的距离均应可调节,应带有指示距离的标记,跨距应精确到$\pm5\%$。

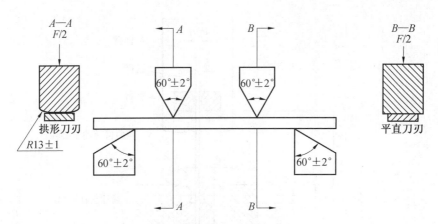

图 C.4　薄板试样用四点弯曲实验装置

④ 支承刀和施力刀的硬度应不低于试样的硬度,刀刃表面应光滑。

(5) 金属线材反复弯曲实验。

试验机的工作原理如图 C.5 所示。圆柱支座和夹持块应有足够的硬度(以保证其刚度和耐磨性),圆柱支座半径不得超出表 C.3 给出的公称尺寸允许偏差。圆柱支座轴线应垂直于弯曲平面并相互平行,而且在同一平面内,偏差不超过 0.1 mm。夹块的夹持面应稍突出于圆柱支座但不超过 0.1 mm,即测量两圆柱支座的曲率中心连线上试样与圆柱支座间的间隔不大于 0.1 mm。夹块的顶面应低于两圆柱支座曲率中心连线。如图 C.5 所示,当圆柱支座半径等于或小于 2.5 mm 时,y 值为 1.5 mm;当圆柱支座半径大于 2.5 mm 时,y 值为 3 mm。

表 C.3　支座及拨杆孔的要求　　　　　　　　　　　mm

线材公称直径或厚度 $d(a)$	圆柱支座半径 r	距离 h	拨杆孔直径 d_g[①]
$0.3 \leqslant d(a) \leqslant 0.5$	1.25 ± 0.05	15	2.0
$0.5 < d(a) \leqslant 0.7$	1.75 ± 0.05	15	2.0
$0.7 < d(a) \leqslant 1.0$	2.5 ± 0.1	15	2.0
$1.0 < d(a) \leqslant 1.5$	3.75 ± 0.1	20	2.0
$1.5 < d(a) \leqslant 2.0$	5.0 ± 0.1	20	2.0 和 2.5
$2.0 < d(a) \leqslant 3.0$	7.5 ± 0.1	25	2.5 和 3.5
$3.0 < d(a) \leqslant 4.0$	10 ± 0.1	35	3.5 和 4.5
$4.0 < d(a) \leqslant 6.0$	15 ± 0.1	50	4.5 和 7.0
$6.0 < d(a) \leqslant 8.0$	20 ± 0.1	75	7.0 和 9.0
$8.0 < d(a) \leqslant 10.0$	25 ± 0.1	100	9.0 和 11.0

注:① 较小的拨杆孔直径适用于较细公称直径的线材(见第 1 列),而较大的拨杆孔直径适用于较粗公称直径的线材(也见第 1 列)。对于在第 1 列所列范围直径,应选择合适的拨杆孔直径以保证线材在孔内自由运动。

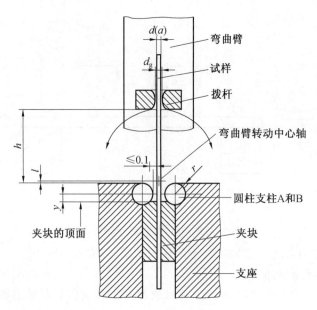

图 C.5　试验机的工作原理

h—圆柱支座顶部至拨杆底部距离,mm;r—圆柱支座半径,mm;

y—两圆柱支座轴线所在平面与试样最近接触点的距离,mm;d_g—拨杆孔直径,mm;

d—圆金属线材直径,mm;a—装在两平行夹具间的非圆截面试样最小厚度,mm

6. 实验步骤

(1) 试样准备。

① 圆形横截面试样应在跨距两端和中间处两个相互垂直的方向测量其直径。

计算弯曲弹性模量时,取用三处直径测量值的算术平均值。计算弯曲应力时,取用中间处直径测量值的算术平均值。

② 矩形横截面试样应在跨距的两端和中间处分别测量其高度和宽度。计算弯曲弹性模量时,取用两处高度测量值的算术平均值和三处宽度测量值的算术平均值。计算弯曲应力时,取用中间处测量的高度和宽度。对于薄板试样,高度测量值超过其平均值2%的试样不应用于实验。

(2) 试验机准备。

开始在未加载荷的时候校准仪器。试验机应能在规定的速度范围内控制实验速度,加力和卸力应平稳、无振动、无冲击。

(3) 装夹试样。

① 两支承滚柱的轴线应平行,施力滚柱的轴线应与支承滚柱的轴线平行。

② 施力滚柱的轴线至两支承滚柱的轴线的距离应相等,偏差不大于±0.5%。实验时,力的作用方向应垂直于两支承滚柱的轴线所在平面。

(4) 开始实验。

逆时针旋转实验架前端的加载手轮施加载荷。加载方案采用等量加载法,大约500 N为一个量级,从0 N开始,每增加一级载荷,逐点测量各点的应变值。加到最大载荷2 000 N;每次读数完毕后记录数据。

（5）实验结束。

整理实验器材，完成实验数据记录。

7. 实验结果处理

（1）用图解法测定弯曲弹性模量。

将挠度计装于测量位置上，挠度计跨距的端点与最邻近支承点或施力点的距离应不小于试样的高度或直径。试样对称地安放于弯曲实验装置上，对试样连续施加弯曲力，同时采用自动方法连续记录弯曲力－挠度曲线，直至超过相应于 $\sigma_{pb0.01}$（或 $\sigma_{rb0.01}$）的弯曲力。记录时，建议力轴比例和挠度轴放大倍数的选择，应使曲线弹性直线段与力轴的夹角不小于 $40°$，弹性直线段的高度应超过力轴量程的 $3/5$。在记录的曲线图上，借助于直尺的直边确定最佳弹性直线段，读取该直线段的弯曲力增量 ΔF 和相应的挠度增量 Δf，如图 C.6 所示。

三点弯曲实验时，弯曲弹性模量的计算式为：

$$E_b = \frac{L_e^2(3L_a - L_e)}{96I}(\frac{\Delta F}{\Delta f}) \tag{C.1}$$

式中　　E_b——弯曲弹性模量，N/mm^2；

　　　　L_a——跨距，E 为 mm；

　　　　L_e——挠度计跨距，为 mm；

　　　　ΔF——弯曲力增量，N；

　　　　Δf——挠度增量，mm；

　　　　I——试样截面惯性矩，mm^4。

四点弯曲实验时，弯曲弹性模量的计算式为

$$E_b = \frac{lL_e^2}{16I}(\frac{\Delta F}{\Delta f}) \tag{C.2}$$

式中　　E_b——弯曲弹性模量，N/mm^2；

　　　　l——力臂，mm；

　　　　L_e——挠度计跨距，mm；

　　　　ΔF——弯曲力增量，N；

　　　　Δf——挠度增量，mm；

　　　　I——试样截面惯性矩，mm^4。

（2）抗弯强度的测定。

将试样对称地安放于弯曲实验装置上，对试样连续施加弯曲力，直至试样断裂。从试验机测力度盘上或从记录的弯曲力－挠度曲线上读取最大弯曲力 F_{bb}，三点弯曲实验时按式（C.3）计算抗弯强度：

$$\sigma_{bb} = \frac{F_{bb}L_s}{4W} \tag{C.3}$$

四点弯曲实验时按下式计算抗弯强度：

$$\sigma_{bb} = \frac{F_{bb}l}{2W} \tag{C.4}$$

式中　　F_{bb}——最大弯曲力，N；

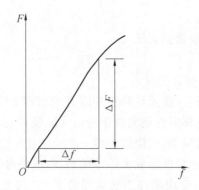

图 C.6　图解法测定弯曲弹性模量

L_s—— 跨距,mm;

l—— 力臂,mm;

W—— 试样截面系数,mm^3。

8. 实验报告

(1) 实验目的、实验内容和实验主要仪器设备。

(2) 试样材料、形状和尺寸。

(3) 实验步骤。

(4) 数据处理:① 绘制弯曲力－挠度曲线;② 按公式计算材料的弯曲弹性模量 E_b 以及抗弯强度 σ_{bb}。

【思考题】

(1) 实验时未考虑梁的自重,是否会引起测量结果误差? 为什么?

(2) 弯曲正应力的大小是否受弹性模量 E 的影响?

(3) 梁弯曲的正应力公式并未涉及材料的弹性模量 E,而实测应力值的计算中却用上了材料的 E,为什么?

附录 D　金属材料剪切实验

金属材料抵抗侧面受大小相等、方向相反、作用线相近的外力作用,而沿外力作用线平行的受剪面产生错动的能力,称为材料的剪切性能。工程结构中的一些零件除承受拉伸、压缩和弯曲等载荷作用外,还有一些零件如桥梁结构中的铆钉、销子等主要承受剪切力的作用,如图 D.1 所示。对这些零件所使用的材料要进行剪切实验,提供材料的抗剪强度作为设计依据。

双剪切实验如图 D.2 所示,它是以剪断圆柱状试样的中间段方式来实现的。两侧支承距离应不小于中间被切断部分直径的 1/2。

双剪切实验的特点是有两个处于垂直状态下的剪切刀片,下刀片(厚度大小为被剪切试样直径大小) 平行地放置在上方,上下刀片都作成孔状,孔径等于试样直径。双剪切实验可利用万能拉伸试验机进行。进行双剪切实验时,刀片应当平行、对中,剪切刀刃不应有擦伤、缺口或不平整的磨损。

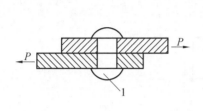 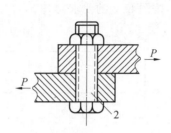 

图 D.1　承受剪切的铆钉、销钉、螺栓

1－铆钉;2－螺栓;3－销钉

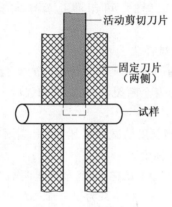

活动剪切刀片

固定刀片
(两侧)

试样

图 D.2　双剪切实验

1. 实验目的

(1) 测定低碳钢的抗剪强度。

(2) 观察破坏断口,分析破坏原因。

2. 实验术语

抗剪强度(τ_b):材料能经受的最大剪切应力。在剪切实验中,抗剪强度是用剪切实验中的最大实验力除以试样的剪切面积所得的应力。

3. 实验设备和器材

设备:电子万能材料试验机。

仪器:剪切实验座及压头。

工具:游标卡尺、单剪切夹具、双剪切夹具、冲孔剪切装置等。

4. 实验试样

(1) 一般要求。

① 试样表面应光滑,无裂纹、夹层、凹痕、擦伤、锈蚀等缺陷。

② 试样直径的测量精度为 0.01 mm;横截面积计算精确到 0.01 mm^2。

(2) 线材试样。

① 线材稍有弯曲,可以在木垫上用木锤轻敲矫直。但在矫直过程中,应尽量将加工硬化对性能的影响减到最低,且不应该损伤试样,试样尖锐棱边应去掉。

② 直径大于 6 mm 的线材,可加工成直径不大于 6 mm 的试样进行实验。凡需切削

加工后进行实验的试样,按图 D.3 的要求制备。

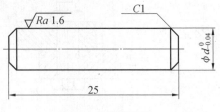

图 D.3　线材试样

(3) 用于冲孔的板状试样。

薄板金属不能做成圆柱试样时,可用冲孔剪切实验。板状试样厚度一般小于 5 mm。

(4) 复合钢板的剪切实验试样。

复合钢板剪切实验是采用静压(拉)力通过相应的实验装置,使平行于实验力方向的基材与覆材的结合面承受剪力直至断裂,以测定剪切强度。

(5) 铆钉试样。

① 从线材上切取一段适当长度的试样样坯,其上应附有牌号、规格、批号、试样号及特殊热处理制度和实验日期等标记。

② 每批铆钉试样取不少于 6 个试样,每盘金属丝两端 0.5 m 处各取 3 个试样。

③ 试样的长度(L) 和直径(d) 的关系为:$L = 1.4d + 10$ mm。

④ 从样坯上切取试样时不允许损伤试样原表面。试样的两个端面应平整,并与中心线垂直,周边无毛刺。

5. 实验原理概述

在图 D.4 中,沿截面 $m-m$ 假想地将试样分成两部分,并取左边为研究对象。由平衡关系可知,在 $m-m$ 面上分布的内力系的合力必然是一个平行于 P 的 Q 力,且由平衡条件得

$$P - Q = 0$$
$$P = Q \tag{D.1}$$

在图 D.5 所示的双剪切中,用同样的方法可以求出剪力:

$$Q = P/2 \tag{D.2}$$

抗剪强度计算如下:

$$\tau_b = \frac{P_b}{2A_0} \tag{D.3}$$

式中　　τ_b—— 抗剪强度,N/mm²;

　　　　P_b—— 试样被剪断的最大载荷,N;

　　　　A_0—— 试样原始横截面积,单位为 mm²。

6. 实验步骤

(1) 试样准备。

用游标卡尺在试样两端及中间三处两个相互垂直方向上测量直径,并取其算术平均值,横截面积计算精确到 0.01 mm²。

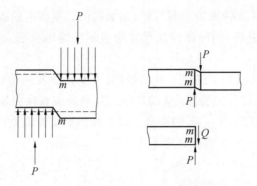

图 D.4   单剪切时的受力和变形特点

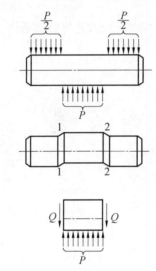

图 D.5   双剪切时的受力、变形及剪力

（2）试验机准备。

根据低碳钢的抗剪强度 τ_b 和试样的原始横截面积 S_0 估计实验所需的最大荷载,并据此选择合适的量程,设置好剪切参数,做好试验机的调零（注意:应消除试验机工作平台的自重）。

（3）安装夹具。

根据试样的尺寸选择适宜孔径的夹具。将夹具安装在试验机上应保证夹具中心线与夹具中心线一致,不得偏心。

（4）装夹试样。

把试样插入剪切块孔里,调节左右对称,应保证使夹具的中心线与试验机的加力轴线一致。

（5）调整横梁。

调整试验机横梁位置,选择适当量程。

（6）进行实验。

首先在试验机操作板上按下预载荷清零按钮,使电脑记录版面上载荷从零开始加载。然后按下万能材料试验机的加载按钮,施加载荷。观察电脑版面上的加载曲线,当加载曲线达到最大值断裂后,同时试验机操作板显示实验结束后,保存电脑加载曲线及数据,并取下试样。

高温剪切实验在高温炉中进行。对加热炉、温度控制及测量仪器和热电偶的要求按 GB 338—95《金属高温拉伸实验方法》的规定。热电偶应直接测量试样中部温度,实验过程中温度波动应满足 GB 338—95 的要求。试样加热到实验温度时间一般不大于 1 h,保温时间为 15 ~ 30 min,剪切实验速度不大于 5 mm/min。

(7) 实验结束。

整理实验器材,完成实验数据记录。

7. 数据处理

试样剪断后,记下最大载荷,按以下公式计算抗剪强度。

(1) 单剪实验剪切强度。

按式(D.3)计算。

(2) 双剪实验剪切强度。

$$\tau = \frac{P}{2S_0} = \frac{2P}{\pi d_0^2} \tag{D.4}$$

式中　　d_0—— 试样原始直径,mm。

(3) 冲孔实验剪切强度。

$$\tau = \frac{F}{\pi d_0 t} \tag{D.5}$$

式中　　d_0—— 冲孔直径,mm;

　　　　t—— 试样厚度,mm。

8. 实验报告

(1) 实验目的、实验内容和实验主要仪器设备。

(2) 试样材料、形状和尺寸。

(3) 实验步骤。

(4) 数据处理:按公式计算材料的剪切强度。

【思考题】

(1) 比较低碳钢 Q235 号钢 σ_b 和 τ_b 之间的比值。

(2) 观察低碳钢试样剪切断口并分析破坏原因。比较低碳钢拉伸破坏断口与剪切破坏断口。

附录 E　金属材料扭转实验

材料抵抗扭矩作用的性能称为扭转性能。扭转实验是测试材料在切应力作用下力学性能的实验技术,它可以测定脆性材料和塑性材料的强度和塑性。对于制造承受扭矩的零件(如轴、弹簧等材料)常需进行扭转实验。扭转实验在扭转试验机上进行,实验时在圆柱形试样的标距两端施加扭矩,测量扭矩及其相应的扭角,一般扭至断裂,便可测出金属材料的各项扭转性能指标。这些指标对于承受剪切扭转的机械零件具有重要实际意义。

1. 实验目的

(1) 验证扭转变形公式,测定低碳钢的切变模量 G;测定低碳钢和铸铁的剪切强度极限 τ_b,掌握典型塑性材料(低碳钢)和脆性材料(铸铁)的扭转性能。

(2) 绘制扭矩－扭角图。

(3) 观察和分析上述两种材料在扭转过程中的各种力学现象,并比较它们性质的差异。

(4) 了解扭转材料试验机的构造和工作原理,掌握其使用方法。

2. 实验术语

(1) 标距(L_0):试样上用以测量扭角的两标记间距离的长度。

(2) 扭转计标距(L_e):用扭转计测量试样扭角所使用试样平行部分的长度。

(3) 最大扭矩(T_m):试样在屈服阶段之后所能抵抗的最大扭矩,对于无明显屈服(或连续屈服)的金属材料,为实验期间的最大扭矩。

(4) 剪切模量(G):切应力与切应变成线性比例关系范围内切应力与切应变之比。

(5) 屈服强度:当金属材料呈现屈服现象时,在实验期间达到塑性发生而扭矩不增加的应力点,应区分上屈服强度和下屈服强度。

上屈服强度(τ_{eH}):扭转实验中,试样发生屈服而扭矩首次下降前最高切应力。

下屈服强度(τ_{eL}):扭转实验中,在屈服期间不计初始瞬时效应的最低切应力。

(6) 抗扭强度(τ_m):相应最大扭矩的切应力。

3. 实验仪器

设备:CTT502 微机控制电液伺服扭转试验机。

仪器:扭转计。

工具:游标卡尺。

4. 实验试样

(1) 圆柱形试样。

圆柱形试样的形状和尺寸如图 E.1 所示。试样头部形状和尺寸应适应试验机夹头夹持。一般采用直径为 10 mm、标距分别为 50 mm 和 100 mm、平行长度分别为 70 mm 和 120 mm 的试样。若采用其他直径的试样,其平行长度应为标距加上两倍直径。

(2) 管形试样。

管形试样的平行长度应为标距加上两倍外直径,其外直径和管壁厚度的尺寸公差及内外表面粗糙度应符合相关规定。试样应平直,两端应配合塞头,塞头不应伸进其平行长度内。管形试样塞头的形状和尺寸如图 E.2 所示。

(3) 小规格金属线材扭转试样。

小规格线材,是指测定直径(或特征尺寸)为 $0.3 \sim 10$ mm 的金属线材。

① 试样应尽可能是平直的,试样头部夹持部位应平整,方便夹具的夹持。

② 可将试样置于木材、塑料或铜质平面上,用由这些材料制成的工具矫直。

③ 矫直时不允许损伤试样表面,不应扭曲试样,也不允许对试样进行任何热加工处

理。

④ 存在局部硬弯的线材不允许用于实验。

⑤ 金属线材扭转试样形状和尺寸如图 E.3 所示。

⑥ 试样间两夹头间的标距长度如表 E.1 所示。

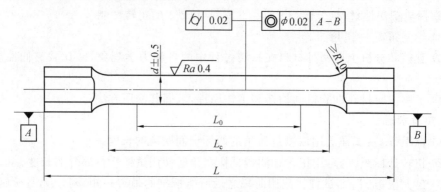

图 E.1　圆柱形试样

L_0 —试样标距；L_c —试样平行段长度；L —试样总长度

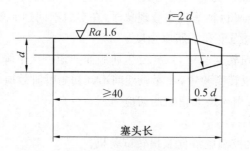

图 E.2　管形试样塞头

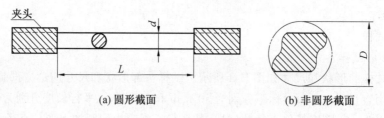

(a) 圆形截面　　　　　　　(b) 非圆形截面

图 E.3　金属线材扭转试样

表 E.1　小规格金属线材扭转试样的标距　　　　　　　　mm

线材公称直径 d 或特征尺寸 D	两夹头间标距长度
0.3～1.0	200d(D)
1.0～5.0	100d(D)
5.0～10.0	50d(D)

(4) 大规格金属线材扭转试样。

大规格线材，是指测定直径（或特征尺寸）大于 10 mm 的金属线材。

① 试样应符合小规格线材的 ① ～ ⑤ 的要求。

② 试样形状如图 E.3 所示。

③ 试样间两夹头间的标距长度 L 应为 $22d$ 或 $22D$。

5. 实验原理概述

(1) 测定低碳钢扭转时的强度性能指标。

试样在外力偶矩的作用下,其上任意一点处于纯剪切应力状态。随着外力偶矩的增加,当达到某一值时,测矩盘上的指针会出现停顿,这时指针所指示的外力偶矩的数值即为屈服力偶矩 M_{es},低碳钢的扭转屈服应力为

$$\tau_s = \frac{3}{4}\frac{M_{es}}{W_p} \tag{E.1}$$

式中 W_p —— 试样在标距内的抗扭截面系数,$W_p = \pi d^3/16$。

在测出屈服扭矩 T_s 后,改用电动快速加载,直到试样被扭断为止。这时测矩盘上的从动指针所指示的外力偶矩数值即为最大力偶矩 M_{eb},低碳钢的抗扭强度为

$$\tau_b = \frac{3}{4}\frac{M_{eb}}{W_p} \tag{E.2}$$

对上述两公式的来源说明如下:

低碳钢试样在扭转变形过程中,利用扭转试验机上的自动绘图装置绘出的 $M_e - \varphi$ 图如图 E.4 所示。当达到图中 A 点时,M_e 与 φ 成正比的关系开始破坏,这时,试样表面处的切应力达到了材料的扭转屈服应力 τ_s,如能测得此时相应的外力偶矩 M_{ep},如图 E.5(a) 所示,则扭转屈服应力为

$$\tau_s = \frac{M_{ep}}{W_p} \tag{E.3}$$

经过 A 点后,横截面上出现了一个环状的塑性区,如图 E.5(b) 所示。若材料的塑性很好,且当塑性区扩展到接近中心时,横截面周边上各点的切应力仍未超过扭转屈服力,此时的切应力分布可简化成图 E.5(c) 所示的情况,对应的扭矩 T_s 为

$$T_s = \int_0^{d/2} \tau_s \rho 2\pi\rho d\rho = 2\pi\tau_s \int_0^{d/2} \rho^2 d\rho = \frac{\pi d^3}{12}\tau_s = \frac{4}{3}W_p\tau_s \tag{E.4}$$

由于 $T_s = M_{es}$,因此,由上式可以得到

$$\tau_s = \frac{3}{4}\frac{M_{es}}{W_p} \tag{E.5}$$

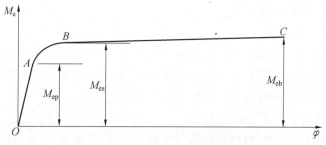

图 E.4   低碳钢的扭转图

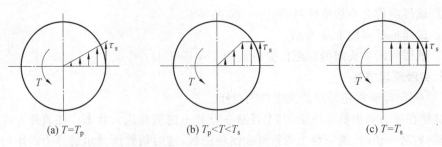

图 E.5　低碳钢圆柱形试样扭转时横截面上的切应力分布

无论从测矩盘上指针前进的情况,还是从自动绘图装置所绘出的曲线来看,A 点的位置不易精确判定,而 B 点的位置则较为明显。因此,一般均根据由 B 点测定的 M_{es} 来求扭转切应力 τ_s。当然这种计算方法也有缺陷,只有当实际的应力分布与图 E.5(c) 完全相符合时才是正确的,对塑性较小的材料差异是比较大的。从图 E.4 可以看出,当外力偶矩超过 M_{es} 后,扭转角 φ 增加很快,而外力偶矩 M_e 增加很小,BC 近似于一条直线。因此,可认为横截面上的切应力分布如图 E.5(c) 所示,只是切应力值比 τ_s 大。根据测定的试样在断裂时的外力偶矩 M_{eb},可求得抗扭强度为

$$\tau_b = \frac{3}{4} \frac{M_{eb}}{W_p} \qquad (E.6)$$

(2) 测定灰铸铁扭转时的强度性能指标。

对于灰铸铁试样,只需测出其承受的最大外力偶矩 M_{eb},抗扭强度为

$$\tau_b = \frac{M_{eb}}{W_p} \qquad (E.7)$$

由上述扭转破坏的试样可以看出:低碳钢试样的断口与轴线垂直,表明破坏是由切应力引起的;而灰铸铁试样的断口则沿螺旋线方向与轴线约成 $45°$,表明破坏是由拉应力引起的。

6. 实验步骤

(1) 试样准备。

① 圆柱形试样的测量。

圆柱形试样应在标距两端及中间处两个相互垂直的方向上各测一次直径,并取其算术平均值。用 3 处测得直径的算术平均值计算试样的极惯性矩,用 3 处测得的算术平均值中的最小值计算试样的截面系数。

② 管形试样的测量。

管形试样应在其一端两个相互垂直的方向上各测一次外径,取其算平均值。在同一端两个相互垂直的方向上测量四处管壁厚度,取其算术平均值。用测得的平均外直径和平均管壁厚度计算管形试样的极惯性矩和截面系数。

(2) 试验机准备。

按试验机 → 计算机 → 打印机的顺序开机,开机后需预热 10 min 才可使用。根据计算机的提示,设定实验方案、实验参数。

① 里程选择:根据试样平行长度部分的横截面积和材料的抗扭强度,估计测试所需

施加的最大扭矩,尽可能使其处于选定量程的 $40\% \sim 80\%$。

② 调零计数:在施加扭矩之前,测扭矩度盘的主动指针应指在零位,同时调整附在主动夹头上的扭转角刻度环,使其零点与指针重合。

③ 调整转速:扭转速度的选择应符合实验要求。一般脆性材料和塑性材料在屈服前,均应以低速施加扭矩;塑性材料屈服后,可以提高扭转速度。

(3) 装夹试样。

① 先将一个定位环夹套在试样的一端,装上卡盘,将螺钉拧紧。再将另一个定位环夹套在试样的另一端,装上另一卡盘;根据不同的试样标距要求,将试样搁放在相应的 V 形块上,使两卡盘与 V 形块的两端贴紧,保证卡盘与试样垂直,以确保标距准确。将卡盘上的螺钉拧紧。

② 先按"对正"按键,使两夹头对正。如发现夹头有明显的偏差,请按下"正转"或"反转"按键进行微调。将已安装卡盘的试样的一端放入从动夹头的钳口间,扳动夹头的手柄将试样夹紧。按"扭矩清零"按键或实验操作界面上的扭矩"清零"按钮。推动移动支座移动,使试样的头部进入主动夹头的钳口间。先按下"试样保护"按键,然后慢速扳动夹头的手柄,直至将试样夹紧。

③ 将扭角测量装置的转动臂的距离调好,转动转动臂,使测量辊压在卡盘上。

(4) 开始实验。

按"扭转角清零"按键,使电脑显示屏上的扭转角显示值为零。按"运行"键,开始实验。

(5) 记录数据。

试样断裂后,取下试样,观察分析断口形貌和塑性变形能力,填写实验数据和计算结果。

(6) 实验结束。

实验结束后,清理好机器以及夹头中的碎屑,关断电源。

7. 数据处理

(1) 用图解法计算剪切模量 G。

① 用自动记录方法记录扭矩 — 扭角($T - \varphi$)曲线。

② 在所记录曲线的弹性直线段上读取扭矩增量(ΔT) 和相应的扭角增量($\Delta \varphi$),如图 E.6 所示。

③ 按下式计算扭转模量。

$$G = \frac{TL}{\varphi I_p}$$ (E.8)

(2) 计算低碳钢和铸铁的剪切强度极限 τ_b。

① 实验时用自动记录方法记录扭矩 — 扭角($T - \varphi$)初曲线,首次下降前的最大扭矩为上屈服扭矩,屈服阶段中不计初始瞬时效应的最小扭矩为下屈服扭矩。

② 对试样连续施加扭矩,直至扭断。从记录的扭转曲线或试验机扭矩盘上读出试样扭断前所承受的最大扭矩。

8. 实验报告

(1) 实验目的,实验内容和实验主要仪器设备。

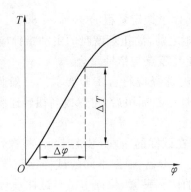

图 E.6　剪切模量

(2) 试样材料、形状和尺寸。

(3) 实验步骤。

(4) 数据处理：① 绘制扭矩－扭角（$T-\varphi$）曲线；② 按公式计算材料的力学性能：扭转屈服应力 τ_s 和抗扭强度 τ_b。

【思考题】

(1) 试样的尺寸和形状对测定弹性模量有无影响？为什么？

(2) 逐级加载方法所求出的弹性模量与一次加载到最终值所求出的弹性模量是否相同？为什么必须用逐级加载的方法测弹性模量？

(3) 碳钢与铸铁试样扭转破坏情况有什么不同？分析其原因。

(4) 铸铁扭转破坏断口的倾斜方向与外加扭转的方向有无直接关系？为什么？

附录Ⅱ 中英文名词对照索引

L

M

N

P

Q

Y

Z

参考答案

第 2 章

2.1 解 平均应力为

$$\sigma_{\mathrm{m}} = \frac{1}{3}(\sigma_x + \sigma_y + \sigma_z) = \frac{1}{3}(2a + 4a + 0) = 2a$$

按照式(2.25)知应力张量可分解为

$$\begin{Bmatrix} \sigma_x & \tau_{xy} & \tau_{xz} \\ \tau_{yx} & \sigma_y & \tau_{yz} \\ \tau_{zx} & \tau_{zy} & \sigma_z \end{Bmatrix} = \begin{Bmatrix} \sigma_{\mathrm{m}} & 0 & 0 \\ 0 & \sigma_{\mathrm{m}} & 0 \\ 0 & 0 & \sigma_{\mathrm{m}} \end{Bmatrix} + \begin{Bmatrix} \sigma_x - \sigma_{\mathrm{m}} & \tau_{xy} & \tau_{xz} \\ \tau_{yx} & \sigma_y - \sigma_{\mathrm{m}} & \tau_{yz} \\ \tau_{zx} & \tau_{zy} & \sigma_z - \sigma_{\mathrm{m}} \end{Bmatrix}$$

　　（应力张量）　　　（应力球张量）　　　　　　　（应力偏张量）

得

$$\boldsymbol{\sigma}_{ij} = \begin{bmatrix} 2a & 0 & 3a \\ 0 & 4a & -3a \\ 3a & -3a & 0 \end{bmatrix} = \begin{bmatrix} 2a & 0 & 0 \\ 0 & 2a & 0 \\ 0 & 0 & 2a \end{bmatrix} + \begin{bmatrix} 0 & 0 & 3a \\ 0 & 2a & -3a \\ 3a & -3a & -2a \end{bmatrix}$$

　（应力张量）　　　　　（应力球张量）　　　　　（应力偏张量）

应力偏张量第二不变量为

$$J'_2 = \sigma'_x \sigma'_y + \sigma'_y \sigma'_z + \sigma'_z \sigma'_x - \tau_{xy}^2 - \tau_{yz}^2 - \tau_{zx}^2 = -22a^2$$

2.2 解 正八面体法线方向余弦为

$$l = m = n = \frac{1}{\sqrt{3}}$$

（1）总应力为

$$S = \sqrt{l^2 \sigma_1^2 + m^2 \sigma_2^2 + n^2 \sigma_3^2} = 59.5 \text{ MPa}$$

正应力为

$$\sigma = \frac{1}{3}(\sigma_1 + \sigma_2 + \sigma_3) = 25 \text{ MPa}$$

剪应力为

$$\tau = \frac{1}{3}\sqrt{(\sigma_1 - \sigma_2)^2 + (\sigma_2 - \sigma_3)^2 + (\sigma_3 - \sigma_1)^2} = 54.0 \text{ MPa}$$

（2）总应力为

$$S = \sqrt{l^2 \sigma_1^2 + m^2 \sigma_2^2 + n^2 \sigma_3^2} = 70.7 \text{ MPa}$$

正应力为

$$\sigma = \frac{1}{3}(\sigma_1 + \sigma_2 + \sigma_3) = 0$$

剪应力为

$$\tau = \frac{1}{3}\sqrt{(\sigma_1 - \sigma_2)^2 + (\sigma_2 - \sigma_3)^2 + (\sigma_3 - \sigma_1)^2} = 70.7 \text{ MPa}$$

2.3　解　力微分平衡方程为

$$\begin{cases} \dfrac{\partial \sigma_x}{\partial x} + \dfrac{\partial \tau_{yx}}{\partial y} = 0 \\[2mm] \dfrac{\partial \sigma_y}{\partial y} + \dfrac{\partial \tau_{xy}}{\partial x} = 0 \end{cases}$$

将应力分量代入上式,得

$$\begin{cases} -Qy^3 + 3Ax^2 - 4By^3 + Cx^2 = 0 \\ -3Bxy + 2Cxy = 0 \end{cases}$$

解上面方程组,得

$$\begin{cases} -Q - 4B = 0 \\ 3A + C = 0 \\ -3B + 2C = 0 \end{cases}$$

解得

$$\begin{cases} A = \dfrac{Q}{8} \\[2mm] B = -\dfrac{Q}{4} \\[2mm] C = -\dfrac{3}{8}Q \end{cases}$$

2.4　解　设截面积为 A、长度为 $\mathrm{d}y$ 的杆件单元体平衡方程为

$$(-\sigma_y - \mathrm{d}\sigma_y)A + fA = -\sigma_y A$$

因此

$$\mathrm{d}\sigma_y = f$$

将上式积分,得

$$\sigma_y = fy + C$$

当 $y = h$ 时,$\sigma_y = 0$,故有 $C = -fh$,即

$$\sigma_y = fy - fh$$

所以　　　　　　　　$A = f, B = -fh$

2.5　解　(1) 平均应力为

$$\sigma_m = \frac{1}{3}(\sigma_1 + \sigma_2 + \sigma_3) = 6\ \mathrm{MPa}$$

按照式(2.26)知应力张量可分解为

$$\begin{Bmatrix} \sigma_x & \tau_{xy} & \tau_{xz} \\ \tau_{yx} & \sigma_y & \tau_{yz} \\ \tau_{zx} & \tau_{zy} & \sigma_z \end{Bmatrix} = \begin{Bmatrix} \sigma_m & 0 & 0 \\ 0 & \sigma_m & 0 \\ 0 & 0 & \sigma_m \end{Bmatrix} + \begin{Bmatrix} \sigma_x - \sigma_m & \tau_{xy} & \tau_{xz} \\ \tau_{yx} & \sigma_y - \sigma_m & \tau_{yz} \\ \tau_{zx} & \tau_{zy} & \sigma_z - \sigma_m \end{Bmatrix}$$

　　（应力张量）　　（应力球张量）　　　（应力偏张量）

故得

$$\text{应力球张量}\ \delta_{ij}\sigma_m = \begin{bmatrix} 6 & 0 & 0 \\ 0 & 6 & 0 \\ 0 & 0 & 6 \end{bmatrix}, \text{应力偏张量}\ \sigma'_{ij} = \begin{bmatrix} 4 & 0 & 0 \\ 0 & 4 & 0 \\ 0 & 0 & -8 \end{bmatrix}$$

（2）应力张量不变量分别为

$$I_1 = \sigma_1 + \sigma_2 + \sigma_3 = 18$$

$$I_2 = \sigma_1\sigma_2 + \sigma_2\sigma_3 + \sigma_3\sigma_1 = 60$$

$$I_3 = \sigma_1\sigma_2\sigma_3 = -200$$

（3）等效应力为

$$\sigma_i = \frac{1}{\sqrt{2}}\sqrt{(\sigma_1-\sigma_2)^2 + (\sigma_2-\sigma_3)^2 + (\sigma_3-\sigma_1)^2} = 12\ \mathrm{MPa}$$

（4）应力状态图如下

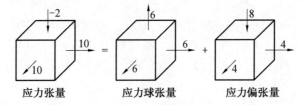

应力张量　　　　　应力球张量　　　　　应力偏张量

第 3 章

3.1　解　由应变张量知，主应变为 ε_1、ε_2、ε_3，与应变主轴成等倾面的正应变为

$$\varepsilon_0 = \frac{\varepsilon_1 + \varepsilon_2 + \varepsilon_3}{3}$$

主剪应变为

$$\gamma_{23} = \pm(\varepsilon_2 - \varepsilon_3)$$

$$\gamma_{31} = \pm(\varepsilon_3 - \varepsilon_1)$$

$$\gamma_{12} = \pm(\varepsilon_1 - \varepsilon_2)$$

与应变主轴成等倾面的剪应变为

$$\gamma_0 = \frac{2}{3}\sqrt{\gamma_{12}^2 + \gamma_{23}^2 + \gamma_{31}^2} =$$

$$\frac{2}{3}\sqrt{(\varepsilon_1-\varepsilon_2)^2 + (\varepsilon_2-\varepsilon_3)^2 + (\varepsilon_3-\varepsilon_1)^2} =$$

$$\sqrt{2}\,\varepsilon_i$$

式中，$\varepsilon_i = \dfrac{\sqrt{2}}{3}\sqrt{(\varepsilon_1-\varepsilon_2)^2 + (\varepsilon_2-\varepsilon_3)^2 + (\varepsilon_3-\varepsilon_1)^2}$ 为等效应变。

3.2　解　（提示：解题方法参考例题 3.5）

（1）$\varepsilon_1 = 0.006$，$\varepsilon_2 = 0.004$，$\varepsilon_3 = 0.002$。

（2）$(\dfrac{\sqrt{2}}{2}, \dfrac{\sqrt{2}}{2}, 0)$，$(0, 0, 1)$，$(\dfrac{\sqrt{2}}{2}, -\dfrac{\sqrt{2}}{2}, 0)$。

（3）$\varepsilon_m = \dfrac{\varepsilon_x + \varepsilon_z + \varepsilon_x}{3} = 0.004$

$$e_{ij} = \begin{bmatrix} 0 & 0.002 & 0 \\ 0.002 & 0 & 0 \\ 0 & 0 & 0 \end{bmatrix}$$

(4)$J'_2 = -\varepsilon'^2_{xy} = 4 \times 10^{-6}$

3.3 解 （1）各应变分量代入变形协调方程(3.23)中的 6 个方程时,各方程均能成立,所以上述应变分量满足变形协调条件。

(2)$u = -\mu\dfrac{\gamma z}{E}x$, $v = -\mu\dfrac{\gamma z}{E}y$, $w = \dfrac{\gamma}{2E}[z^2 - \mu(x^2+y^2) - l^2]$。

3.4 解 平均应变为

$$\varepsilon_0 = \frac{\varepsilon_x + \varepsilon_z + \varepsilon_x}{3} = 0.02 \times 10^{-3}$$

由式(3.27),得

$$\boldsymbol{\varepsilon}_{ij} = \begin{bmatrix} \varepsilon_x & \gamma_{xy} & \gamma_{xz} \\ \gamma_{yx} & \varepsilon_y & \gamma_{yz} \\ \gamma_{zx} & \gamma_{zy} & \varepsilon_z \end{bmatrix} = \begin{bmatrix} \varepsilon_x - \varepsilon_m & \gamma_{xy} & \gamma_{xz} \\ \gamma_{yx} & \varepsilon_y - \varepsilon_m & \gamma_{yz} \\ \gamma_{zx} & \gamma_{zy} & \varepsilon_z - \varepsilon_m \end{bmatrix} + \begin{bmatrix} \varepsilon_m & 0 & 0 \\ 0 & \varepsilon_m & 0 \\ 0 & 0 & \varepsilon_m \end{bmatrix}$$

即

$$\begin{bmatrix} 0.30 & 0.04 & -0.05 \\ 0.04 & -0.04 & 0 \\ -0.005 & 0 & -0.20 \end{bmatrix} \times 10^{-3} =$$

（应变张量）

$$\begin{bmatrix} 0.02 & 0 & 0 \\ 0 & 0.02 & 0 \\ 0 & 0 & 0.02 \end{bmatrix} \times 10^{-3} + \begin{bmatrix} 0.28 & 0.04 & -0.05 \\ 0.04 & -0.06 & 0 \\ -0.005 & 0 & -0.22 \end{bmatrix} \times 10^{-3}$$

（应变球张量）　　　　　（应变偏张量）

第 4 章

4.1 解 不妨假定 $\sigma_3 = 0$,则由米塞斯屈服准则,得

$$(\sigma_1 - \sigma_2)^2 + (\sigma_2 - \sigma_3)^2 + (\sigma_3 - \sigma_1)^2 = 2Y^2$$

将 $\sigma_1 = \sigma_1$、$\sigma_2 = \sigma_2$、$\sigma_3 = 0$ 代入米塞斯屈服准则,得

$$\sigma_1^2 - \sigma_1\sigma_2 + \sigma_2^2 = Y^2$$

可得

$$\left(\frac{\sigma_1}{Y}\right)^2 - \left(\frac{\sigma_1}{Y}\right)\left(\frac{\sigma_2}{Y}\right) + \left(\frac{\sigma_2}{Y}\right)^2 = 1$$

很明显,上述方程所表示的几何图形为 $\sigma_1 - \sigma_2$ 平面上的椭圆。

由屈雷斯加屈服准则,得

$$\begin{cases} \sigma_1 - \sigma_2 = \pm Y \\ \sigma_2 - \sigma_3 = \pm Y \\ \sigma_3 - \sigma = \pm Y \end{cases}$$

假定 $\sigma_3 = 0$,则

$$
\begin{cases}
\sigma_1 - \sigma_2 = Y & (\sigma_1 > 0, \sigma_2 < 0) \\
\sigma_1 - \sigma_2 = -Y & (\sigma_1 < 0, \sigma_2 > 0) \\
\sigma_2 = Y & (\sigma_2 > \sigma_1 > 0) \\
\sigma_2 = -Y & (\sigma_1 > \sigma_2 > 0) \\
\sigma_1 = Y & (\sigma_1 < \sigma_2 < 0) \\
\sigma_1 = -Y & (\sigma_2 < \sigma_1 < 0)
\end{cases}
$$

分别将两个方程表示的图形在 $\sigma_1 - \sigma_2$ 平面上作出,如下图所示。

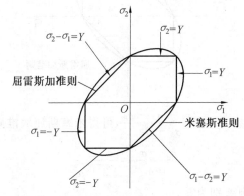

4.2 解 (1)在 OE 轴上的每一点,均有 $\sigma_1 = \sigma_2 = \sigma_3 = \sigma_m$,即静液压力应力状态,应力偏量等于零。

(2)由 $\overrightarrow{OP}$ 向量确定的应力状态,可以分解为 OE 方向的 $\overrightarrow{ON}$ 及垂直于 $\overrightarrow{ON}$ 的 $\overrightarrow{NP}$,即

$$
|\overrightarrow{ON}| = (\sigma_1, \sigma_2, \sigma_3) \begin{pmatrix} l \\ m \\ n \end{pmatrix} = \frac{\sigma_1 + \sigma_2 + \sigma_3}{\sqrt{3}} = \sqrt{3}\,\sigma_m
$$

$$
|\overrightarrow{PN}|^2 = |\overrightarrow{OP}|^2 - |\overrightarrow{ON}|^2 = \frac{1}{3}\left[(\sigma_1 - \sigma_2)^2 + (\sigma_2 - \sigma_3)^2 + (\sigma_3 - \sigma_1)^2\right] = 2J_2
$$

塑性变形时

$$
J_2 = \frac{1}{3}Y^2
$$

则

$$
|\overrightarrow{PN}|^2 = 2J_2 = \frac{2}{3}Y^2
$$

所以

$$
|\overrightarrow{PN}| = \sqrt{\frac{2}{3}}Y
$$

即当满足上述条件时发生屈服。

(3)半径为 $\sqrt{\dfrac{2}{3}}Y$ 的圆柱,轴线与 OE 重合。

4.3 解 (1)米塞斯屈服准则的数学表达式为

$$
(\sigma_1 - \sigma_2)^2 + (\sigma_2 - \sigma_3)^2 + (\sigma_3 - \sigma_1)^2 = 2Y^2
$$

屈雷斯加屈服准则的数学表达式为

$$\sigma_{\max} - \sigma_{\min} = Y$$

（2）假定 $\sigma_3 = 0$，则其屈服轨迹的几何图形如下图所示。

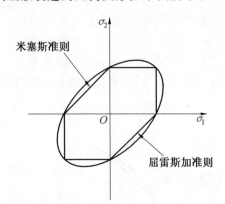

由于引入了罗德参数 $\mu_\sigma = \dfrac{2\sigma_2 - \sigma_1 - \sigma_3}{\sigma_1 - \sigma_3}$，可得米塞斯屈服准则表达式为

$$\frac{\sigma_1 - \sigma_3}{\sigma_s} = \frac{2}{\sqrt{3 + \mu_\sigma^2}}$$

当 $\mu_\sigma = 1$ 时，两准则差别为零。

当 $\mu_\sigma = 0$ 时，两屈服准则相对误差最大，在此状态下所承受的应力状态为纯剪切应力状态。

（3）米塞斯屈服准则的物理意义：当等效应力达到定值时，材料质点发生屈服，该定值与应力状态无关，或者说，材料处于塑性状态时，其等效应力是不变的定值，该定值取决于材料变形时的性质，而与应力状态无关。当材料的单位体积形状改变的弹性能达到某一常数时，质点就发生屈服。故米塞斯屈服准则又称为能量准则。

屈雷斯加屈服准则的物理意义：当变形体或质点中的最大切应力达到某一定值时，材料就发生屈服，或者说，材料处于塑性状态时，其最大切应力是一个不变的定值，该定值只取决于材料在变形条件下的性质，而与应力状态无关。所以屈雷斯加屈服准则又称为最大切应力不变条件。

（4）相同点：均是判断材料是否发生屈服的准则。

不同点：平面应力状态时，米塞斯屈服准则的几何图形为一个椭圆，而屈雷斯加屈服准则的几何图形为一个内接于椭圆的六边形。

产生区别的原因：米塞斯屈服准则是基于能量而写出的表达式，而屈雷斯加是基于最大剪应力写出的表达式，两者的目的相同但路径不同产生了少许的差异。

4.4　解　在筒壁上任取一个单元体进行受力分析，如下图所示。

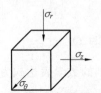

根据平横条件可求得应力分量为

$$\sigma_\theta = \frac{2pr}{2t} = \frac{pr}{t} > 0$$

$$\sigma_z = \frac{2p\pi r^2}{2\pi rt} = \frac{pr}{2t} > 0$$

考虑 σ_r 时,内壁先屈服,不考虑 σ_r 时整个圆筒同时屈服,所以只研究圆筒内壁。

(1) 利用米塞斯屈服准则求解。

不考虑 σ_r 时,即 $\sigma_r = 0$ 时有

$$(\sigma_1 - \sigma_2)^2 + (\sigma_2 - \sigma_3)^2 + (\sigma_3 - \sigma_1)^2 = 2Y^2$$

即

$$\left(\frac{pr}{t} - \frac{pr}{2t}\right)^2 + \left(\frac{pr}{2t}\right)^2 + \left(\frac{pr}{t}\right)^2 = 2Y^2$$

所以可求得

$$p = \frac{2}{\sqrt{3}}\frac{t}{r}Y = \frac{2}{\sqrt{3}} \times \frac{5}{25} \times 250 \text{ N/mm}^2 = 5.77 \text{ N/mm}^2$$

考虑 σ_r 时,即 $\sigma_r = -P$ 时,有

$$p = \frac{2t}{\sqrt{3r^2 + 6rt + 4t^2}}Y = 5.66 \text{ N/mm}^2$$

误差

$$E = \frac{|5.77 - 5.66|}{5.77} \times 100\% = 1.9\%$$

(2) 利用屈雷斯加屈服准则求解。

不考虑 σ_r 时,即 $\sigma_r = 0$ 时,有

$$\sigma_{\max} - \sigma_{\min} = Y$$

即

$$\frac{pr}{t} - 0 = Y$$

得

$$p = \frac{t}{r}Y = \frac{5}{25} \times 250 \text{ N/mm}^2 = 5.0 \text{ N/mm}^2$$

考虑 σ_r 时,即 $\sigma_r = -P$ 时,有

$$p = \frac{t}{r+t}Y = 4.9 \text{ N/mm}^2$$

误差

$$E = \frac{|5.0 - 4.9|}{5.0} \times 100\% = 2.0\%$$

4.5　证明:(1) 厚壁球壳的弹性应力分布(采用球坐标系)。

平衡方程为

$$\frac{d\sigma_r}{dr} + 2\frac{\sigma_r - \sigma_\theta}{r} = 0$$

几何方程为

$$\varepsilon_r = \frac{du}{dr}, \quad \varepsilon_\theta = \varepsilon_\varphi = \frac{u}{r}$$

物理方程为

$$
\begin{cases}
\sigma_r = \dfrac{E}{(1+\mu)(1-2\mu)} \left[(1-\mu)\varepsilon_r + 2\mu\varepsilon_\theta \right] \\[3mm]
\sigma_\theta = \dfrac{E}{(1+\mu)(1-2\mu)} (\varepsilon_\theta + \nu\varepsilon_r)
\end{cases}
$$

$$
\frac{\mathrm{d}u^2}{\mathrm{d}t} + \frac{\mathrm{d}u}{\mathrm{d}t} + 2u = 0
$$

特征方程为

$$
k^2 + k - 2 = 0
$$

$$
u = A\mathrm{e}^t + B\mathrm{e}^{-2t} = Ar + \frac{B}{r^2}
$$

解得

$$
\begin{cases}
\sigma_r = \dfrac{E}{1-2\mu}A - \dfrac{2E}{1+\mu} \cdot \dfrac{B}{r^3} \\[3mm]
\sigma_\theta = \dfrac{E}{1-2\mu}A + \dfrac{E}{1+\mu} \cdot \dfrac{B}{r^3}
\end{cases}
$$

引入边界条件 $\sigma_r \mid_{r=a} = -p_1$，$\sigma_r \mid_{r=b} = 0$，可得

$$
\begin{cases}
\sigma_r = \dfrac{a^3(r^3-b^3)}{r^3(b^3-a^3)}p \\[3mm]
\sigma_\theta = \dfrac{a^3(2r^3+b^3)}{2r^3(b^3-a^3)}p
\end{cases}
$$

（2）塑性分析。

米塞斯屈服准则

$$
(\sigma_1-\sigma_2)^2 + (\sigma_2-\sigma_3)^2 + (\sigma_3-\sigma_1)^2 = 2\sigma_s^2
$$

屈雷斯加屈服准则

$$
\begin{cases}
|\sigma_1 - \sigma_2| \leqslant \sigma_s \\
|\sigma_2 - \sigma_3| \leqslant \sigma_s \\
|\sigma_3 - \sigma_1| \leqslant \sigma_s
\end{cases}
$$

在球坐标下，球对称厚壁球壳内部无剪应力，故 σ_r、σ_θ、σ_φ 即为 3 个主应力，由对称性可知 $\sigma_\theta = \sigma_\varphi$，代入两屈服准则便可得到相同的形式 $|\sigma_r - \sigma_\theta| \leqslant \sigma_s$，故原结论得证。

因为刚进入塑性状态时弹性应力分布式可以直接应用于 $|\sigma_r - \sigma_\theta| \leqslant \sigma_s$，所以有

$$
\frac{a^3(2r^3+b^3)}{2r^3(b^3-a^3)}p - \frac{a^3(r^3-b^3)}{r^3(b^3-a^3)}p = \sigma_s
$$

可得

$$
p = \sigma_s \cdot \frac{2(b^3-a^3)}{3b^3}
$$

4.6 证明：

$$
\frac{1}{2}\sigma'_{ij} \cdot \sigma'_{ij} = \frac{1}{2}(\sigma'^2_x + \sigma'^2_y + \sigma'^2_z + \tau^2_{xy} + \tau^2_{yz} + \tau^2_{zx} + \tau^2_{yx} + \tau^2_{zy} + \tau^2_{xz}) =
$$

$$
\frac{1}{2}\left[\left(\sigma_x - \frac{\sigma_x+\sigma_y+\sigma_z}{3}\right)^2 + \left(\sigma_y - \frac{\sigma_x+\sigma_y+\sigma_z}{3}\right)^2 + \left(\sigma_z - \frac{\sigma_x+\sigma_y+\sigma_z}{3}\right)^2 \right] +
$$

$$
\tau^2_{xy} + \tau^2_{yz} + \tau^2_{zx} =
$$

$$\frac{1}{2}\left[\sigma_x^2+\sigma_y^2+\sigma_z^2+3\left(\frac{\sigma_x+\sigma_y+\sigma_z}{3}\right)^2-2(\sigma_x+\sigma_y+\sigma_z)\frac{\sigma_x+\sigma_y+\sigma_z}{3}\right]+$$

$$\tau_{xy}^2+\tau_{yz}^2+\tau_{zx}^2=$$

$$\frac{1}{2}\left[\sigma_x^2+\sigma_y^2+\sigma_z^2-\frac{(\sigma_x+\sigma_y+\sigma_z)^2}{3}\right]+\tau_{xy}^2+\tau_{yz}^2+\tau_{zx}^2=$$

$$\frac{1}{6}\left[(\sigma_x-\sigma_y)^2+(\sigma_y-\sigma_z)^2+(\sigma_z-\sigma_x)^2+6(\tau_{xy}^2+\tau_{yz}^2+\tau_{zx}^2)\right]$$

因为

$$\left[(\sigma_x-\sigma_y)^2+(\sigma_y-\sigma_z)^2+(\sigma_z-\sigma_x)^2+6(\tau_{xy}^2+\tau_{yz}^2+\tau_{zx}^2)\right]=2\sigma_s^2$$

所以

$$\frac{1}{2}\sigma'_{ij}\cdot\sigma'_{ij}=\frac{1}{3}Y^2$$

4.7　解　由平面应力状态时的应力莫尔圆可求得正应力为

$$\left.\begin{array}{r}\sigma_1/\text{MPa}\\\sigma_2/\text{MPa}\end{array}\right\}=\frac{1}{2}(\sigma_x+\sigma_y)\pm\sqrt{\left(\frac{\sigma_x-\sigma_y}{2}\right)^2+\tau_{xy}^2}=$$

$$\frac{1}{2}(750+150)\pm\sqrt{\left(\frac{750-150}{2}\right)^2+150^2}=$$

$$450\pm335.4$$

所以 $\sigma_1=785.4$ MPa, $\sigma_2=114.6$ MPa, $\sigma_3=0$。

由米塞斯屈服准则,得

$$(\sigma_1-\sigma_2)^2+(\sigma_2-\sigma_3)^2+(\sigma_3-\sigma_1)^2=2\sigma_s^2$$

即

$$(785.4-114.6)^2+(114.6-0)^2+(0-785.4)^2=2\sigma_s^2$$

求得 $\sigma_s=734$ MPa

由屈雷斯加屈服准则,得

$$\sigma_1-\sigma_3=\sigma_s$$

即 $785.4-0=\sigma_s$

求得 $\sigma_s=785.4$ MPa

第 5 章

5.1～5.11　略

5.12　$\sigma_x=\sigma_y=-11.79$ MPa

5.13　$\theta=-9.662\times10^{-4}$

5.14　$\sigma_z=18$ MPa, $\varepsilon_x=1.105\times10^{-4}$, $\varepsilon_y=4.55\times10^{-5}$

5.15　(1)$\sigma_x=\sigma_y=-\dfrac{\mu}{1-\mu}p$

(2)$\theta=-\dfrac{(1-2\mu)(1+\mu)}{(1-\mu)E}p$

(3)$\tau_{max}=\dfrac{1-2\mu}{2(1-\mu)}p$

5.16 $E=1.5\times10^5 a$

5.17 $\mu=0.5$

5.18 $d\varepsilon_1^p:d\varepsilon_2^p:d\varepsilon_3^p=1:0:(-1)$

        $d\varepsilon_1^p:d\varepsilon_2^p:d\varepsilon_3^p=1:0:(-1)$

        $d\varepsilon_1^p:d\varepsilon_2^p:d\varepsilon_3^p=1:0:(-1)$

5.19   (1) $d\varepsilon_1^p:d\varepsilon_2^p:d\varepsilon_3^p=2:(-1):(-1)$

        (2) $d\varepsilon_1^p:d\varepsilon_2^p:d\varepsilon_3^p=1:0:(-1)$

        (3) $d\varepsilon_1^p:d\varepsilon_2^p:d\varepsilon_3^p=2:(-1):(-1)$

5.20 $d\varepsilon_y=0.1\delta,d\varepsilon_z=-0.2\delta$

        $d\varepsilon_{xy}=d\varepsilon_{yz}=0,d\varepsilon_{xz}=7.5\times10^{-3}\delta$

5.21 $\sigma_x=\sigma_y=96.3\text{ MPa},\sigma_z=-42.6\text{ MPa}$

        $\tau_{xy}=23.1\text{ MPa},\tau_{yz}=0,\tau_{zx}=-23.1\text{ MPa}$

$$\sigma_{ij}=\begin{bmatrix} 96.29 & 23.15 & -23.15 \\ 23.15 & 96.29 & 0 \\ -23.15 & 0 & -42.58 \end{bmatrix}$$

5.22   第二种情况含有卸载过程。

(1) $\varepsilon_1=1.09,\varepsilon_2=-0.14,\varepsilon_3=-0.95$

(2) $\varepsilon_1=1.008,\varepsilon_2=-0.13,\varepsilon_3=-0.878$

5.25 $(S_b=\sigma_b(1+\varepsilon_b))$，$\sigma_b=171\text{ MPa}$

5.26   平面应变状态

5.27 $\varepsilon_\theta>\varepsilon_z>\varepsilon_r$，变形类型为平面应变。

第 6 章

6.1   略

6.2   解   沿 r 向列平衡方程为

$$(\sigma_r+d\sigma_r)(r+dr)d\theta h-\sigma_r d\theta h r-2\sigma_\theta\sin\frac{d\theta}{2}dr h+2\tau r d\theta dr=0$$

整理并略去高次项，得平衡微分方程

$$\frac{d\sigma_r}{dr}+\frac{2\tau}{h}+\frac{\sigma_r-\sigma_\theta}{r}=0$$

实心圆柱镦粗的径向应变为

$$\varepsilon_r=\frac{dr}{r}$$

切向应变为

$$\varepsilon_\theta=\frac{2\pi(r+dr)-2\pi r}{2\pi r}=\frac{dr}{r}$$

两者相等，根据应力应变关系理论必然有 $\sigma_r=\sigma_\theta$，可得

$$\frac{d\sigma_r}{dr}+\frac{2\tau}{h}=0$$

将边界摩擦条件 $\tau = f\sigma_s$ 带入上式,得

$$\frac{\mathrm{d}\sigma_r}{\mathrm{d}r} = -\frac{2f\sigma_s}{h}$$

由 Mises 屈服准则知

$$(-\sigma_r) = (-\sigma_z) = \sigma_s$$

即

$$\sigma_z - \sigma_r = \sigma_s$$

将上式微分,得

$$\frac{\mathrm{d}\sigma_z}{\mathrm{d}r} = \frac{\mathrm{d}\sigma_r}{\mathrm{d}r}$$

联立如下方程式

$$\begin{cases} \dfrac{\mathrm{d}\sigma_r}{\mathrm{d}r} = -\dfrac{2f\sigma_s}{h} \\ \dfrac{\mathrm{d}\sigma_z}{\mathrm{d}r} = \dfrac{\mathrm{d}\sigma_r}{\mathrm{d}r} \end{cases}$$

得

$$\mathrm{d}\sigma_z = -\frac{2f\sigma_s}{h}\mathrm{d}r$$

将上式积分,得

$$\sigma_z = -\frac{2f\sigma_s}{h}r + C$$

当 $r = d/2$ 时,$\sigma_r = \sigma_0$,代入 $\sigma_z - \sigma_r = \sigma_s$,得

$$\sigma_z = \sigma_s + \sigma_0$$

将上式代入 $\sigma_z = -\dfrac{2f\sigma_s}{h}r + C$,得

$$C = \sigma_s + \frac{2f\sigma_s}{h} \cdot \frac{d}{2} + \sigma_0$$

将 C 值代入 $\sigma_z = -\dfrac{2f\sigma_s}{h}r + C$,得圆柱体镦粗时压力分布公式

$$\sigma_z = \sigma_s\left[1 + \frac{2f}{h}\left(\frac{d}{2} - r\right)\right] + \sigma_0$$

故总压力为

$$p = \int_0^{0.5d} \sigma_z 2\pi r\mathrm{d}r = \int_0^{0.5d}\left\{\sigma_s\left[1 + \frac{2f}{h}\left(\frac{d}{2} - r\right)\right] + \sigma_0\right\}2\pi r\mathrm{d}r =$$

$$\frac{\pi d^2}{4}\left[\sigma_s\left(1 + \frac{fd}{3h}\right) + \sigma_0\right]$$

故单位压力为

$$p_m = \sigma_s\left(1 + \frac{fd}{3h}\right) + \sigma_0$$

6.3 解 在筒壁上选一单元体,采用圆柱坐标系,如下图所示。

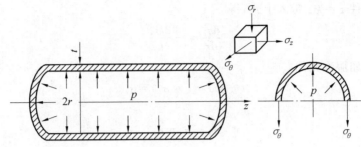

轴向应力

$$\sigma_z = \frac{p\pi r^2}{2\pi r t} = \frac{pr}{2t} > 0$$

周向应力

$$\sigma_\theta = \frac{p \cdot 2 \cdot r \cdot 1}{2 \cdot t \cdot 1} = \frac{pr}{t} > 0$$

径向应力

$$\sigma_r = 0 \ (忽略\ \sigma_r)$$

假设 $\sigma_1 \geqslant \sigma_2 \geqslant \sigma_3$,可知 $\sigma_1 = \sigma_\theta, \sigma_2 = \sigma_z, \sigma_3 = \sigma_r$。

由米塞斯屈服准则知

$$(\sigma_1 - \sigma_2)^2 + (\sigma_2 - \sigma_3)^2 + (\sigma_3 - \sigma_1)^2 = 2\sigma_s^2$$

即

$$\left(\frac{pr}{t} - \frac{pr}{2t}\right)^2 + \left(\frac{pr}{2t}\right)^2 + \left(\frac{pr}{t}\right)^2 = 2\sigma_s^2$$

因为 $2r = 500 \ \text{mm}, t = 5 \ \text{mm}, \sigma_s = 300 \ \text{N/mm}^2$,故由上式得

$$p = \frac{2}{\sqrt{3}} \frac{t}{r} \sigma_s$$

代入数据得

$$p = 692.8 \ \text{N/mm}^2$$

由屈雷斯加屈服准则知 $\sigma_1 - \sigma_3 = \sigma_s$,即

$$\frac{pr}{t} - 0 = \sigma_s$$

得

$$p = \frac{t}{r}\sigma_s$$

代入数据得 $p = 600 \ \text{N/mm}^2$。

若考虑 σ_r 的影响,则对内表面有

$$\sigma_r = -p < 0$$

由米塞斯屈服准则知

$$p = \frac{2t}{\sqrt{3r^2 + 6rt + 4t^2}}\sigma_s$$

代入数据得

$$p = 679.2 \ \text{N/mm}^2$$

由屈雷斯加屈服准则知

$$p = \frac{t}{r+t}\sigma_s = 588.2 \ \text{N/mm}^2$$

6.4 解 如下图所示截取基元体。

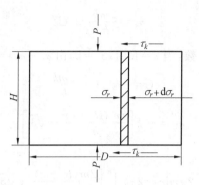

沿 r 向列力平衡方程为

$$\sigma_r r \mathrm{d}\theta h - (\sigma_r + \mathrm{d}\sigma_r)(r+\mathrm{d}r)\mathrm{d}\theta h + 2\sigma_\theta \sin\frac{\mathrm{d}\theta}{2}\mathrm{d}r h - 2\tau_k r \mathrm{d}\theta \mathrm{d}r = 0$$

化简得

$$\frac{\mathrm{d}\sigma_r}{\mathrm{d}r} + \frac{2\tau_k}{h} + \frac{\sigma_r - \sigma_\theta}{r} = 0$$

径向应变为

$$\varepsilon_r = \frac{\mathrm{d}r}{r}$$

切向应变为

$$\varepsilon_\theta = \frac{2\pi(r+\mathrm{d}r) - 2\pi r}{2\pi r} = \frac{\mathrm{d}r}{r}$$

两者相等,根据应力应变关系理论必然有 $\sigma_r = \sigma_\theta$,代入

$$\frac{\mathrm{d}\sigma_r}{\mathrm{d}r} + \frac{2\tau_k}{h} + \frac{\sigma_r - \sigma_\theta}{r} = 0$$

得

$$\frac{\mathrm{d}\sigma_r}{\mathrm{d}r} + \frac{2\tau_k}{h} = 0$$

由屈雷斯加屈服准则知

$$\sigma_r - \sigma_z = \sigma_s$$

将上式微分,得

$$\mathrm{d}\sigma_r = \mathrm{d}\sigma_z$$

将上式代入 $\frac{\mathrm{d}\sigma_r}{\mathrm{d}r} + \frac{2\tau_k}{h} = 0$,得

$$\frac{\mathrm{d}\sigma_z}{\mathrm{d}r} + \frac{2\tau_k}{h} = 0$$

由于 $\tau_k = mk$,代入上式,得

$$\frac{\mathrm{d}\sigma_z}{\mathrm{d}r} - \frac{2mk}{h} = 0$$

即

$$\mathrm{d}\sigma_z = \frac{2mk}{h}\mathrm{d}r$$

将上式积分,得

$$\sigma_z = \frac{2mk}{h}r + C$$

由边界条件求解积分常数,当 $r=R$ 时,$\sigma_r=0$,由 $\sigma_r - \sigma_z = \sigma_s$,有 $\sigma_z = -\sigma_s = -\sqrt{3}\,k$,得

$$C = -\sqrt{3}\,k - \frac{2mk}{h}$$

所以

$$\sigma_z = -k\left[\frac{2m(R-r)}{h} + \sqrt{3}\right].$$

故载荷 p 为

$$p = -\int_0^R \sigma_z 2\pi r \mathrm{d}r = 2\pi k \int_0^R \left[\frac{2m(R-r)}{h} + \sqrt{3}\right] 2\pi r \mathrm{d}r =$$

$$\pi R^2 \sigma_i + \frac{2\pi}{3h} mkR^3$$

由上式可知,当 m 增大时,p 增大。

6.5 **解** 沿 r 向列力平衡微分方程为

$$\sigma_r r \mathrm{d}\theta H - (\sigma_r + \mathrm{d}\sigma_r)(r + \mathrm{d}r)\mathrm{d}\theta H + 2\sigma_\theta \sin\frac{\mathrm{d}\theta}{2}\mathrm{d}r H - 2\tau_k r \mathrm{d}\theta \mathrm{d}r = 0$$

化简得

$$\frac{\mathrm{d}\sigma_r}{\mathrm{d}r} + \frac{2\tau_k}{H} + \frac{\sigma_r - \sigma_\theta}{r} = 0$$

径向应变为

$$\varepsilon_r = \frac{\mathrm{d}r}{r}$$

切向应变为

$$\varepsilon_\theta = \frac{2\pi(r + \mathrm{d}r) - 2\pi r}{2\pi r} = \frac{\mathrm{d}r}{r}$$

两者相等,根据应力应变关系理论必然有 $\sigma_r = \sigma_\theta$,将 $\sigma_r = \sigma_\theta$ 代入

$$\frac{\mathrm{d}\sigma_r}{\mathrm{d}r} + \frac{2\tau_k}{H} + \frac{\sigma_r - \sigma_\theta}{r} = 0$$

得

$$\frac{\mathrm{d}\sigma_r}{\mathrm{d}r} + \frac{2\tau_k}{H} = 0$$

由已知条件 $\tau_k = -\frac{3\sigma_r}{\sqrt{3}}$ 及 $\mathrm{d}\sigma_r = \mathrm{d}\sigma_\theta$,得

$$\frac{\mathrm{d}\sigma_z}{\mathrm{d}r} = \frac{3\sigma_r}{\sqrt{3}\,H}$$

将上式积分,得

$$\sigma_z = \frac{3\sigma_r}{\sqrt{3}\,H}r + C$$

由应力边界条件求解积分常数,当 $r=R$ 时,$\sigma_r = -\sigma_a \dfrac{\mathrm{d}\sigma_z}{\mathrm{d}r}$。

由屈服条件知

$$\begin{cases} \sigma_r - \sigma_z = \sigma_s \\ -\sigma_a - \sigma_z = \sigma_s \end{cases} \rightarrow \sigma_z = -\sigma_a - \sigma_s$$

将 $\sigma_r = -\sigma_a \dfrac{\mathrm{d}\sigma_z}{\mathrm{d}r}$ 和 $\sigma_z = -\sigma_a - \sigma_s$ 代入 $\sigma_z = \dfrac{3\sigma_r}{\sqrt{3}\,H}r + C$，得

$$C = -\frac{2\sigma_s}{\sqrt{3}\,H}r - \sigma_a - \sigma_s$$

故

$$\sigma_z = -\frac{2\sigma_T}{\sqrt{3}\,H}(R - r) - \sigma_a - \sigma_s$$

由于不包套时

$$\sigma_z = -\frac{2\sigma_T}{\sqrt{3}\,H}(R - r) - \sigma_s$$

所以包套时接触面 $|\sigma_z|$ 大。

第 7 章

7.1～7.6　略

7.7　$\sigma_D = -86.1\ \mathrm{MPa}$　$w_D = -\dfrac{\pi}{6}$　$\sigma_x = -42.8\ \mathrm{MPa}$　$\sigma_y = -129.4\ \mathrm{MPa}$

$\tau_{xy} = 25\ \mathrm{MPa}$　$\sigma_1 = -36.1\ \mathrm{MPa}$　$\sigma_2 = -86.1\ \mathrm{MPa}$　$\sigma_3 = -136.1\ \mathrm{MPa}$

$\tan 2w = -\sqrt{3}$

解题过程：根据 β_2 线的亨盖方程：$\sigma_C + 2kw_C = C\beta_2$，解得 $k = 50$。

$$\sigma_B + 2kw_B = \sigma_E + 2kw_E$$

因为 α 滑移线为直线，所以 $\sigma_B = \sigma_C\sigma_E = \sigma_D$，解得 $\sigma_D = -86.1\ \mathrm{MPa}$，$\omega_D = -\dfrac{\pi}{6}$。

$$\sigma_x / \mathrm{MPa} = \sigma_m - k\sin 2w = -42.8$$

$$\sigma_y / \mathrm{MPa} = \sigma_m + k\sin 2w = -129.4$$

$$\tau_{xy} / \mathrm{MPa} = k\cos 2w = 25$$

$$\sigma_1 / \mathrm{MPa} = \sigma_m + k = -36.1$$

$$\sigma_2 / \mathrm{MPa} = \sigma_m = -86.1$$

$$\sigma_3 / \mathrm{MPa} = \sigma_m - k = -136.1$$

$$\tan 2w = -\sqrt{3}$$

7.8　略

7.9　$q = 2K(1 + \delta)$，单位长度上的极限压力 $Q = 2aq = 4aK(1 + \delta)$。

解题过程：对 O 点进行受力分析，$\sigma_3 = -p$；根据屈服准则 $\sigma_1 - \sigma_3 = 2K$。解得 $\sigma_1 = 2K - p$，O 点平均正应力 $\sigma_{mO} = K - p$，$M = M_p(1 + \dfrac{\pi}{2} - \gamma) = -\pi/4$。

对 C 点进行受力分析，$\sigma_3 = 0$；根据屈服准则 $\sigma_1 - \sigma_3 = 2K$。解得 $\sigma_1 = 2K$，C 点的平均正应力 $\sigma_{mC} = -K$，$\omega_C = -(\dfrac{\pi}{4} + \delta)$。

对 O 点或 C 点进行分析，判断 OC 间为 β 族滑移线，沿其列亨盖方程可得 $\sigma_{mO} +$

$2K\omega_O = \sigma_{mC} + 2K\omega_C$，即 $\sigma_{mO} - \sigma_{mC} = -2K(\omega_O - \omega_C)$，解得 $q = 2K(1+\delta)$，单位长度上的极限压力 $Q = 2aq = 4aK(1+\delta)$。

7.10 (1) 开始压入为 5 551.2 kN；压入 6 mm 深时为 894.4 kN；

(2) 压力为 3 238.6 kN。

7.11 $p = 2.25K$

7.12 $p = 2K(2 + \frac{\pi}{2})$

7.13 (1) 当 $p = q$ 时，楔体进入静水应力状态，无论 p、q 多大，楔体均不屈服；

(2) 当 $p > q$ 时，$p - q = 2K(1+\delta)$。

7.14 $F = 2aK(2 + \pi - 2\gamma)$

7.15 $F = K(2+\pi)(H-2a)B$

7.16 $M = M_p(1 + \frac{\pi}{2} - \gamma)$

7.17 $p = K(1 + \frac{\pi}{2})$，$\mu = 0.39$

7.18 冲头表面正应力

$$\sigma_m = -2K(1 + \frac{\pi}{2} - \theta), \quad \frac{p}{2K} = 1 + \frac{\pi}{2} - \theta_0 + \frac{2\theta_0 - \sin 2\theta_0}{4\sin^2\theta_0}$$

式中，θ_0 为冲头中心至表面夹角。

7.19 略

参考文献

[1] 曾祥国,陈华燕,胡益平. 工程弹塑性力学[M]. 成都：四川大学出版社,2013.

[2] 王平. 金属塑性成型力学[M]. 北京：冶金工业出版社,2013.

[3] 运新兵. 金属塑性成形原理[M]. 北京：冶金工业出版社,2012.

[4] 戴宏亮. 弹塑性力学[M]. 长沙：湖南大学出版社,2016.

[5] 李同林,殷绥域,李田军. 弹塑性力学[M]. 武汉：中国地质大学出版社,2016.

[6] 李立新,胡盛德. 塑性力学基础[M]. 北京：冶金工业出版社,2009.

[7] 徐秉业,刘信声. 应用弹塑性力学[M]. 北京：清华大学出版社,1995.

[8] 余同希,薛璞. 工程塑性力学[M]. 2 版. 北京：高等教育出版社,2010.

[9] 运新兵. 金属塑性成形原理[M]. 北京：冶金工业出版社,2012.

[10] 王仲仁. 塑性加工力学基础[M]. 北京：国防工业出版社,1989.

[11] 王仲仁,苑世剑,胡连喜,等. 弹性与塑性力学基础[M]. 2 版. 哈尔滨：哈尔滨工
业大学出版社,2012.

[12] 刘士光,张涛. 弹塑性力学基础理论[M]. 武汉：华中科技大学出版社,2008.

[13] 黄重国,任学平. 金属塑性成形力学原理[M]. 北京：冶金工业出版社,2008.

[14] 俞汉青,陈金德. 金属塑性成形原理[M]. 北京：机械工业出版社,2001.

[15] 林治平,谢水生,程军. 金属塑性变形的实验方法[M]. 北京：冶金工业出版社,
2002.

[16] 彭大暑. 金属塑性加工原理[M]. 长沙：中南大学出版社,2004.

[17] 胡礼木. 材料成形原理[M]. 北京：机械工业出版社,2005.

[18] 闫洪,周天瑞. 塑性成形原理[M]. 北京：清华大学出版社,2006.

[19] 崔令江,韩飞. 塑性加工工艺学[M]. 北京：机械工业出版社,2007.

[20] 徐春,张弛. 金属塑性成形理论[M]. 北京：冶金工业出版社,2009.

[21] 李立新,胡胜德. 塑性力学基础[M]. 北京：冶金工业出版社,2009.

[22] 董湘怀. 金属塑性成形原理[M]. 北京：机械工业出版社,2011.

[23] 秦飞,吴斌. 弹性与塑性理论基础[M]. 北京：科学出版社,2011.

[24] 杨海波,曹建国,李洪波. 弹性力学与塑性力学简明教程[M]. 北京：清华大学出
版社,2011.

[25] 刘鸣放,刘胜新. 金属材料力学性能手册[M]. 北京：机械工业出版社,2011.

[26] 王吉会,郑俊萍,刘家臣,等. 材料力学性能[M]. 天津：天津大学出版社,2006.